13

新世纪心理与心理健康教育文库

Xinshiji Xinli Yu Xinlijiankangjiaoyu Wenku

西方心理学史

Xifang Xinlixueshi

叶浩生◆主编 杨文登◆副主编

Ye Haosheng Yang Wendeng

开明出版社

总 序

Sequence

早在上个世纪 70 年代就有专家预言：21 世纪是心理学的世纪。21 世纪人类所面临的最大挑战，不是其他，而是心理困惑和心理问题。

进入新世纪，我国社会主义物质文明、政治文明、精神文明建设不断加强，综合国力大幅度提高，人民生活显著改善。同时，我们也要看到，我国已进入改革发展的关键时期，经济体制深刻变革，社会结构深刻变动，利益格局深刻调整，思想观念深刻变化。这种空前的社会变革，给我国发展进步带来巨大活力，也必然带来这样那样的矛盾和问题。例如，城乡、区域经济社会发展很不平衡；就业、收入分配、社会保障、教育、医疗、住房等方面关系群众切身利益的问题比较突出；一些社会成员诚信缺失、道德失范；一些领域的腐败现象比较严重等。这些矛盾和问题让人们感到心理困惑，时刻冲击着人们的心理承受能力。

2006 年，中共中央《关于构建社会主义和谐社会若干重大问题的决定》明确指出：我们必须坚持以人为本。要注重促进人的心理和谐，加强人文关怀和心理疏导，引导人们正确对待自己、他人和社会，正确对待困难、挫折和荣誉。要加强心理健康教育和保健，塑造自尊自信、理性平和、积极向上的社会心态。心理和谐是构建和谐社会的心理基础和重要标志。胡锦涛同志指出："科学发展观，第一要义是发展，核心是以人为本。"以人为本就必须重视人、尊重人、关心人、爱护人，就必须重视人的心理发展。加强心理健康教育和心理保健，不断提高人们的心理素质，帮助人们形成积极心理品质，为和谐社会建设奠定和谐的心理基础已经成为举国上下的共识。

促进人的心理和谐需要有科学心理学指引，加强心理健康教育需要有合适的教材。近年来，国内虽然也陆续出版了一些心理学或心理健康教育方面的图书，但不够系统，缺乏总体规划。正因为如此，我们组织了一批心理学专家、学者，编写了这套反映我国心理学发展及心理健康教育理论成果的“新世纪心理与心理健康教育文库”。

“新世纪心理与心理健康教育文库”具有系统性。文库参照心理学学科体系和我国现实需要，分为基础理论、应用理论和技术与实践三个系列。

“新世纪心理与心理健康教育文库”具有权威性。文库是国家出版基金资助项目；文库撰稿人的选择面向全国，每一本图书都由该领域的专家学者撰稿；文库的统稿工作由国内权威心理学家和心理健康教育专家负责完成。

“新世纪心理与心理健康教育文库”具有前沿性。文库在全国范围选聘心理学和心理健康教育领域的专家学者撰稿，既可以吸收心理学与心理健康教育的权威理论和最新研究成果，也可以保证所选内容资料贴近时代、贴近生活、贴近实际。

“新世纪心理与心理健康教育文库”具有实用性。文库在强调系统性、理论性、科学性的同时，更加强调实用性。力求做到理论联系实际，给出的理论实用，给出的技术可行，给出的方法可操作。

“新世纪心理与心理健康教育文库”理论性、实用性、资料性、工具性兼备，是心理学与心理健康教育的“百科全书”。它可以作为从事心理与心理健康教育工作的管理者和研究者的参考书、工具书；可以作为心理健康教育教师继续学习、自我提高的自修图书；可以作为心理健康教育教师的培训用书；可以作为师范院校心理与心理健康教育专业的教材或参考书。

我们相信，“新世纪心理与心理健康教育文库”对于从事心理与心理健康教育工作的人士会有所帮助；对于我国的心理与心理健康教育工作会起到推动促进作用；对于促进人的心理和谐、促进社会心理和谐会发挥一定作用。

我们希望，这套文库能够得到广大心理与心理健康教育工作者的认可、接纳。

郑日昌

于京师园

前言

Preface

心理学史关注的事实已经客观地发生，它是唯一的，凝固在那里，再也不可能推倒重来。但研究者们持有什么样的价值观、选择什么样的逻辑、撷取什么样的材料来编纂心理学史，却是见仁见智、各不相同。本书旨在给一线教育工作者了解心理学打开一扇历史的窗口。因此，我们在编写时，时刻注意到针对读者的知识基础、学习兴趣、时间安排等因素，尽量以读者的需要来进行材料组织与内容设计，希望它能在众多同类书籍中保持自己的特色。如今，书稿已经完成，我们庆幸基本上做到了以下几点：

第一，行文简洁。本书只有 26 万字，它不是一本面面俱到的"大部头"心理学史。在地域上，只介绍西方心理学史，没有具体涉及到中国、苏俄、阿拉伯等地区的心理学史；在时间上，只描绘科学心理学成立之后的心理学史，对成立之前的哲学心理学的发展演变只作概括性的勾勒；在内容选择上，只阐述在历史上产生过重大影响的心理学流派与体系，对其他小型流派或体系仅仅提及而不详述；在阐述具体学派时，只选择最富代表性的几个代表人物，对其他重要人物略而不谈。我们试图削去不重要的"细枝末节"（当然也不可避免地舍弃了不少非常重要的内容），而保留了心理学史上最为精华的"主干"，尽量以最简洁的篇幅，呈现最重要的内容。

第二，逻辑清晰。本书以学派为经、以人物为纬来组织全书的内容，以清晰的逻辑呈现了心理学史发展的概况。分别探讨了从内容到构造（第一章，内容心理学与构造主义心理学）、从意动到机能（第二章，意动心理学与机能主义心理学）、从意识到潜意识（第三、四章，精神分析心理学）、从心理到行为（第五、六章，行为主义心理学）、从元素到整体（第七章，格式塔心理学）、从行为到认知（第八章，认知心理学）、从本能到价值（第九章，人本主义心理学）、从现代到当代（第十章，后现代心理学、积极心理学、进化心理学）等八个大的心理学流派与体系。读者甚至从每一章的题目就能了解西方心理学演进的历史轨迹。

第三，易于学习。本书在写作时始终注意到它的实用，想方设法使它变得更为有趣，更加容易理解与记忆。我们在写作时采取了大致相同的格式（从本书的目录就可窥一斑），每章的开头均设有“本章提要”、“学习重点”与“重要术语”，让读者在学习之前就对该节有一个整体的了解，把握将要学习的内容中哪些是重点。在正文部分，均先提及代表人物的生平，再探讨其科学观、方法论与具体的心理学观点，最后对该人物及其思想体系进行正反两方面的评价。在每章结束处，对应于“学习重点”与“重要术语”，我们还通过习题的形式，提醒读者回顾并掌握该章所呈现的重点内容。

第四，内容新颖。心理学的历史正在展开，今天的心理学只是整个心理学史的一个截面，站在当下的我们可能会对心理学发展的最新动态把握不准。但本书的确特别注意到时效性，希望将心理学发展的最新动态告之读者。我们不仅以专章的形式介绍了后现代心理学、积极心理学与进化心理学等当代心理学发展的重要取向，还在认知心理学一章中专列一节“具身认知心理学”，介绍了当前炙手可热的认知心理学的最新发展。这些内容都比较新颖，尤其是有关具身认知心理学的介绍，在中文教材中尚属首次出现。

本书把行文简洁、逻辑清晰、易于学习、内容新颖作为“特色”，一者说明这些的确是我们所追求的最朴素但又最重要的目标，二者说明我们在写作过程中在这方面确实下了功夫。当然，具体效果如何，只有读者自己才最有评判权。

本书各个具体章节的作者如下：叶浩生（绪论）、杨文登（第一章）、赵辉（第二章）、范琪（第三章）、白福宝（第四章）、殷融（第五章）、薛灿灿（第六章）、李明（第七章，一、二节）、胡万年（第七章，三节；第八章）、崔倩（第九章）、苏得权（第十章）。

本书编写时间较为匆促，加之作者水平有限，肯定存在一些纰漏甚至错误，欢迎读者批评指正。

叶浩生

目 录

Contents

绪　论

【绪论提要】

有关心理学史的内涵主要有两种看法，一种是心理学的发展史，另一种是心理学的历史学。本书的编纂主要是介于这两种含义之间，去除了很多细节性的内容，只重点阐述西方心理学史。在地域上，主要探讨欧洲诸国、美国、加拿大等西方国家心理学的发展轨迹；在时间上，重点阐述 1879 年心理学独立至今的发展历史。本书以库恩范式论为基础，将整个西方心理学的发展分为八个大的理论体系与流派，然后以体系或流派的发展为组织史料的线索，以各个体系或流派的代表人物担纲，简要地勾勒出西方心理学史的发展概貌。在描述了西方心理学的内容之后，绪论还阐述了学习心理学史的三个重要的意义或理由，即窥探有趣的心理学史实；以古鉴今，探求历史的兴衰得失；培养学习者良好的思维习惯。最后，绪论介绍了学习西方心理学史的三种可能的方法，即在思考中学，把握心理学史的发展逻辑；在体验中学，用心体会心理学发生发展的历程；在应用中学，以学促用，以用带学，将心理学史学“活”。

【学习重点】

1. 了解西方心理学史的内容，包括西方心理学史的内涵、范围，以及学派与体系的概念。

2. 把握学习西方心理学史的重要意义，如满足人们的好奇心；理解心理学的发展逻辑；培养良好的思维习惯等。

3. 了解学习西方心理学史的可能方法，如思考心理学史的发展逻辑；用心体会心理学的故事；在学中用，在用中学，将心理学史学“活”等。

4. 把握本教材编纂的逻辑与风格，在学习绪论后，对整个西方心理学史有一个概括性的了解。

【重要术语】

西方心理学史　学派　体系　哲学起源　科学起源　韦伯定律　费希纳定律　心理物理学　厚古说　厚今说　时代精神说　伟人说

第一节 西方心理学史的内容

一、西方心理学史的内涵

一般而言，所谓心理学史的内涵有两种。一是心理学的发展史。即心理学在过去的历史进程中真实发生或出现的历史事件、人物及人物的思想观点。这种心理学史是真实发生、客观存在的，并不以心理学史编纂者的意志为转移。二是心理学的历史学。即在真实描述和记录心理学历史事件、人物及其思想观点的基础上，探索心理学思想与时代精神、社会文化、经济条件、心理学家个人经历之间的联系，揭示心理学思想发展的脉络与逻辑，以达到鉴古知今、继往开来的目的。这种心理学史纳入了史学家个人的意愿：以什么线索来组织心理学史，选择什么材料，对这些材料怎样进行解读，旨在说明什么问题，都与史学家编纂心理学史的目标与体系直接关联。从这个意义上说，心理学史是史学家在理解历史的基础上建构的，她是一个"任人打扮的小姑娘"。

当然，几乎所有心理学史的编纂都必须介于这两者之间。历史已经过去，不可能复制，也不可能完全地复述。没有一本完全真实的心理学的发展史，即使是类似编年体的心理学史也做不到这一点。同样，也没有一本心理学史能完全由作者主观地臆测与建构。史学家可以从不同的角度进行解读，其组织材料的思想或逻辑也可以是主观的，但其应用的材料必须是客观、真实的，否则也不能称之为心理学史。

与其他所有心理学史读物一样，本书并未试图在心理学史的两种内涵中选取一极，而只是根据编者的需要来组织本书的内容。我们在选取历史材料时，不得不放弃了许多非常著名、在学界拥有重大影响力的心理学家，而只从中选择了少数几位代表人物，以人物担纲，以学派为纬，试图以简洁但重点突出的方式来展现整个心理学史的全貌。我们在撰写每一个人物或每一种心理学体系时，都采取了大致相同的格式。每章的开头均设有"本章提要"、"学习重点"与"重要术语"，使读者在学习该节之前，对将要学习的知识有一个整体的把握。在正文部分，均先提及代表人物的生平，再探讨其科学观、方法论与具体的心理学观点，最后对该人物及其思想体系进行正反两方面的评价。在文末，对应于"学习重点"与"重要术语"，我们还以"问题与思考"的形式，要求读者回顾并掌握该章所呈现的重点内容，并列出了部分与该章节最相关联的参考文献，以利于读者进行进一步的扩展阅读。

二、西方心理学史的范围

（一）地域范围

心理学是有地域文化差异的，不同的地域，其心理学的发生、发展截然不同。我们通常所说的欧洲心理学、美国心理学、印度心理学、日本心理学、阿拉伯心理学等，就是按地域差异来进行划分的。

在本书中，我们把心理学史按地域划分为中国心理学史、西方心理学史与苏俄心理学史三大块。中国心理学史主要是对蕴藏在中国古代及近代各个时期的心理学思想进行挖掘与整理；苏俄心理学史主要是对原苏联及后来俄罗斯的心理学进行史学研究；西方心理学史主要对欧洲、美国与加拿大心理学（其中，欧洲心理学又主要包括德国心理学、英国心理学、法国心理学）的发展历史进行研究。西方心理学是世界心理学的主流，一直引领着世界心理学的发展，其研究课题几乎涉及到心理学研究的所有领域。由于篇幅所限，本书对中国心理学史与苏俄心理学史不再述及，只概要地介绍西方心理学史。

（二）时间范围

正如著名心理学家艾宾浩斯所言：“心理学有着漫长的过去，但只有短暂的历史”。自从人类存在，人类的心理就一直存在，人们对心理的探索从未停止。因此，人类关于心理学思想的探讨有着“漫长的过去”。中国的先秦哲学，印度的佛学，古希腊柏拉图、亚里士多德等先哲的著作中，都蕴含着丰富的心理学思想。但是，这些思想并不是所谓的科学心理学，它们只是居于哲学体内的哲学心理学，是科学心理学发展的思想基础。

直到 1879 年，冯特在德国莱比锡大学建立了世界上第一个心理学实验室，人们才正式开始用实验的方法来研究古老的心理现象。这标志着心理学脱离了哲学母体，正式成为了一门心理科学。也就是说，在 1879 年以后，心理学才开始有了艾宾浩斯所说的“短暂的历史”。本书也正是以此为界来界定西方心理学史的。我们只介绍冯特之后的西方心理学，对之前的哲学心理学时期（亦有人称之为心理学的前科学时期），本书将不再涉及。

但有必要提到的一点是，心理科学并不是凭空出现的。它是西方文艺复兴后，在哲学与科学充分发展的基础上水到渠成地诞生的。因此，要追溯心理学的诞生历程，有必要先探讨心理学在哲学与科学内的起源。

1．西方心理学在哲学内的起源

科学心理学独立之前，有关心理学问题的阐述主要是由哲学家来完成的。我们可以将其简单地划分为三个时期。（1）古希腊罗马时期。主要代表人物是柏拉图与亚里士多德，他们探讨了人类灵魂的构成及功能，是现代心理学的思想源头。（2）基督教与经院哲学时期。主要代表人物是奥古斯丁、阿奎那等人，主要从神学的角度探讨了心身关系、内省法、灵魂的功能、认知活动的过程等心理学问题。（3）文艺复兴与近代资产阶级哲学时期。代表人物有笛卡尔、莱布尼茨、洛克、康德、哈特莱等人，分别从经验论与唯理论等视角出发，探讨了心理与生理的关系、认知的来源与发生、心理联想的机制与规律等问题。经过这三个阶段中有关心理问题的哲学思考，为心理科学的诞生提供了认识论与方法论基础。应该说，现代心理学并没有超脱以前哲学所探讨的问题，只不过是以一种新的实验的方法来研究这些老问题。由此看来，有些学者所认为的“哲学是心理学的母亲”这一观点是有根据的。

2. 西方心理学在科学内的起源

在长达千年的中世纪后，西方进入了文艺复兴时期。物理学、化学、生理学、生物学分别从哲学中分离出来，成为了独立的科学。这些科学的独立，为心理学树立了标准，提供了理论基础、研究方法与研究工具。（1）神经生理学。神经生理学的研究为了解心理现象的生理基础提供了实证依据。例如，伽伐尼证明了神经冲动具有电的性质；赫尔姆霍茨对青蛙的神经传导速度进行了测量；贝尔、马戎第发现感觉冲动与运动冲动的单向传递的规律，为反射概念奠定了科学基础；缪勒提出了神经特殊能学说，认为感觉的性质主要依赖于受到刺激的神经的性质。（2）颅相学和脑机能定位。加尔创立了颅相学，认为头颅的形状与心理机能有着一一对应的关系；弗卢龙反对颅相学，提出了大脑机能统一说，认为脑与神经系统的功能是一个统一的整体；布罗卡发现了大脑的言语中枢，弗里奇发现了感觉和运动中枢。这些研究的发现，巩固了脑是心理器官的概念，为实验心理学提供了切除法、电刺激法等研究方法，推动了感觉生理心理学的发展。（3）心理物理学。韦伯建立了人类历史上第一个心理学数量定律——韦伯定律（$K=\Delta I/I$），认为人们对两个刺激物的辨别能力不是取决于两者差异的绝对值，而是取决于差异的相对值①。费希纳在韦伯定律的基础上提出了费希纳定律（$S=K\lg R$），认为心理量是物理量的对数函数②，并试图建立一门专门研究心理与物质世界关系的学科，即“心理物理学”。1860 年，费希纳出版了《心理物理学纲要》一书，对冯特、艾宾浩斯等心理学家产生了巨大的影响。曾有心理学史家认为，如果费希纳不那么关注哲学问题，而更加主动地研究心理学的话，也许心理学创建者的荣誉就非他莫属了。

哲学为心理学的创立提供了思想基础与亟须研究的具体问题，自然科学为心理学的创建提供了实证的研究方法及了解心理机制的心理基础，两者联合起来，便水到渠成地催生了科学心理学。值得说明的是，独立后的心理科学并未完全摆

---

① 举例来说，一个人在 10 克的基础上增加 1 克就能察觉到增加了重量，但在 1000 克的基础上，仅增加 1 克，他是察觉不到重量变化的，必须增加 100 克他才能察觉到重量的区别。也就是说，即刺激增加的量（ΔI）与原刺激量（I）之比是一个常数（K）。

② 在公式 $S=K\lg R$ 中，S 是感觉强度，R 是刺激强度，K 是常数。一个人的感觉强度与刺激强度的对数成正比，亦即当刺激强度以几何级数增加时，感觉强度仅以算术级数增加。举例来说，我们在心理上听到高声说话的声音仅仅比风吹树叶的沙沙声要高六七倍，但其实际的物理刺激量之间的差别量已经达到三十余万倍。

脱与哲学及自然科学的联系，哲学与自然科学仍然对心理学的发展起着十分重要的作用，心理学也开始以自己所取得的成就反哺哲学与自然科学，共同促进着人类知识的增长。

（三）知识范围

心理学的家族庞大，有着普通心理学、实验心理学、教育心理学、发展心理学、人格心理学、变态心理学、临床心理学等，在探讨西方心理学史时，显然不能对所有的心理学类别都进行史学研究。在过去国外最著名的心理学史教材中，波林的《实验心理学史》、武德沃斯的《现代心理学派别》等，主要探讨的是实验心理学的历史；黎黑的《心理学史》、墨菲的《近代心理学历史导引》、舒尔茨的《现代心理学史》更重视心理学思想的发展史，其探讨的主要范围是实验心理学、临床心理学、学习心理学等历史。这些教材均没有对心理学所有的领域与体系作出详尽的描述。

同样地，本书并没有涉及到心理学史的所有领域，仅主要介绍了实验心理学、教育心理学、临床心理学等领域的历史。比如，我们介绍了冯特的实验心理学、行为主义的学习理论、精神分析及人本主义的心理治疗理论等。

三、西方心理学史的学派与体系

著名科学哲学家库恩从学科发展史的角度出发，将科学的发展分为两个大的发展阶段：前科学阶段与规范科学阶段。在前科学阶段，学科没有统一的“范式”，成员没有集中研究的目标，对同一现象，有着各自不一样的解释。学科内部形成多个不同纲领的学派，相互之间争吵不休。到了规范科学阶段，学科形成了统一的“范式”，科学群体基于共同的态度与信念，有着共同的“理论模型”或“研究框架”，如果发现与范式不一样的现象，人们不会去怀疑范式，而是怀疑这些现象出现的真实性（如物理学上就曾出现过两种经典的“范式”：牛顿力学与相对论）。

在库恩看来，心理学还处于前科学时期，尚未出现统一的范式。但是，心理学正处在向规范科学转型的过程中。美国心理学家马克斯和希利克在《心理学的体系和理论》一书中曾指出：“库恩曾否认心理学具有所谓的‘范式’，但甚至库恩也不否认前科学为某种‘类似于范式的东西’所指导。如果我们把注意的中心放在一组联合的心理学家上，那么这个类似于范式的东西就是学派；如果我们把注意的中心放在一组联合起来的心理学观点的观念上，则这个类似于范式的东西就是体系。”① 心理学有着类似于范式的东西，学派与体系实质上就是从两种不同视角对这个“类似于范式的东西”的称谓。学派是有着相同范式的心理

① 叶浩生．西方心理学的历史与体系［M］．北京：人民教育出版社，1998：4.

学家组织，体系则是这个学派所持有的共同的心理学观点。

本书同意马克斯和希利克对心理学学派与体系的划分方法，以学派代表人物为经，以理论体系为纬，简洁地呈现了西方心理学史发展的概貌。全书除绪论外，共分 10 章，分别讨论了从内容到构造(第一章，内容心理学与构造主义心理学)、从意动到机能(第二章，意动心理学与机能主义心理学)、从意识到潜意识(第三、四章，精神分析心理学)、从心理到行为(第五、六章，行为主义心理学)、从元素到整体(第七章，格式塔心理学)、从行为到认知(第八章，认知心理学)、从本能到价值(第九章，人本主义心理学)、从现代到当代(第十章，后现代心理学、积极心理学、进化心理学) 等八个大的心理学理论体系。其中前五大理论体系诞生的时间相近，均为 19 世纪末、20 世纪初；接下来的两大理论体系(即认知心理学与人本主义心理学) 诞生的时间要晚半个世纪，均诞生于 20 世纪五六十年代；最后涉及的当代心理学几种新取向均诞生于 20 世纪晚期。本书在介绍各个理论体系时，未完全按照时间顺序来说明，但在介绍每一个具体的理论体系时，对学派代表人物的介绍均是按严格的时间顺序撰写的。主要涉及到冯特、铁钦纳、詹姆士、弗洛伊德、华生、韦特海默、马斯洛等代表人物及其心理学体系。

第二节　为什么学习西方心理学史

一、窥探有趣的心理学史实

舒尔茨在《现代心理学史》中以设问的方式提出了如下问题："考虑到心理学有浩瀚的资料要学习，是否还值得花力气去了解五十年或一百年前发生的事呢?"① 的确，现代心理学有如此多的课程与知识，还有必要去关注那些已经发生过的"陈年旧事"吗？舒尔茨在接下来的行文中，自己回答了学习心理学史的几个理由。在他看来，最为直接、也最为重要的一个理由是心理学史本身就是一部充满趣味的历史，对它的学习，可以满足我们的好奇心，使我们了解有趣的心理学史实，这一切"足够作为对我们的酬奖"。

首先，心理学史是一部充满智慧的思想史。人的心理如此神秘，即使到了今天，我们对它的了解仍只是"九牛一毛"。心理现象对人类而言，类似于一个无人知道全貌的"大象"，历史上众多的心理学学派都只是试图去摸这个"大象"的盲人。每个学派从不同的角度，通过不同的方法与工具，摸到不同的形状，得出了不同的理论。构造主义心理学认为，心理现象主要是意识的内容，心理学就是要研究它的元素与构造；机能主义心理学认为，心理现象主要是意识的动作，心理学应该研究它的功能与效用；精神分析心理学认为，心理现象主要是意识不到的、充满着原始欲望与本能冲动的潜意识，心理学应该研究意识层面之下的潜

① 舒尔茨. 现代心理学史［M］. 杨立能，沈德灿，译. 北京：人民教育出版社，1981：3.

意识；格式塔心理学认为，心理现象是一个不可分割的整体，心理学应该研究主观经验及行为环境；行为主义心理学认为，心理现象是不可捉摸，也不可研究的黑箱子，心理学应该研究外显的行为；认知心理学认为，心理现象主要是感知、记忆、思维等心理过程，心理学应该研究这些心理现象的过程与结构模型；人本主义心理学认为，心理现象主要是需要、动机、价值等高级的个性心理特征与倾向性，心理学应该研究高级的人性因素；后现代主义心理学认为，心理现象是建构的，并不客观存在，心理学应该研究社会、文化、历史对人类心理所产生的影响；积极心理学认为，心理现象主要是积极、正常而非消极、变态的，心理学应该研究促进心理健康成长的机制与方法；进化心理学认为，心理现象主要受遗传而非环境的影响，心理学应该主要研究种系进化而来的心理机制。这些学派尽管可能谁也摸不到“大象”的全貌，但每个学派都有一个不同的角度，使我们对心理现象的了解越来越全面。所有这些心理学体系或流派对心理现象的研究都非常有趣，映射着人类智慧的光辉，对它们的学习有助于我们理解与把握这种心理的真实面貌。

其次，心理学史是一部充满个性的人物史。每一个能在心理学史上留名的人，其人生都是一部传奇。每个心理学家有着自己独特的生活经历，为心理学作出了不同角度的贡献。他们兴趣各异：有的人似乎就是为心理学而生，一辈子对心理学始终如一，兢兢业业地从事研究（如冯特），有的人在心理学中惊鸿一瞥，兴趣迅即转向了哲学等其他学科（如詹姆士、杜威）；有的人本想研究哲学，却意外在心理学史上留名（如费希纳），有的人长期从事心理学研究，却在哲学界享有盛名（如弗洛伊德），有的人在心理学上享有盛名，却讨厌被人称为心理学家（如巴甫洛夫）。他们生活经历不同：有的人生于书香门第，家学渊源，父子皆为心理学家（如穆勒父子）；有的人单独探索，自学成才（如艾宾浩斯）；有的人师承名门，师徒之间舐犊情深（如铁钦纳与冯特）；有的人为了学术信仰，师徒反目，各奔东西（如弗洛伊德与阿德勒、荣格）；有的人少时顽劣，根本看不出任何出色之处，长大后摇身一变，成为一代大师（如冯特），有的人少时即表现出高度智商，少年就可撰写论文、发明器物，长大后水到渠成地成为心理学名家（如高尔顿、皮亚杰、斯金纳）。他们各不一样，甚至千差万别，但又有着某些相同的特征。只要读者走进历史的深处，总能在他们中寻找到效仿的对象或崇拜的榜样。

二、以古鉴今，探求历史的兴衰得失

我国心理学家潘菽曾在一部心理学史的前言深刻地谈到这一点，原文引用如下①。

---

① 李汉松．西方心理学史［M］．北京：北京师范大学出版社，1988：2－3.

一切历史的研究都应该是为了要“鉴古知今”，“继往开来”。生活在现在的人要把历史继续推向前进，就必须“鉴古”，必须“继往”。“鉴古”是为了“知今”，“继往”是为了“开来”。要“知今”，要知道现在事情，必须研究以往的事情，懂得继承什么，不继承什么，明白应该走什么道路，不走什么道路……学习心理学史如若结果不能对心理学上怎样“鉴古知今”或“继往开来”有所懂得，那也就会等于白学。

首先，学习心理学史有助于了解心理学发展的逻辑与趋势。历史上的任何成功与进步都是站在前人的肩膀上，在前人研究的基础上取得的。而且，历史，尤其是人文社会学科的历史，根本就不会有永恒不变的绝对真理，真理似乎总在遵循着某种逻辑不断发展。墨菲曾指出：“心理学在迅速运动中，而当一个人站在一个运动着的摇晃的甲板上用自己的望远镜观察它时，最好是坚决忘掉在一定时刻存在的东西而仅仅想着运动的形式与方向。发现的方法和报告的事实只具有附带的意义。而真正有价值的是过渡，变化，改向，新探索。”① 我们所处的时代仅是历史的一个截面，正在逐渐地演变为历史，也受到历史因素的影响，遵循着历史发展的逻辑。因此，站在历史的当口，我们应该脚踏实地，不要错误地认为自己能逃脱历史的制约，树立遥不可及的理想，或从事空中楼阁般的研究。

其次，学习心理学史有助于加深对现有研究的理解。了解了整个历史，我们的思维就会加入一个时间的维度，不会只囿于今天的“平面”，而能在开放的“立体空间”中去把握现有的心理学规律与理论，就会知道现有的研究课题原本是从哪里来，又将走向何处去。心理学史家赫根汉指出：“具有历史意识的学生知道心理学的主题从何而来，为什么认为它重要。就像我们熟悉了某个人的过去经历，就对那个人的当前行为有更多的理解一样，我们对心理学的历史起源研究越多，我们对当前心理学的理解就越深刻。”②

最后，学习心理学史有助于避免重复过去所犯的错误。一个连心理学历史上曾发生过什么事件都不知道的人来谈论心理学是一个可怕的事情。波林曾说：“实验心理学家在其专攻的范围之内也需要历史的知识。若没有这种知识，便不免将现在看错，将旧的事实和旧的见解视为新的事实和新的见解，而不能估计新运动和方法价值”③。有少数的心理学初学者与部分所谓的“民间科学家”，他们对心理学有着浓厚的兴趣，喜欢跨越历史、奇思异想，在完全不了解历史的情况下，便觉得自己比历史上所有的人都幸运，寻思到了一个无人发现的角度或建立了一个没人窥探过的体系。接下来，他们便将自己的思想封闭起来，拒绝别人正

---

① 墨菲，柯瓦奇．近代心理学历史导引［M］．林方，王景和，译．北京：商务印书馆，1980：8.

② 赫根汉．心理学史导论［M］．郭本禹，译．上海：华东师范大学出版社，2003：6.

③ 波林．实验心理学史［M］．高觉敷，译．北京：商务印书馆，1981：ii.

确的建议。这样，忽视历史的研究最终只会被历史扔入垃圾堆，而起不到任何推动历史发展的作用。

三、培养学习者良好的思维习惯

历史不只是事实，它还是无数种智慧的交织体。它既有着难以数计的无效甚至错误的尝试，也有着数量众多的颇为成功的案例。学习心理学史，学习者就应该对自己在历史中的定位有一定的了解，保持一种良好的心态，让自己的思维更加自由、开放与包容。

首先，学习心理学史有助于培养学习者的历史思维。所谓历史思维，指的是“一种站在历史的角度上对历史事实进行综合分析的理论思维方式。”① 也就是说，在思考心理学问题时，除了针对具体的问题，思考现实的方法与技术之外，还应引入一个历史的维度。不仅要掌握历史事实，还要理清这些事实之间错综复杂的关系；不仅要分析历史事实发生的直接原因，也要分析其发生的间接原因；要从不同的角度、不同的层面对同一事实展开分析。

其次，学习心理学史有助于学习者对历史事件与人物进行正确的评价。一个历史事件已经发生，一个历史人物已经产生了重要影响，他们的存在已经不可改变。在进行评价时，就应该站在历史的高度，以历史的眼光去进行评价。既不可以持部分历史学家所常常持有的“厚古说”，以一种类似宗教般虔诚的信仰，过高地估计历史事件与人物的功绩，忽视其明显的缺陷；也不可以持一些日常民众所拥有的“厚今说”，以今天的知识去要求古人，过于贬低古人的功绩，对历史事件与人物的真正功绩视而不见。

第三节　怎样学习心理学史

一、在思考中学

学习心理学史，最首要的是充分、彻底地调动自己的逻辑思维，去分析心理学人物、思想发生发展的逻辑线索。心理学史本身是有逻辑的，它总踏着独特的舞步飘逸而来。人物的生平经历与其学术成就之间存在着关联，他们的家境、兴趣、学校教育、老师、人格都会在自己的学术成就上刻下烙印。学派内部的发展也是有逻辑的，它总是遵循着由低到高、由粗到精、由浅入深的螺旋式发展过程。学派之间也总是有逻辑的，它们总在某些重要方面相互对立与补充，而又在许多其他方面相同或者一致。学派与社会文化、历史之间也存在着关联，一些思想只有到了某个时代才会出现，过早出现就会夭折，得不到人们的承认；但也不会过晚出现，没有这个弗洛伊德，也会有另一个弗洛伊德来完成精神分析这个历

① 叶浩生. 西方心理学的历史与体系［M］. 北京：人民教育出版社，1998：15.

史使命。因此，学习心理学史，就是要用心去思考历史事件、人物之间的关联，去寻找历史发生发展的逻辑，将历史变成自己思维网络或认知地图的一个部分。

读者在思考问题时，要注意区分三种逻辑。第一种逻辑是心理学史本身的发展逻辑。它是客观存在的，是真实的历史事件之间的逻辑关联。要同时考虑心理学本身的“内在史”与其他学科及社会环境共同发展的“外在史”。第二种逻辑是心理学史作者撰写教材时所持的编纂逻辑。这也通常叫做心理学史的编纂学原则。一般有两个重要的维度，即“伟人说”与“时代精神说”。前一种学说认为，“一切进步和变化都是直接由指引和改变了历史进程的独特的‘伟人’的意志与力量决定的……这种理论含有这样的意思，如果伟人不出现，伟大的事件就不会发生。”①后一种学说认为，“不管人物怎样伟大，如果他与他所处的那个时代的气氛相去太远，那么他与他的见解将会默默无闻。”②我们注意到作者编纂教材的原则，了解了作者撰写教材的提纲或逻辑，就能事半功倍地记住需要学习的内容与问题。第三种逻辑是读者自己建构的心理学史发展逻辑。历史是可以被建构的，尤其是读者只需要记住其中重要内容的时候，完全可以将心理学史加以个性化的记忆。在学习心理学史时，要注意将读者的逻辑、作者的逻辑与历史的逻辑三者保持适度的一致性，既不要过度地建构，也不要死记硬背那些心理学史的条条框框。

二、在体验中学

心理学史本身就是一部有趣的故事。因此，在学习与记忆心理学史时，就不能白白放弃享受这种智慧大餐的机会。寓学于乐，将心理学史看成是故事书，用心去体验心理学事件的发生发展，去把握心理学人物的喜怒哀乐，不仅要彻底调动思维，还要将自己的感官、情绪也充分调动起来，将整个身心都参与到心理学史的学习中去，所学习到的东西才将会变得栩栩如生，如具神韵。

在学习心理学史时，我们可以假定这些心理学家就在身边。比如，可以假设冯特就是隔壁邻居家里的老头。我们听人述说他的故事，了解他极其平凡，甚至是“直冒傻气”的童年，知晓他倔强的性格、极具计划性的生活风格、富于远见的研究信仰，知道他生于何年，哪年念大学，哪年逃课，哪年遇到穆勒，哪年遇到赫尔姆霍茨，哪年结婚，哪年出版了《生理心理学原理》，哪年写成了十卷本《民族心理学》。如此这般，我们便可大致了解为什么是这样一位有趣的老人承担了心理学的“助产士”，终成一代心理学宗师。

同样，我们也可假定自己本身就是某位心理学家，亲身经历了那些重大的心

① 舒尔茨. 现代心理学史［M］. 杨立能，沈德灿，译. 北京：人民教育出版社，1981：12.

② 舒尔茨. 现代心理学史［M］. 杨立能，沈德灿，译. 北京：人民教育出版社，1981：5.

理学事件。比如，我们可以假定自己是弗洛伊德，知道他的师承与学习经历，了解他对自然科学的热爱及对主流学院心理学的不满，知道他生病、抑郁，受到挫折后呆在家里进行梦的分析，也就会了解弗洛伊德为什么会撰就《释梦》，为什么不喜欢别人用实验去验证他的理论，为什么自己的爱徒会与他分道扬镳。

当然，我们还可以假定自己是哪个学派的代表人物，具有他的七情六欲，亲身与自己的论敌论战，建立与完善自己的理论。比如，我们可以假定自己就是华生，要建立自己的行为主义观点，既要割断与机能主义相连的脐带，又要对抗铁钦纳的构造主义观点，还要受到格式塔对其分子行为主义的挑战。而且，只要愿意，也许我们还可以体会他对女助手的复杂情感，想象他被心理学界所不容后的处境，领略他在即将去世时受到美国心理学会的奖励想去领奖而又不敢去领时的矛盾心情。

三、在应用中学

对于这样一种情况，读者也许并不陌生：看过一部教材，起初觉得很有趣，很有逻辑性，但合起书本后一回想，又似乎什么都没记住。这其实并没有什么不妥，我们的大脑，对只有趣而没有用的东西是不会花费精力去记住的。因为大脑首先得保证记住那些更有用的东西来促使我们适应这个复杂的环境。因此，只学不用，学的东西会很快淡忘。只有在用中学，在学中用，才能将知识真正学“活”，记忆起来才会真正长久。

举例来说，当你想把握身心关系，你就会对历史上的身心平行论、身心交感论、身心同型论、唯物论、唯心论等了解更深，就会知道哪些历史人物到底持哪些具体观点。当你想知道生物决定论，就一定会好好地考察历史上出现的颅相学、优生学、社会生物学，甚至当代的进化心理学。当你想看看心理学的研究对象到底应该是什么，那你就会对内容心理学、机能心理学、精神分析、行为主义等学派的相关观点有全面的理解。因此，带着问题去学，然后在学中发现问题，将学与用结合起来，才是学习心理学史真正的上乘境界。

当然，本书只是简单地提及几种学习心理学史的方法。人尽不同，法无定法，这里的方法并不一定适合所有的读者。每一个读者完全可以根据自己的特点与兴趣，选择最适合自己的学习方法。现在，让我们短暂地回顾回顾绪论的内容，然后翻开新的一页，愉悦地跟随教材叙述的脚步，逐渐步入历史的深处，去领略那些无比宏伟而激动人心的心理学故事吧！

【建议参考资料】

1. 波林. 实验心理学史［M］. 高觉敷，译. 北京：商务印书馆，1981.
2. 黎黑. 心理学史［M］. 李维，译. 杭州：浙江教育出版社，1998.
3. 墨顿·亨特. 心理学的故事［M］. 李斯，王月瑞，译. 海口：海南出版社，1999.

4. 舒尔茨. 现代心理学史［M］. 叶浩生，译. 8 版. 北京：人民教育出版社，2004.

5. 叶浩生. 西方心理学理论与流派［M］. 广州：广东高等教育出版社，2004.

6. BENJAFIELD J G. A history of psychology［M］. Needham Heights：A Simon & Schuster Company，1996.

【问题与思考】

1. 名词解释：时代精神说，伟人说。
2. 任取一个角度，谈谈你对西方心理学史的概括性看法。
3. 结合你自己的特点，谈谈你打算用什么方法来学习西方心理学史。

第一章 从内容到构造

【本章提要】

本章主要阐述了以下内容：1. 冯特的内容心理学，包括：（1）冯特的生平。介绍了曾经“直冒傻气”的冯特如何成为一个伟大的心理科学的创始者。（2）冯特的心理学科学观与方法论。冯特认为心理学的研究对象是直接经验，应该使用实验内省法进行研究。（3）冯特的具体心理学观点。介绍了冯特对意识经验的分析、复合形式、复合规律以及情感三维说、统觉、创造性综合原则、民族心理学等概念与理论。（4）对冯特的评价。冯特是心理学的创建者、传播者，对心理学具体理论有着独到见解，但他忽视意识的功能、将实验心理学局限于低级心理过程的研究，理论体系过于庞杂与混乱，也广受后人的诟病。2. 铁钦纳的构造心理学，包括：（1）铁钦纳的生平。一个能言善辩、争强好斗甚至刚愎自用的心理学家的奋斗史。（2）科学观与方法论。主张心理学是一门自然科学，在马赫主义的影响下，用倾向于“内省”的实验内省法进行研究。（3）具体心理学观点。主张将经验分析为元素（是什么）、寻找元素之间复合的规律（怎么样）、探讨心理元素的生理基础（为什么）。（4）评价。铁钦纳促进了实验心理学的传播、挑起了心理学史上第一次流派之争、为其他流派树立了批判的靶子；但他使用倾向“内省”的实验内省法、坚持元素主义的立场，反对心理学的应用，最终被时代所抛弃。

【学习重点】

1. 把握冯特、铁钦纳对心理学学科性质、研究对象、研究任务、研究方法的看法。

2. 了解冯特关于感觉及其复合规律的看法。

3. 把握冯特关于情感三维说、创造性综合原则、统觉、民族心理学的含义。

4. 了解铁钦纳有关心理学三大任务（“是什么”、“怎么样”与“为什么”）的具体观点。

5. 正确评价冯特、铁钦纳的是非功过。

【重要术语】

内容心理学　身心平行论　实验内省法　情感三维说　统觉　创造性综合原则

心理关系原则　心理对比原则　民族心理学　构造心理学　元素主义

第一节　冯特的内容心理学

一当时代精神开始成熟，“助产士”冯特便迫不及待地将心理学从哲学母体中迎了出来。他雄心勃勃，决心要将年轻的心理学永久地列席于科学的殿堂。但横亘在冯特面前的问题也着实不少：怎样使年轻的心理科学与古老的心灵理论区分开来？怎样展开对心理（或意识）的科学研究？怎样让心理学得到科学家与社会大众的认可？正如大多数人可能想到的那样，冯特把钦羡的目光投向了当时科学殿堂上堪为典范的自然科学，试图从成功的科学“榜样”（尤其是物理学、化学）中吸取营养。

但是，自然科学成功的奥秘到底在哪里？认真分析冯特所处的时代就会发现，正是经过文艺复兴的洗礼，自然科学才充分运用分析、实证的方法取得了巨大的成就。笛卡尔在《方法论》中主张将复杂问题分解为多个简单的小问题，再一个一个地解决；伽利略、牛顿开创的经典物理学主张将宇宙中的所有事物进行细化分类（把物质分为分子、原子等），以寻求它们各自运行的规律；化学的奠基者玻义耳提出了化学元素的概念，历经拉瓦锡的实验分析，确定了 Ag，Cu，Fe 等元素，将纷繁芜杂的物质世界分析为诸多元素的化合。对时代精神高度敏感的冯特准确地把握到了这一点。在他看来，既然物质世界可以分为原子或元素，那人的心理为什么不能这样分析呢？于是，冯特运用自己从事生理学学习与研究的独特经历，以成功的自然科学为样板，于 1879 年在德国莱比锡大学创建了心理学实验室，以实验的方法开展了对心理内容的分析与研究。这是人类历史上最早的、直接针对心理现象的内容所进行的实证研究，开启了科学心理学研究的新时代。

一、生平

正如《心理学的故事》作者亨特·墨顿所说的那样，冯特的成长史堪称一部传奇史。“有关冯特最令人吃惊的一件事是，这孩子怎会长成这样一位了不起的人。在他的童年和青年时代，他看上去完全不像个会有半点出息的人，没有动力，也缺乏那份才气……事实上，他看上去直冒傻气。”①

威廉·冯特（W. Wundt，1832—1920），出生于德国巴登邦一个牧师家庭，在家中四个孩子中排行最小。他先读了两年小学，但因为上课容易走神而被父亲打耳光进行惩罚。之后父亲干脆将他托付给一个牧师朋友专门照管，与那名牧师同吃同住，接受专门的启蒙教育。在这段时间内，小冯特没有朋友（据说唯一一

① 墨顿·亨特．心理学的故事［M］．李斯，王月瑞，译．海口：海南出版社，1999：163 - 164.

个好朋友还是一个弱智小孩），喜欢一个人发呆。13 岁时，他进入附近一个天主教文科中学学习，但他仍然没有改掉做白日梦的习惯，常被老师体罚，被同学耻笑与羞辱。后来他父母不得不将他转学至海德堡文科中学。在那里，他开始有了一些与自己志趣相投的朋友，逐渐改变了自己走神的毛病，但一直成绩平平，没有多大起色。

19 岁时，冯特中学毕业。这时他的父亲已经去世，母亲的养老金很低，家境开始转坏。冯特看到当时的医学专业待遇还不错，就选择报考并成功考入了图宾根大学，在那里念了一年的医学专业。但在这一年里，他并没有用心念书，而是成天在外面漫无目的地游荡，基本上没有学到什么。直到他回到家，发现贫困的家境已经难以支撑他念完大学时，他才翻然悔悟。第二年，他转入海德堡大学继续学习医学。在那里，年轻的冯特发生了翻天覆地的变化，刻苦学习了生理学、物理学及化学等课程，并开始发表医学方面的论文。三年后，他以最高荣誉毕业。两年后的 1855 年，冯特获得医学硕士学位，并在全国医学委员会的考试中名列第一。1956 年春，他获邀前往柏林大学跟随“实验生理学之父”约翰内斯·缪勒学习生理学，年终后返回，考取医学博士学位，并担任海德堡大学的生理学讲师。

1858 年，著名的物理学家、生理学家赫尔姆霍茨来到海德堡大学，冯特担任他的助手，在同一个实验室里共事 13 年。这对冯特产生了巨大的影响，进一步加强了冯特对生理心理学的兴趣。这时的冯特无暇顾及爱情，狂热地投入到教学与研究工作中。他在上课之余，专门撰写了《对感官知觉理论的贡献》（1858—1862）。在这本书中，冯特首次提出了“实验心理学”一词，并初步描绘了对以实验的方法来进行心理学研究的宏伟蓝图。这本书与费希纳的《心理物理学纲要》一起，被著名心理学史家波林称之为新心理学著作诞生的标志。

1871 年，赫尔姆霍茨离开海德堡大学去了柏林，冯特合乎情理地代替了他的位置。但最终冯特只得到一个助理教授的职位，工资仅为赫氏的四分之一。但即使这样，冯特的经济状况也大为好转，终于在年近 40 岁时与一个女子结婚并与之相伴一生。此时的冯特撰写了另一部更有开创性意义的《生理心理学原理》（1873—1874），这部书声称要给心理科学划出一条界线，被著名心理学家卡特尔誉为心理学独立的“宣言书”。该书出版后，迅即引发巨大反响，在此后的 37 年中再版了 6 次（最后一版时已经发展为 3 卷本，共计 2 353 页）。

《生理心理学原理》的出版，给冯特带来了良好的声誉。他先接受了苏黎世大学提供的教授职位，一年后又转任莱比锡大学的教授，并在那里开始了他人生最辉煌的时期。1879 年 12 月，他在莱比锡大学一个叫孔维特的房子里建立了一个小型的心理学实验室，这一事件被心理学家广泛认为是心理学诞生的标志。1881 年，冯特创办了《哲学研究》，这是世界上第一本实验心理学期刊。1889

年，他担任了莱比锡大学校长。这时，冯特所在的莱比锡大学成为了整个世界心理学的重心与求学圣地，来自世界各地的心理学爱好者纷纷来此就读，包括英国的铁钦纳、美国的霍尔、卡特尔，中国的蔡元培等，都曾是冯特的学生。

冯特是一个典型的治学严谨的德国人。他在年轻的时候，就将自己的一生划分为两段，计划用前半生来研究有关个体的实验心理学，用后半生来研究有关文化的民族心理学。果不其然，冯特动用他生命的最后20年，撰写了10卷本的文化心理学巨著《民族心理学》。这本书认为，实验心理学只能研究个体的低级心理过程，而像思维等高级心理过程则必须由人类文化中的语言、神话、风俗来进行说明。这个大部头著作并没有引起多大的反响，但在最近文化心理学兴起后，又重新引起了心理学家的重视。

二、科学观

（一）研究对象

冯特认为，心理学与其他自然科学一样，研究的都是人类的经验。只不过自然科学研究的是人类的间接经验，而心理学研究的是人类的直接经验。“在自然科学和心理学内，我们所研究的经验现象只是以不同的观点来考察同一经验的现象；在自然科学内我们把经验看成是客观现象的相互联系，由于抽去了知觉的主体，它也就被看成了间接的经验，而在心理学内，我们则把经验看做直接的和非派生的。”① 换句话说，自然科学（如物理学）在考察颜色时，研究的是物体表面反射出的光的频率（如波长为500微米），而心理学则是研究这些光线产生的主观感觉（如红色，绿色等）。而且，在进行颜色的物理学研究时，我们只能通过仪器或工具加以间接测量，而人们对颜色的知觉则无需别的工具，它是人们对反射在视网膜上光线的直接体验。这可以用以下的例子来说明，在火热夏天的中午，温度计所显示的刻度是40℃，这只是用物理学方法测量得来的间接经验；而当你走在太阳底下，感到皮肤被炙烤的感觉，则是一种直接的意识经验。

在对心理学的研究对象进行了界定后，冯特又将心理学的研究对象主要分成了两个部分。一个部分是个体的直接意识经验，包括感觉、知觉等低级的心理过程，这部分直接经验可以用类似生理学的实验方法来进行研究；另一个部分是人类所共同具有的复杂的高级心理过程，如学习、思维、语言、价值观等，这些高级心理过程只能通过语言、风俗、神话等社会文化现象来进行追溯研究。冯特将研究个体直接意识经验的心理学称之为实验心理学，而将研究复杂、高级心理过程的心理学称之为民族心理学。

（二）学科性质

冯特认为，心理学与自然科学的研究对象都是经验。这就将心理学与自然科

---

① 叶浩生．西方心理学理论与流派［M］．广州：广东高等教育出版社，2004：24.

学统一起来，他堂而皇之地将心理学与其他自然科学并列在一起，共同纳入到科学的大家庭中，认为心理学与物理学、化学一样，都是自然科学的分支。

心理学是自然科学的分支，本身是一门自然科学。冯特的这一思想由来已久。早在海德堡大学任教期间，他就将自己开设的心理学讲座称之为“自然科学的心理学”。后来，冯特意识到弱小的、新兴的心理科学要跻身于科学之林，就必须向历史上成熟的自然科学靠拢（这被波林称之为冯特的“物理学艘羡”情结）。事实上，冯特具有这种情结也确在情理之中。冯特要将心理学从哲学中独立出来，成为一门具有独立疆域的科学，让其共享一切科学所应有的荣耀，他就必须以自然科学为楷模建立心理学。而其中最好的方法当然是主动地将心理学纳入自然科学的体系，声称其本身就是一门自然科学。

但是，正如前面所述，冯特的心理学体系可以划分为两个部分：实验心理学与民族心理学。实验心理学以自然科学的实验方法为基础，可以是自然科学的分支。但冯特还提到了民族心理学，认为高级心理过程无法用实验方法来进行研究。“在实验法无能为力的地方，幸而还有另一种对心理学具有客观价值的辅助手段可资利用。这种辅助手段就是精神的集体生活的某些产物，这些产物可以使我们推断出一定的心理学动机。属于这些产物的，主要是语言、神话和风俗。由于它们不仅依存于一定的历史条件，而且也依存于普遍的心理学规律，所以那些返导出普遍心理学规律的现象，就成为一个特殊心理学部门——民族心理学的研究对象。民族心理学的研究成果为复杂心理过程的普通心理学提供了极重要的辅助手段。”① 由此看来，冯特的民族心理学明显是一种关于社会、文化的心理学，应属于人文社会科学。这与冯特所宣称的心理学是自然科学构成了矛盾，而冯特本人并没有解决这个问题。由此肇始，心理学就埋下了自然科学取向与人文科学取向两种文化心理学相互对立的种子，并最终在20世纪末导致了一场声势浩大的有关心理学分裂与整合的大讨论。

（三）学科任务

冯特把他的实验心理学看做是一门纯科学，并不主张进行应用或临床心理学的研究。这一点在冯特早年的经历中就已经反映出来。冯特早在海德堡大学学习期间，就不喜欢临床实践的课程，反而对一些基础性的理科课程与理论课程很感兴趣。此后，他一生都从事心理学的基础研究，对心理学的应用问题基本未予关注。当然，这并非说明冯特轻视心理学的应用研究。他也偶尔提及儿童心理学、动物心理学等心理学领域，赞成将语词联想技术应用于精神病诊断，但他个人的兴趣主要集中于意识内容的实验研究，而对意识的功能并不感兴趣。

冯特不重视心理学应用的思想，在他的学生铁钦纳那里走向了极端。后者在

① 叶浩生. 心理学通史［M］. 北京：北京师范大学出版社，2006：116.

与机能主义心理学进行辩论时，认为心理学的应用只不过是心理学技术，并不是心理科学本身。应该说，这一思想在心理学创建时很有市场，从事基础心理学研究的学院心理学家们对临床与应用心理学基本上持一种否定的态度，认为应用与商业化紧密相连，是对学术纯洁性的玷污。当年霍尔组织成立美国心理学会时，就没有邀请一个应用或临床领域的心理学家。在此后很长一段时间内，应用与临床心理学家在学术组织中得不到尊重，更别说担任领袖人物。这直接导致了后来心理学中研究与实践之间的矛盾。在美国心理学会成立至今 100 多年的历史中，学院派与应用派心理学家之间也历经几番较量，势力对比几经消长，被心理学家们列为心理学分裂的重要表现之一。

三、方法论

（一）哲学基础

冯特是历史上堪称心理学家的第一人，但他同时还是一个哲学家。他的哲学功底非常扎实，不仅写了 10 卷本哲学味很浓的《民族心理学》，他还撰写过多种哲学著作，如《逻辑学》（1880—1883，3 卷本）、《伦理学》（1886）、《哲学体系》（1889）、《国家与它的哲学》（1915）、《经验与实在》（1920）等。事实上，波林认为冯特提出的情感三维说这一实验心理学观点，也主要是基于哲学的分析，没有多少实验的证明。

有关冯特对待哲学的态度，也许可以从一个有趣的历史事例中看出来。1913 年，包括著名现象学家胡塞尔在内的 107 名德国哲学教授联名发表了《反对实验心理学者占有哲学教席的声明》，认为心理学家已经与哲学越走越远，不应当继续留在哲学系内，更不应当占用哲学教席。但冯特对此是持批判态度的，他写了一本题为《为生存而奋斗的心理学》的小册子，认为心理学的研究领域虽然独立，但同哲学仍有着千丝万缕的联系。事实上，在 20 世纪初期，冯特甚至害怕实验心理学走得太远而失去其哲学基础。

以上谈到的是冯特对待哲学的态度，下面谈谈他的具体哲学观点。总体来说，冯特是一个二元论者。他在身心关系上，反对笛卡尔的身心交感论，主张身心平行论，认为人的心理并不是大脑生理过程产生的结果，心理过程与生理过程是两个独立而又平行的序列。身心平行论并不是冯特的首创，此前哲学家莱布尼茨就持此观点。莱布尼茨认为，生理与心理就像两座走时精准的挂钟，两者的动作完全一致，但相互之间并无联系。冯特受此观点影响，认为人的生理过程与心理过程是两个独立的因果序列。心理过程总伴随着生理过程产生，但心理过程并不受生理过程所支配，它有着自己独特的规律。生理学的研究方法的确有利于心理学的研究，但心理学并非生理学的分支，在生理现象中也无法发现心理现象的本质与规律。

冯特所持的身心平行论思想，并没有使这位早年的生理学家陷入“生理学化”的泥潭，但这也给冯特带来了一个难以克服的矛盾。如果身心是平行的，那么刺激身体怎么会引起心理反应呢？在做实验研究时，通常会根据生理过程的变化来判断心理过程的变化，如果两者之间没有因果关联，又怎么能保证实验研究所获得的是心理的因果关系？

（二）具体方法

冯特认为，心理学与物理学的研究对象都是经验，因此心理学也可以采取与物理学一样的实验方法。冯特反对传统的内省法，在他看来，内省法虽然可直接接近人类的心理现象，但内省本身就是心理的一部分。用自己来了解自己是荒唐的，这就像一个掉进流沙的人，试图通过抓起自己的头发来将自己救出来一样可笑。但是，毕竟每个人的心理现象只有自己最清楚，所以冯特认为内省法还是必不可少的。因此，冯特主张以实验的方法来改造内省法，为新的心理科学提出了一种崭新的研究方法——实验内省法。

实验内省法是将实验法与内省法结合起来，在实验控制的条件下观察自己的心理过程，以消除主观内省所带来不利影响的研究方法。冯特为实验内省法制订了几条规则：1. 要让被试了解自我观察开始的时间，事先做好心理准备；2. 观察自我的过程开始以后，被试应集中注意于内部心理活动，避免各种无关刺激的影响；3. 必须控制实验条件，使自我观察的过程能够重复验证；4. 经常变换刺激条件，如增加或减少刺激，或调整刺激的强度，以便被试能把刺激与自己的心理过程分离开来。

实验内省法以实验条件控制内省，使得内省可以重复、实验过程可以人为控制，因此符合了自然科学试验法的很多特点。心理学有了这种与自然科学一致的研究方法，从而为心理学从哲学母体中独立出来作出了最大的贡献。应该说，科学心理学的诞生并不是因为它找到了前所未有的研究对象（事实上，自从有了人类，就有了人类的心理，就有了人们对心理现象的研究与探索），而是它找到了实验内省法这样一种前所未有的研究方法。

当然，冯特也意识到了实验内省法的不足。在自我观察的过程中，观察者与观察对象是混淆在一起的，难以将两者分离开来。冯特主要找到了两种解决方案。一种方案是在训练被试进行正确内省的同时，辅之以实验仪器（如示波器、速示器、测时仪等工具）的测量，以确保被试所做报告的准确性。另一种方案则是以民族心理学的方法，从语言、风俗、神话等社会文化中进行溯源，从而了解人类的高级心理过程。

四、具体观点

冯特的心理学体系主要分为两个部分。一是个体的实验心理学，冯特主张其问题主要分为三个方面：1. 将意识经验分析为元素；2. 确定这些元素的复合形式；3. 寻找这些元素复合的规律。二是民族心理学，冯特主张通过对文化产物的分析来理解人类的高级心理过程。

（一）意识经验的分析

冯特认为心理学研究的是直接经验。也就是说，心理学主要研究的是意识的内容。要研究意识的内容，可以向自然科学学习，将其进行细化分类，将意识分析为基本的元素，再了解这些元素的性质及其复合的规律。

总体上，冯特认为意识经验可以分为两种最基本的元素，即感觉和情感。感觉由作用于感官的刺激所引起，它具有性质与强度两种特性，可以分为温觉、冷觉、光觉、触觉等。不同的感觉的复合就构成了知觉的观念，对于外在客体的感觉总是以知觉的形式，而不是以纯感觉的形式出现在意识中。感知一般指向外部客观事物，反映的是事物的客观方面。

另一种心理元素情感是直接经验的主观方面，它伴随感觉而产生，是感觉的主观补充。情感并不与外部世界发生直接关系，而是感觉的伴随物。它与感觉一样具有强度与性质的特点，还具有三个维度。这就是冯特著名的情感三维说，即情感具有愉快—不愉快、紧张—松弛、兴奋—抑制三个维度。每一个特定的情感都是由这三个维度以不同的方式组合而成的，如最初的搔痒是令人愉快的，随着搔痒程度的加深，逐渐令人感觉紧张与激动，再继续增加强度则会令人痛苦。

（二）意识经验的复合

冯特在将意识经验分析为元素后，并没有忽视意识的整体性。他试图通过联想、统觉等概念来说明意识的整体特点。

1. 联想

联想是传统联想主义心理学的一个核心概念。冯特认为，联想包含整个联结过程，在这个过程中，联结的观念并不是相继的，而是作为同时出现的观念复合体进入意识。冯特将联想分为以下几种：(1)复合。不同心理元素结合为一个紧密的复合体，复合后很难辨认出原来单个的心理元素。(2)同化。将外界刺激导致的感知觉与主体已有的记忆表象联结起来。(3)合并。不同种类的感觉或情感共同组合成一个复合体，如听到枪声脑子里出现枪的形象，同时产生恐惧。(4)相继联想。在时间上保持分离或相继，将具有相似成分的观念进行联结。

2. 统觉

联想是一种消极被动的过程，是一种低水平的心理组合方式。人们可以机械地背诵或记忆诗词或公式，但根本不能理解它们的意义。因此，冯特提出了另一种主动的复合方式，即统觉。冯特认为，人们可以同时感觉到很多东西，如一个学生坐在教室里，他可以同时看到书本上的文字，听到老师上课的声音，感受到房间的温度，闻到同桌身上的味道，浮现前一天晚上约会的情景等。但这些东西会很快忘记，除非这个学生将这些内容中的一部分限定为一个小的领域，并将其提升为“注意的焦点”。冯特认为进入注意焦点的心理内容会获得最大限度的清晰性与明显性。所谓统觉就是把特定的心理内容由意识的范围提升到注意焦点的过程，相当于当代心理学所说的“选择性注意”。正是由于统觉，人们才能够主动地将意识中的各个元素集中到一点，以创造性的形式产生出新的观念。

（三）意识经验复合的规律

冯特认为，意识经验通过联想与统觉进行复合时，主要遵循着以下三条规律或者原则。1. 创造性综合原则。各种不同的心理元素组成的心理复合体并非原有元素的简单相加，而是产生了原有元素所不具有的新性质。这在表面看，似乎体现了“心理化学”的思想，但冯特并非心理化学主义者。他特别强调统觉的作用，认为统觉使得心理元素不是机械地结合或发生了“化学反应”，而是在主体已有经验的基础上形成了具有新性质的复合体。2. 心理关系原则。心理元素是在相互之间结成的关系中获得自己的意义。也就是说，每一种意识状态总是在与其他意识状态的关系中获得自己的意义。3. 心理对比原则。这条原则是心理关系原则的特例，指相反或相对抗的心理元素，会相互增加彼此的强度，如乐极生悲，会使悲更加“悲”，而苦尽甜来，会使甜更加“甜”。

（四）民族心理学研究

上述三点是冯特所持的实验心理学观点，也是冯特在心理学史上受到广泛重视的方面。但冯特花了生命最后 20 年的心血所进行的民族心理学研究，尚未得到应有的重视，甚至他忠实的学生铁钦纳也把其晚年的研究仅仅当作一种“业余爱好”。追溯这一现象的原因，也许与心理学重视实验而忽视文化分析有莫大的关联。据 1980 年发表的一项调查表明，在《美国心理学家》创刊 90 年以来刊发的所有引用冯特著作的文章中，引用冯特《生理心理学原理》的比率占到了 61%，而引用《民族心理学》的比率仅为 4%。在后世人看来，冯特仅仅是作为一个实验心理学的创建者，而对其开创的另外一条人文取向心理学路径却“选择性失视”。但是，不受关注并不意味着民族心理学不重要，更不意味着民族心理学是错误的。事实上，近年来，随着文化心理学的兴起，以及人们对心理学中科学与人文两种文化分歧的日益关注，民族心理学的重要性正在不断凸显。

在冯特的 10 卷本《民族心理学》中，他还是秉承其经验分析的思路，确立了以语言、风俗、神话三种文化心理元素，将其作为观察、理解和推演高级心理过程，探求其基本规律的途径。在冯特看来，语言、风俗、神话等是人类文化产物的集中表现，可以通过对积淀着人类种系心理的文化产物的追溯，从而了解凝结在这些产物中的人类高级心理的演变过程及本质规律。

冯特受到黑格尔的历史演化论及达尔文的生物进化论的影响，将民族心理的发展分为四个发展阶段，即原始人阶段、图腾崇拜阶段、英雄与神的阶段及人性发展阶段。人性的发展是一个不断展开、不断发展的过程，人性发展的阶段就是一个正在来临的阶段。下面仅以语言的起源与发展为例，来说明冯特民族心理学的大致观点。

冯特把语言情绪表现和社会性的姿势相联系，认为语言既不是人类的一种特殊创造物，也不是人类尝试交流思想愿望的结果，而是一种高度进化与习惯化的自然形成物。这种形成物与哭叫、动物吼叫、聋哑人的手势、儿童牙牙学语时的发音类似。同时，冯特还特别强调语言与低级交流形式之间的区别，认为语言所负载的思想内容以及情绪表现，使人类能够表达自我，与人交流，从而使语言超越了纯粹的自然性范畴。语言不仅是个体高级心理过程借以发展的工具，同时还是一种社会性活动，是社会生活的产物。语言的使用，使得人群成为群体、组成社区，语言在理解个体心理和社会心理方面起着至关重要的作用。因此，在冯特的心理学体系中，语言起着联系个体心理学与民族心理学的作用。

应该说，冯特本意是用民族心理学来弥补实验心理学不能研究高级心理过程的不足，但在客观上，冯特研究了群体的、社会的、文化的心理学，将语言、风俗、神话等纳入到心理学的研究过程中，从而为后来的社会心理学、文化心理学的发展开辟了道路。

五、评价

（一）贡献

1. 冯特创立了实验心理学。冯特是以心理学创建者的身份永载史册的。在冯特之前，心理学一直寄居在哲学内，没有成为一门独立的心理科学。冯特创建了世界上第一个心理学实验室，创办了世界上第一份实验心理学期刊，第一次将实验内省法应用于心理现象的研究，确定了一批典型的心理学实验项目，使心理学成为了一门独立的学科。心理学史家墨菲曾说过："在冯特出版他的生理心理学和建立他的实验室之前，心理学就像一个流浪儿，一会儿敲敲生理学的门，一会儿敲敲伦理学的门，一会儿敲敲认识论的门。1879 年，它才确立自己为一门实验科学，有了一定的活动领域，有了一个名称。"①

2. 冯特促进了实验心理学在全世界的传播。冯特不只是实验心理学的创建者，还是实验心理学的传播者。冯特在莱比锡大学创建心理学实验室以后，德国成为了当时世界心理学无可置疑的中心。许多年轻的学者均慕名前来冯特处学习，比如美国的霍尔、卡特尔、安吉尔，英国的斯皮尔曼、铁钦纳，俄国的别赫捷列夫，欧洲的闵斯特伯格、屈尔佩等曾师从冯特。这些学生学成后，分别回到

---

① 墨菲，柯瓦奇．近代心理学历史导引［M］．林方，王景和，译．北京：商务印书馆，1980：230.

自己的国家，开宗立派，成为了各个国家心理学的先驱人物。

3. 冯特的一些具体心理学观点对后世也具有重要影响。在研究对象方面，认为心理学与物理学一样均研究经验，从而将心理学与自然科学统一了起来。在研究方法方面，他首创实验内省法，以实验的方法改造内省法，为新兴的心理科学找到了合适的研究方法。他提出了情感三维说，促进了有关情绪的研究。在实验方法之外，他提出了对社会文化历史的产物进行分析的民族心理学研究方法，开创了社会心理学及人文取向心理学研究的先河。

（二）局限

1. 只研究意识的内容，忽视意识的功能。冯特将直接经验视为心理学的研究对象，主张研究直接经验的内容，对其进行分析并寻找其复合的规律。他只看到了直接经验呈现给主体的内容，没有意识到直接经验对主体所具有的意义，即忽视了直接经验对主体实践的指导作用。这一点在他的学生铁钦纳那里走向了极端。后者认为心理学应该研究意识的构造，而将意识的动作与功能拒斥于正统心理学的研究对象之外。

2. 实验内省法离真正的心理学实验方法还有一定距离。冯特认为，直接经验必定是依赖于主体的，不同人的直接经验必定不同，只有拥有直接经验的主体才能接近自己的直接经验。这使得冯特不得不继续沿用古典的内省法，只不过对内省法加以实验的控制与改造。因此，实验内省法实际上并没有摆脱方法论上的主观主义，无法真正满足自然科学方法的价值无涉与客观性原则。也正是基于这一点，冯特认为实验心理学只能研究感觉、知觉等低级心理过程，而对高级的心理过程（包括记忆、思维等）则只能用另外的民族心理学方法进行研究。

3. 冯特的理论体系过于庞杂与混乱。冯特一直在忙于著述，从不停歇。他的著述如此庞杂，既有心理学，还有哲学、伦理学、逻辑学、随笔散文等。他的著述又如此地充斥着矛盾：既有实验法，又有内省法；既有实验心理学，又有民族心理学；既有元素主义分析，又有统觉与创造性综合原则；既有身心平行论，又有反应时研究；既想将心理学独立于哲学，又害怕心理学离哲学走得太远……所以，列宁不客气地说冯特是“抱着混乱的唯心主义观点”，在唯心主义与唯物主义之间跳来跳去的“老麻雀”。冯特的再传弟子心理学史家波林则评价说：“冯特无懈可击，在于他的著作数量之多，速度之快。批评家正在捉摸冯特的一个论点，可冯特在新版中已改变了。他的论敌在冯特许多著作中也不知道究竟攻击哪一本书。”① 而另一位同样伟大的大才心理学家詹姆士则用更为有趣的话进行了概括：“你把他像蚯蚓那样切碎，每一节却仍旧爬行，他的精神的细长的延髓没有生命的要害之处，因此你不能立即杀死他。”②

①② 波林. 实验心理学史［M］. 高觉敷，译. 北京：商务印书馆，1981：389.

孔维特楼上的稀奇事[1]

如果我们在想象中参观冯特实验室，不管是早期的单间还是后来的套间，观察他们进行的实验，我们会觉得这些实验稀松平常，至多也只算得是一些不足称道的精神现象；我们通常认为人类心理学当中最为关键的一些领域——认知、思维、语言技巧、情感和个人间的关系，他们一样也没有探索。

我们看见冯特的学生，偶尔还会碰到冯特本人，花费数小时的时间听节拍器，他们以各种速度开动节拍器，从非常之低到极高不等，有时候几拍之后就停下来，有时候又让它拍好几分钟。听节拍器的人每次仔细检查他们的感觉然后报告他们的意识反应。他们发现，有些条件是愉快的，有些不愉快，快节拍引起激动的感觉，慢节拍引起放松的情绪，每次嗒地一响后，他们会体验到微妙的紧张感，之后又有极微妙的放松感。

……

我们看见正在实验室里进行的许多实验……一个小时接一个小时，一天接着一天，观察者让球落到平台上，激起一阵刺耳的噪音，因而合上启动微时计定器的触点。受试者一听到噪音，立马就按下发报键，使微时计定器停下来。这些实验通常以两种形式进行。在一种形式里，受试者被告知，一旦他清楚地感觉到自己听到响声后立即按下发报键；第二种形式是，他被告知，声音一响就尽快按下发报键。在第一种情况下，指令集中在他对自己的感觉的注意力上面；在第二种情况下，注意力在声音本身。

不经意的旁观者兴许不会在这两种情况下看到任何差别，可是，研究者们经过许多次的试验后和微时计定器的检测后发现，第一种反应因为涉及一个人对紧跟着有意识的自发反应后对声音的感知的意识，因而通常要花约十分之二秒的时间；而第二种，因为涉及到纯粹的肌肉或者反射反应，只花约十分之一秒的时间。

第二节　铁钦纳的构造心理学

在冯特之前，人们只能通过内省与反思才能接近混沌的心理现象。冯特提供了实验法这样一把“解剖”心理现象的手术刀，但他并没有机械地对心理的内容进行类似元素分析的切割。继承这一思想路线并将其推向极端的是冯特忠实的学生铁钦纳。他在德国学成后前往美国，在那里开创了著名的构造主义心理学派，主张以实验内省的方法将心理的内容分析为元素，再寻找心理元素之间复合

---

① 墨顿·亨特. 心理学的故事［M］. 李斯，王月瑞，译. 海口：海南出版社，1999：168 – 171.

的规律。铁钦纳对心理学的影响非常大，他主动挑起了构造主义心理学与机能主义心理学的论争，促成了心理学史上第一次学派之争。

一、生平

爱德华·铁钦纳（E. B. Titchener，1867—1927）出生于英国最南端的奇切斯特市。中学时即表现出非凡的聪明，经常在一年内获得数项奖学金。18 岁考入牛津大学，先学习了四年哲学，后转学生理学、生物学，表现出对心理学的强烈兴趣。1890 年毕业后，赴德国莱比锡大学跟随冯特学习心理学，1892 年获得博士学位。

毕业后，铁钦纳回到牛津大学教书，但那里根本没有心理学教席，也没人重视心理学。当时保守的英国人认为心理学用量表来测量人类的灵魂是荒唐的，铁钦纳只在那里讲授了很短一段时间的生物学，就应安吉尔（莱比锡大学学习期间的好友，机能主义心理学的代表人物）的邀请，去了美国的康奈尔大学。一直在那里工作，直到去世。

铁钦纳治学严谨，有时甚至刚愎自用。他在美国呆了 35 年，期间仅回过一次欧洲参加国际心理学大会，但他一直看不起美国的实用主义文化，始终保持自己的英国国籍。他虽只在莱比锡大学跟随过冯特两年，而且并不经常见到冯特，但他受冯特的影响最大，一直以冯特的嫡传弟子自居。他模仿着冯特的上课作风，总穿着黑色的礼服出现在课堂；他效仿冯特教授学生的风格，规定学生必须研究的课题；甚至他留的胡子，都酷似冯特。他翻译了大量的冯特作品，成为冯特在英语世界的代言人。但有趣的是，他并不是冯特最严格意义上的忠实信徒，他常按自己的需要修改冯特的心理学体系，在传播冯特思想的同时，也增添了后人对冯特的误解。

铁钦纳爱好争辩，有时甚至争强好斗。他将自己的心理学流派称之为构造主义心理学，将杜威、安吉尔等人为代表的心理学流派称之为机能主义心理学，挑起了心理学史上第一次流派之争。他是美国心理学会（APA）的发起人之一，但他从未参加过一次会议。他本人于 1904 年创立了一个叫“实验者”俱乐部的组织，规定只有得到他邀请的心理学家才能成为该组织的成员。这个组织与 APA 同时存在，直到铁钦纳去世第二年，才改组成 APA 的实验心理学分会。

铁钦纳对待女性心理学家的态度也值得一提。当时 APA 接纳女性心理学家为会员，但铁钦纳一直不允许自己的“实验者”俱乐部接受女性成员。理由很简单，因为他认为女性可能忍受不了开会时雪茄的味道。这引起了女性的反感与愤怒，但他至死也没有改变自己的决定。但铁钦纳在教学与科研时，并不排斥女性。当时美国许多大学，包括斯坦福大学在内，都不接受女性研究生。但铁钦纳不顾系主任的反对，坚持雇佣女性心理学家帮助他从事研究工作。他的第一个博士研究生玛格丽特（W. Marguerite）就是一位女性，后来成为了1921年度美国心理学会的主席。在他一生培养的54名博士研究生中，有19名是女性。

二、科学观

（一）研究对象

冯特认为，心理学与物理学的研究对象一样，研究的均是经验，只不过物理学研究的是间接经验，心理学研究的是直接经验。与冯特的观点类似，铁钦纳也认为心理学与其他一切学科一样，均是研究经验。但他的表述与冯特略有不同。他指出："人类所有的知识都来源于人的经验，知识的来源仅此一个，再没有其他的源泉。然而，我们可以从不同的观点看待经验。假定我们采取两种立场和观点，我们就可以亲身体验在两种条件下经验的不同。首先，我们将经验看做完全地独立于特定个体的，我们假定经验持续存在着，不管是否有任何个人享有这种经验。其次，我们将把经验看做是完全地依赖于特定个体的，我们假定只有当某个人占有它时，这种经验才存在……经验是同一的，物理学和心理学处理着同样的物质和同样的材料，科学的划分仅仅是通过对待经验的立场和观点。"① 换句话说，铁钦纳认为心理学研究的是依赖于经验者的经验，而物质科学研究的是不依赖于经验者的经验。

那什么是依赖（或不依赖）于经验者的经验呢？铁钦纳以具体的实例进行了说明。从物质科学的角度看，时间、长度、质量等是不依赖于经验者的经验的，1小时就是1小时，1厘米就是1厘米，1千克就是1千克，对它们的测量独立于人们的判断与体验。但从心理学的角度来说就不一样了，人们对时间、长度、质量的判断都会依赖于本身的经验，同样是1小时，有些人过得很愉快，觉得过去的时间比1小时短；有些人过得很枯燥，觉得过去的时间比1小时要长。同样地，从物理学来说，热只是分子的碰撞，声音只是空气的振动，它们既不会温暖，也不会寒冷，既不会响亮，也不会安静。只有当经验者去经验时，才会有冷与热、闹与静、乐音与噪音。后面的东西才是心理学研究的对象。

（二）学科性质

铁钦纳坚持心理学是一门基础科学，属于自然科学的范畴。他的目标是建立一门真正独立的科学心理学，其核心是实验室研究。铁钦纳撰有巨著《实验心理学》，其主要动机就是要建设新科学，欲将心理学打造成一门"学者看得起"的学科。他采取的方法就是严格的科研训练与实验方法，他开设实验训练的课程，组织"实验者"俱乐部，其目的均是向自然科学靠拢，争取使心理学成为一门世人所公认的科学。

---

① TITCHENER E B. A textbook of psychology [M]. New York: Macmillan, 1913: 6.

（三）学科任务

铁钦纳一直按自然科学的标准来打造心理学。主张心理学是一门纯科学，其任务主要是进行基础的实验研究，而不应关注心理学的应用。在铁钦纳看来，心理学应该研究正常人的心理，不要去关注个别差异，疯子、弱智者等的心理现象不是心理学的研究对象。

铁钦纳认为，心理学唯一合法对象是发现心理事实。心理学也不应试图去影响、改变人们的心理，更不应该打算去改造社会。相反的，心理学要一如既往地关注基础研究，在研究过程中，应尽力避免受到心理学实际应用的干扰。心理学不治疗精神病，也不改造个人与社会。机能主义心理学主要关注心理的功能与效用，这是误入歧途，这只是心理技术，而非心理科学。心理学即使的确可以应用，也应在心理学之外的其他领域发展，如教育心理学属于教育，医学心理学属于医学，商业心理学属于商业，法律心理学属于法律。心理学的应用不能与研究混淆在一起，从而威胁到心理学作为一门纯科学的发展。

三、方法论

（一）哲学基础

在哲学方面，铁钦纳深受第二代实证主义的马赫主义（亦称为经验批判主义）的影响。马赫认为科学的任务不是去理解或解释，而是要对事实进行概要性的描述。而且，马赫还强调经验的重要性，把感觉经验看做是认识的界限和世界的基础，认为作为世界第一性的东西既不是物质也不是精神，而是中性的感觉经验。因此，一切研究都应该是探究这些感觉要素的联结方式和联系规律。铁钦纳接受了马赫主义的观点，提出了自己的构造主义心理学体系，认为心理学应主要描述心理现象构成的要素，并寻找这些要素复合的规律。

此外，铁钦纳还深受其老师冯特的身心平行论的影响。他认为，心理过程是片断的、不成系统的，一种心理过程不能成为另一心理过程的原因，其根源只能在身体的神经过程中去寻找。比如，一个观念可能数年内记不起来，但最近又突然“冒”了出来，这并不是因为某一种心理状态所引发的结果，而是因为身体的生理过程保证了这一观念数年来的存在。这种观点看来是唯物主义一元论，但铁钦纳并没有走上这条道路。铁钦纳认为：“心身平行论的原则在于，神经系统过程和心理过程这两类事件并行地进行，互不干涉，但恰好对应。从最终的事实看，它们是同一经验的两个不同的方面。其中的任何一个不能成为另一个的原因……神经系统不能引起心理，但它可以解释心理。”①

① 舒尔茨. 现代心理学史［M］. 杨立能，沈德灿，译. 北京：人民教育出版社，1981：105.

（二）具体方法

在心理学的研究方法方面，铁钦纳继承了冯特的实验内省法。但他对冯特的实验内省法进行了改造，使其更加严格与复杂，附加了很多条件。1. 只有训练有素的观察者才能进行内省；2. 在内省的初级阶段可以首先利用回忆来进行内省的考察，经过训练后再进行直接的自我观察；3. 被试应高度集中注意力，对观察过程的记录尽量准确无误；4. 被试应情绪良好、精神饱满，实验环境要舒适；5. 要防止“刺激错误”，即被试内省报告刺激或刺激的意义，而不是报告自己的感觉和感受。铁钦纳认为，初次学习实验内省的被试最容易犯“刺激错误”。举例来说，摆一个苹果放在被试面前，让被试进行描述，如果被试描述说“这是一个苹果”，而不是描述该物体的形状、颜色、硬度、气味等，则是犯了“刺激错误”。内省者应该主动地把对刺激的感受与刺激本身区别开来，描述意识状态本身，而非引起意识状态的刺激。

总体来说，铁钦纳在研究方法方面并没有独特的创见，他改造了冯特的实验内省法，并走向了极端。冯特主张使用更加重视“实验”的实验内省法，而铁钦纳则主张使用更加重视“内省”的实验内省法。这使铁钦纳受到了不少的批评（后文评价部分还会详细谈到），但他在晚年时已经意识到这一问题，开始使用对意识经验进行纯现象学描述的方法。

四、具体观点

铁钦纳的心理学体系与冯特有些类似，但更为完善。他认为，心理学的任务主要有以下三个方面：1. 将心理现象分析成基本元素，解决“是什么”的问题；2. 寻找心理元素复合的规律，解决“怎么样”的问题；3. 把心理元素与生理过程联系起来，解决“为什么”的问题。

（一）是什么：元素的分析

铁钦纳对心理的构造进行了元素分析，认为构成意识经验与心理过程的基本元素主要有三种：1. 感觉。感觉是知觉的元素，包括声音、视觉、味道等经验。铁钦纳通过实验内省法发现了 44 000 多种感觉元素，其中绝大部分是视觉的（约 30 000 种），其次是听觉的（约 12 000 种），以及其他感觉（约 20 种）。2. 意象。意象是观念的元素，是一种近似于感觉的基本心理过程，可以在想象或当时并不实际存在的经验中找到。3. 情感。情感是情绪的元素，表现在爱、恨、忧、愁等经验之中。

铁钦纳比冯特多分析出了一个元素，即意象，而且对这些元素的性质描述也不尽相同。冯特认为感觉只有性质与强度两种特性，而铁钦纳认为感觉与意象均具有性质、强度、持续性、清晰度和范畴等五种特性。此外，铁钦纳也不同意冯特的情感三维说，认为情感只有愉快—不愉快一个维度，具有质量、强度、持续性等三种特性。紧张—松弛、兴奋—沉静实际上是感觉和真实情感的结合，这两个维度都可归结为愉快—不愉快一个维度。

（二）怎么样：元素的结合

铁钦纳认为，心理元素并不是简单、静止、像堆积木一样地堆砌成心理状态的，心理是一个动态发展的过程，它在不断地混合、分解、重叠、增加，相互吸引或排斥。因此，有必要了解这些元素结合的规律，以重建意识经验。

在意识经验具体是怎么结合的这一方面，铁钦纳反对冯特的统觉与创造性综合原则。他认为统觉只不过是感觉清晰性的表现。人们并不是因为集中注意于某个感觉而使该感觉更清晰，相反的，是因为这个感觉在意识中更清晰而引起了人们的注意。因此，铁钦纳继承了英国的联想主义心理学传统，认为只要一条联想律就足以说明心理元素的结合。传统的联想主义心理学还假定了频因率、近因率、相似律与接近律，对于铁钦纳来说，他认为这些联想律均可归结为接近律，接近律几乎可以解释所有心理元素的结合。

（三）为什么：元素的生理基础

"是什么"解决了心理元素的分析问题，"怎么样"解决了心理元素的综合问题，但整个心理学研究的任务并没有完结。因为"是什么"与"怎么样"还只是对心理元素的分析与综合进行了描述，并未对心理过程"为什么"会这样进行解释。

正如前所述，铁钦纳持身心平行论观点，认为一种心理过程并不能解释另一种心理过程，心理过程的解释在心理现象之外，即主体的身体神经过程。心理过程与身体过程密切联系，身体状态若发生改变，心理状态也跟随着变化，如睁眼与闭眼时意识体验不一样，盲人与正常人的意识体验也不一样。因此，只有把意识经验的分析同控制意识经验的身体功能、结构结合起来，才真正完成了心理学的任务。用生理过程来解释心理现象本身是一种进步，但铁钦纳却将生理与心理平行、并列起来，认为生理因素并没有导致了心理现象，而只是与心理现象发生的步骤相一致，这又使铁钦纳对心理现象的解释回到了冯特的老路上去。

五、评价

（一）贡献

1. 使用严格的实验内省法，促进了实验心理学的传播

铁钦纳对冯特的实验内省法附加了更多的条件，进行了严格的限制，使得心理学研究方法更为规范。他亲自创立了"实验者"俱乐部，一心要使心理学成为一门客观的实验科学，的确加速了其他学科对心理学的认可。而且，尽管冯特作为心理学创造人，本身具有很大的影响，但他毕竟是德国人，使用的语言是德语，其思想的传播比较慢，正是铁钦纳作为冯特在英语世界的代言人，有效地推

动了新兴的科学心理学在世界的传播。他本人在许多观点上，也有一定的创造性，培养了50多名博士，有的还成为了美国心理学会的领导人，对实验心理学的传播起了极大的推动作用。心理学史家维内曾经指出：“尽管他所创立的新体系并没有生存下去，他的严格的科学态度的确被保留下来，并且在实验倾向的心理学家中享受着至高的荣誉。”①

2．促成了心理学史上第一次流派之争

铁钦纳争强好斗，为了宣传自己的心理学理念，经常与好朋友进行学术辩论。1895年，鲍德温提出了“反应类型说”，认为感觉反应时与运动反应时的差别属于个人间的类型差异，而铁钦纳认为是观察者的随意态度不同引起的。这是早期心理学的一场著名的论战。后来，杜威、安吉尔等均与铁钦纳有过著名的争议。1898年，铁钦纳在《构造主义的公设》一文中正式提出了构造主义心理学与机能主义心理学两个直接对立的概念。认为构造主义研究“是什么”，而机能主义研究的是“为什么”。1921年，铁钦纳发表了《机能心理学与意动心理学(上)》一文，详细说明了机能主义与构造主义的区别。完全可以说，铁钦纳一手挑起了心理学史上第一次流派之争。铁钦纳的对手本来只是一个松散的群体，但由于他的关系，大家联合起来，共享着他冠以的“机能主义”称号。自此之后，心理学出现了多个流派，各自有着自己的理论纲领与体系，它们相互斗争与对话，共同促进了心理学的多元化发展。

3．为其他心理学流派的发展树立了一个批判的靶子

铁钦纳性格刚毅、能言善辩，他的激进观点和狭隘的科学观与美国文化明显不相容。因此，当铁钦纳越是精细地描绘出自己的理论体系，就越受到其他学派的攻击。构造主义心理学成为了一个批判的靶子，其他学派在批判它的过程中不断获益。机能主义反对他研究意识的构造，认为心理学应该研究意识的功能与效用；格式塔心理学反对他将经验分析成元素，主张研究意识的整体；精神分析反对他研究表层的意识，而主张研究意识层面之下的潜意识。正像舒尔茨引用著名心理学史家海德布莱德的话那样，“铁钦纳的心理学对发展美国的心理学起了主要作用。这不仅由于它有着杰出的连续不断的成就，而且它有着壮烈的和足以使人得到启发的失败。”②

（二）局限

1．实验内省法并没有摆脱传统内省法的根本缺陷

铁钦纳给实验内省法增添了许多的附加条件，试图做到更加客观、实证，以

---

① VINEY A W，KING D B．A history of psychology：ideas and context［M］．2nd ed．Boston：Allyn and Bacon，1998：242.

② 舒尔茨．现代心理学史［M］．杨立能，沈德灿，译．北京：人民教育出版社，1981：112.

限制内省法带来的主观性。但这并没有从根本上摆脱传统内省法的重大缺陷，内省报告所依赖的并非自我观察所得的结果，而仅仅是回忆或回顾的产物。所谓一心不能二用，当内省者想要用语言呈现所要内省的内容时，这时的注意力已经不再在内省的内容本身，而是在怎样去进行内省的内容上了。正如一些批评者所提出的那样，当一个愤怒、暴跳如雷的人想要停下来内省情绪时，这时的愤怒已经被改变了。

2. 将经验分析为元素，犯了元素主义的错误

铁钦纳借鉴自然科学的研究方法，试图将心理现象像物理现象一样进行分类、细化，将心理现象分析为元素，再寻找元素之间复合的规律，这本身就存在问题。他的老师冯特尽管也想将经验分析为元素，但冯特还强调统觉及创造性综合原则的影响，从而在一定程度上摆脱了“心理化学说”与元素主义的错误。铁钦纳则走向了极端，将感觉分析为 44 000 多种，忽略了心理的整体性与动态性，犯了典型的元素主义错误，也遭到了格式塔心理学的大力批判。

3. 忽视应用的纯科学观，扼杀了心理学发展的生命力

冯特本人虽然不重视心理学的应用，但他并不反对心理学的应用，他在《人与动物的心理学讲义》中还专门探讨了动物心理与变态心理。铁钦纳则更加极端，对心理学的应用不屑一顾。铁钦纳认为，心理学的研究任务就是分析心理的结构及其复合的规律，动物心理学与变态心理学对这一任务没有任何益处，因此被排除在实验心理学之外。而且，其他的心理现象，如个别差异、人格、价值等，因为它们并不适合于他的研究方案，不是普通心理学所研究的内容，因此也被排除在他的研究范围之外。但这种体系与美国当时的实用主义文化明显地格格不入，因此，当铁钦纳去世后，他所经营的构造主义心理学也就随之而去了。虽然他培养了大量的弟子，但已经没有人再愿意继承与发展他所倡导的构造心理学。

【建议参考资料】

1. 高觉敷. 西方近代心理学史［M］. 北京：人民教育出版社，1982.
2. 波林. 实验心理学史［M］. 高觉敷，译. 北京：商务印书馆，1981.
3. 黎黑. 心理学史［M］. 李维，译. 杭州：浙江教育出版社，1998.
4. 墨顿·亨特. 心理学的故事［M］. 李斯，王月瑞，译. 海口：海南出版社，1999.
5. 赫根汉. 心理学史导论［M］. 郭本禹，译. 上海：华东师范大学出版社，2003.
6. 舒尔茨，现代心理学史［M］. 叶浩生，译. 8 版. 北京：人民教育出版社，2004.
7. 叶浩生. 西方心理学的历史与体系［M］. 北京：人民教育出版社，1998.
8. 叶浩生. 西方心理学理论与流派［M］. 广州：广东高等教育出版社，2004.
9. 墨菲，柯瓦奇. 近代心理学历史导引［M］. 林方，王景和，译. 北京：商务印书馆，1980.

【问题与思考】

1. 名词解释：内容心理学，实验内省法，情感三维说，统觉，身心平行论，创造性综合原则，刺激错误，元素主义，构造心理学

2. 简述冯特关于经验复合的三条规律。

3. 试对冯特进行综合评价。

4. 简述铁钦纳的具体心理学观点。

5. 试对铁钦纳进行综合评价。

第二章　从意动到机能

【本章提要】

本章主要探讨四个问题：一是着重阐明早期机能主义的兴起发展，主要介绍创始人布伦塔诺的意动心理学及其理论形式。布伦塔诺强调心理的意向性、活动性和整体性，主张采用内部知觉来研究心理现象的组织规律和本质，开创了一种不同于冯特的科学主义心理学的人文主义心理学的研究取向，推动了心理学的发展。意动心理学对20世纪美国机能心理学产生了一定程度的影响。二是概述詹姆士实用主义心理学。詹姆士（William James，又译“詹姆斯”）倡导实用主义，对机能心理学、行为主义心理学乃至整个美国心理学都产生了重大影响，被认为是“美国心理学之父”，是美国机能心理学的先驱者。三是概述狭义的机能主义即芝加哥机能主义。创始于杜威，形成于安吉尔，卡尔则集其大成，与构造心理学直接对立。主张研究个体适应环境的机能，强调多种方法综合使用，不仅认为心理学是一门科学，更重视心理学的应用，代表着美国机能心理学的典型形式。四是介绍代表美国总体倾向的哥伦比亚机能主义。以卡特尔、桑代克和武德沃斯为代表，他们越来越强调“行为”作为心理学研究对象的重要性，为心理学走向行为主义敞开了大门，在研究方法上突出了个别差异的研究，推动了心理测验的发展，在应用上，把芝加哥学派提出的关于个体适应环境的一些原理具体化并应用于实际生活，促进了心理学在美国的繁荣。

【学习重点】

1. 布伦塔诺的意动心理学在研究对象、研究方法、研究任务上的基本观点。
2. 詹姆士的意识流学说、自我理论及他在心理学史上的影响。
3. 芝加哥机能主义在学科性质、研究对象和研究方法上的基本观点。
4. 理解卡尔反射弧概念。
5. 对安吉尔机能心理学的领域有深刻的认识。
6. 理解卡尔的关于心理活动的研究。
7. 哥伦比亚机能主义在学科性质、研究对象和研究方法上的基本观点。
8. 卡特尔的个别差异和心理测验运用。
9. 桑代克的联结主义心理学观点。
10. 武德沃斯动力心理学观点。

11. 对机能主义的正确评价。

【重要术语】

意动心理学　心理现象　物理现象　意向的内存性　现象学　内部知觉　实用主义　意识流　心身问题　内省　机能主义　反射弧　适应性行为　心理测验　联结主义　效果律　练习律　准备律　动力心理学

第一节　布伦塔诺的意动心理学

一、生平

弗兰茨·布伦塔诺（Franz Brentano，1838—1917）是德国哲学家、心理学家，意动心理学的创始人。1938 年 1 月 16 日，布伦塔诺出生在德国莱茵河畔的马林贝格（Marienberg）的一个名门望族家庭，其多位家族成员在文学和艺术方面有所建树，有 14 人被收入《维基百科全书》。幼年的布伦塔诺天资聪颖，兴趣广泛，在很多事情上都极具天赋，如绘画、音乐、国际象棋，深受家人的喜爱。布伦塔诺的父母都是虔诚的天主教徒，父亲在其未成年之前去世，母亲独自承担起照顾孩子的责任，从小母亲就教导布伦塔诺长大成为一名天主教牧师，这种思想影响了布伦塔诺一生。所以，布伦塔诺后来的思想发展与其家族的浓厚的宗教艺术和文学氛围是分不开的。

在学术生涯上，布伦塔诺最初的兴趣徘徊于哲学、数学和几何之间，后读了亚里士多德的作品后，迅速地选择了哲学。1856 年在慕尼黑大学哲学系学习哲学，1857 年转入符兹堡大学研究天主教神学家阿奎那的思想。1862 年，年仅 24 岁的布伦塔诺完成了第一部著作《论亚里士多德关于存在的多种意义》，并因此获得了杜平根大学的博士学位，能这样驾轻就熟的讨论亚里士多德的主题确实是令人惊奇的。随后两年，布伦塔诺继续研究神学，准备做牧师。1864 年，布伦塔诺终于如愿以偿，被正式任命为牧师。1866 年，布伦塔诺担任符兹堡大学哲学系讲师。任职演说给学生和教职人员都留下了深刻的印象，吸引了一些学生和追随者，布伦塔诺最早的学生斯顿夫深受其影响，放弃法律而投身于哲学和神学的学习。1872 年，布伦塔诺升任为符兹堡大学的哲学专任教授。他的教学很成功，选学他课程的不仅有哲学和神学的学生，还有医学和法律的学生，常常座无虚席。第二年，由于布伦塔诺发表了一篇文章反对“教皇无谬误说”这一论断，产生了很大的影响，从而使得他成为教会内自由派牧师的学术领袖。当时，布伦塔诺面对一个抉择：是默认教义还是做异教徒，最后他选择了后者，辞去了教授职位。1874 年，在陆宰帮助下，布伦塔诺到维也纳大学任哲学专任教授，并在此工作了 20 年。在这里，布伦塔诺继续发挥教学的优势，有了大量的追随者，并由一些杰出的学生形成了所谓的“布伦塔诺学派”。精神分析的代表人物弗洛伊德也是布伦塔诺在此时期的学生，深受布伦塔诺的影响。在弗洛伊德的思想中可见布伦塔诺的思想痕迹。

1894 年，布伦塔诺的第一任妻子去世，布伦塔诺悲痛万分，加上体弱多病，他再次辞去教职，离开了维也纳和奥地利。布伦塔诺在瑞士和意大利度过了他的晚年生活。晚年的他患有眼疾，几近失明，但仍保持着对生活的热爱和对哲学的执著。1915 年，布伦塔诺移居瑞士。1916 年，布伦塔诺患了阑尾炎，随后身体进一步恶化，1917 年 3 月 17 日去世，享年 79 岁。他的骨灰被安葬在家族的墓地，一直保存至今。

布伦塔诺的一生充满了对哲学和心理学的热爱与执著，他的思想对后世产生了极大的影响，被称之为“意动心理学”，开创了心理学中人文主义路线的重要地位，弗洛伊德的精神分析、韦特海默的格式塔心理学以及人本主义心理学都受其影响。

布伦塔诺的著作不多，他相信口头交流最有效。布伦塔诺生前发表和出版了 38 种著述，其中 8 种是关于心理学的著作，1874 年出版的《经验观点的心理学》是布伦塔诺最早的一部重要的著作，也是对后世影响最大的一部著作。此外，还有《感觉心理学》（1907）、《论心理现象分类》（1911）等。

二、科学观

（一）研究对象

布伦塔诺认为心理学的研究对象是意动（act）。布伦塔诺认为，心理学不是研究感觉、判断、情感等心理的内容，而是研究感觉、判断、情感等心理的活动，但这种活动或意动又不是离开对象和内容而独立存在的，它总是指向一定的对象，涉及一种内容，即一定要意向地包含一个对象于其内。

要了解布伦塔诺的研究对象，首先要澄清两个概念，即心理现象和物理现象。布伦塔诺认为，我们意识的材料构成一个整体的世界，它包括心理现象和物理现象。物理现象是物理科学的研究对象，而心理现象是心理科学的研究对象。两者之间有着明显的差异，只有很好地区分了两者，才能有效地确定自己的研究范畴。

心理现象和物理现象又有什么区别？第一，心理现象是建立在表象基础上的现象，凡不属于这一范围的所有现象都可归结为物理现象。第二，心理现象不占空间，没有广延性；物理现象具有广延性，也就是说，物理现象是占据一定空间的；第三，心理现象具有意向的内存性，即总是指向一定的对象，而这个对象并不是存在于外在世界，而是存在于个人的主观世界，所以叫做“内在的对象性”。心理现象不是自己包含着自己，而是它一定要包含一个对象于其中，而物理现象是自己包含着自己，因为它不在外涉及一个对象，如闪电就是闪电，它决不包含别的事物在其内。

布伦塔诺认为，在上述特征中，意向的内存性是心理现象最显著的、普遍的和独具的特征，可以凭借它把心理现象和物理现象划分开来，即任何心理现象总要指向一定的对象，心理现象不能单独存在。

这里，我们可以看出，布伦塔诺所主张的心理学的研究对象与冯特的主张不同。冯特认为心理学是研究感觉、情感等心理的内容，布伦塔诺认为内容不是心理的质，只不过是物理的质，可通过实验加以研究，是物理学的研究对象，只有意动才是心理现象，是心理学的研究对象。比如，看见红色，听到歌声，这里的看、听就是意识的活动，红色、歌声就是意识的内容。红色、歌声的感觉内容和看到红色、听到歌声的活动十分不同。布伦塔诺坚决认为，这种看、听的活动才是心理学的真正研究对象。

（二）学科性质

布伦塔诺宣称心理学是一门科学，并从经验主义出发，坚持认为心理学是一门经验科学。布伦塔诺说："我在心理学上的立场是经验的，只有经验才是影响我的老师"①，但和同样宣称"实验心理学也是经验"的冯特不同。冯特的经验是实验的"经验"，重在实验，即对经验的研究是在控制条件下的实验研究；布伦塔诺的经验是经验的"经验"，重在经验，即他对经验的研究通过内部知觉完成的，是体验的、直觉的。

在心理学的应用上，布伦塔诺认为心理学既是一门理论科学，又是一门应用科学。布伦塔诺对心理学在实践中的应用持有很乐观的态度，并且认为这种实践具有广泛意义，比如说，布伦塔诺认为心理学为个体和社会教育理论提供了科学基础，运用心理学的知识可以改善恶性，并且对一个人的能力作出判断，以使其与环境更加匹配。所以，维利说："在态度和倾向上，他（布伦塔诺）必须被认为是应用心理学的前驱者。"②由此可见，在心理学的应用上，布伦塔诺与冯特有显著的区别。冯特把心理学看成是一门纯科学，不主张进行应用研究，强调的是"是什么"的科学。布伦塔诺十分强调心理学的重要性。布伦塔诺认为，在所有经验科学中，心理学具有最高的地位，在心理学中可以找到一切哲学问题的答案。他把心理学作为哲学建构的基础。

（三）学科任务

布伦塔诺的心理学是经验的而不是实验的，是描述的而不是发生的。布伦塔诺抛开"生理—心理"或"心理—物理"的研究方式，寻求心理经验所持有的东西即经验中呈现出来的"纯粹心理"，主张用经验描述方法研究心理现象。他

---

①② 杨鑫辉. 心理学通史（第四卷）：外国心理学流派（上）[M]. 济南：山东教育出版社，2000：80.

认为心理学家在充分澄清并描述想要阐明的东西究竟是什么之前，对现象的任何因果性研究都是没有希望的。因此，布伦塔诺的心理学又称为描述心理学，对“现象做出因果研究”的是发生心理学，他赋予描述心理学以优先的地位。因此，布伦塔诺认为心理学的主要任务在于通过内部知觉的方式获得原本真实的材料，通过描述和理解阐发其中所蕴含的意义与价值，把握事物的本质。

三、方法论

（一）哲学基础

布伦塔诺的哲学观主要表现为实证论和现象学倾向。实证论认为，被公开观察到的东西是我们唯一能够信任的，反对空洞的思辨，强调通过具体研究获得普遍的真理。在这种哲学观点的影响下，布伦塔诺确信心理学是一门经验科学，只有在对经验的研究中才能获得心理的本质。

布伦塔诺的意向内存性认为，每一种心理现象都是把某物作为对象包含于自身之中。这里作为对象的某物既指实际存在之物，也包括想象之物，挑战了冯特等把意识内容看成类似自然事物那样是自身不变的实在的东西的观念，避免了将心理看做类似物理之物。这种现象学倾向的思维促使了胡塞尔的现象学的产生。

（二）具体方法

布伦塔诺强调研究的意识活动，这种特殊的研究对象决定了他的研究方法表现在如下几个方面：

1. 内部知觉

布伦塔诺认为，内部知觉是最主要的研究方法。内部知觉（反省）是对刚刚过去的，在记忆中仍呈现鲜活状态的心理活动及其变化的反省，因此，能真实反映心理活动本身。内部知觉与冯特提倡的内部观察（内省）有着本质的区别。内部观察是将注意转向当前的心理活动，而这将不可避免地导致心理活动的变化。布伦塔诺认为内部观察是不可能的，比如说，当我们将注意力集中于内部的正在进行的心理活动时，这种内部的心理活动已经发生了改变：人在盛怒之下观察其内部心理活动，如果他知道自己在发怒，其怒气往往就会消失，这时他什么也观察不到了。而在内部知觉中，不会出现内部观察中出现的干扰，内部知觉是完全可能的。这种内部知觉的方式是把握心理现象独特的途径和方式。布伦塔诺十分强调记忆在内部知觉中所发挥的作用，因为心理活动转瞬即逝，并且不能一心二用，没有办法研究，只有通过回忆。所以，他认为记忆是把现实的资料即观察到的外部对象变为意识对象，即记忆是意向的对象。

2. 观察法

布伦塔诺认为，内部知觉也只能对自己的心理活动进行体验和反省，但对于他人的心理活动就需要通过观察他人的言语报告或自传、行为及其表现来了解。

即我们今天所说的客观观察法或自然观察法。同时，他还主张对动物、儿童、心理变态的人和原始社会进行观察和研究。

3．实验法

布伦塔诺认为，实验法有两种类型：决定性实验和系统性实验。他所认为的实验是决定性实验。决定性实验主要依附于思辨，有助于决定两种对立的概念。心理学家要尝试建立心理学体系，无疑要采用决定性实验。而冯特的实验则是系统性实验，布伦塔诺认为，这种仅仅局限于一种细节的实验，过于强调方法本身，这种过度强调变量的控制、在自变量和因变量之间寻求因果关系的实验方法往往会导致心理学家忽视心灵本身的重要性，而迷失了主要的问题。

四、具体观点

布伦塔诺的心理学观点主要体现在：1．对心理现象的界定；2．对心理现象的了解途径；3．对心理现象的分类。

布伦塔诺认为，心理现象是心理学的研究对象，最本质的特征是意向内存在，这种心理现象只有通过内知觉的方式来研究才是真实可靠和精确的。这在前面的研究对象和研究方法中已做了详细的论述，现来了解布伦塔诺关于心理现象的分类。

布伦塔诺依据意向的对象把心理现象分为三类：表象（感觉、观念、想象），如我见，我听，我想等；判断（知觉、认识、回忆），如我承认，我知觉，我回忆；情绪（感情、希望、决心、愿望、一直），如我感受，我愿望，我决定等。这三类对象指向不同的对象领域。布伦塔诺对其进行了总体的考察。

（一）关于表象

表象不是表象的客体，而是表象客体的心理活动，如听一种声音、看一种颜色。这里声音、颜色是表象的客体，在布伦塔诺看来是与心理现象相反的物理现象，不是布伦塔诺意义上的表象。布伦塔诺所指的表象是听声音、看颜色的心理活动。布伦塔诺不仅把听一种声音，看一种颜色这种当下的意识活动看做表象，而且也包括类似的想象，比如说，听一首动听的歌谣，作为当下的客体化意识活动是一种表象，现在听的行为已经过去了，但还可以回忆起刚才听的那首歌谣，动听的旋律、美妙的音色，这是一种想象的意识活动。布伦塔诺把这种想象也归为心理现象的范畴。

（二）关于判断

判断是指对某一对象采取一种理智的态度，即要肯定或否认对象，涉及肯定或否定的意向关系的对立。例如，“某物存在”，即在单纯的某物的表象上附加上我们的信念，我们接受它，承认它。又例如，“某物不存在”，即不只是想象到某物，而且我们否认它，拒绝它。因此，不论对象是什么，只有加上有所断言的态度，我们才能构成一个判断。

判断是完全不同于表象的一类意识活动，它具有对一个对象肯定或否定的意识方式，主要表现在意向性本质上。在表象中，某物呈现给我们；在判断中，我们对某物进行肯定或否定，两者在对象把握方式上不同，不能把判断简单地看成是表象或者是内容的结合。例如，“红”、“花”两个内容不能得出“花是红”的判断，因为其间缺乏对对象的肯定或否定的态度。但“红”、“花”可以组合成“红花”这个表象。显然，这和自然科学路线的元素论形成明显的对照，自然科学是坚持心理由内容复合而成的。

（三）关于情绪现象

对于这种意动，布伦塔诺认为所有不属于表象和判断的意动，都可纳入情绪现象的范畴中。布伦塔诺所界定的情绪现象的范围是广泛的，如爱不仅指喜欢，还包含有好坏或善恶之分，它包括一个意向关系的对立。情绪现象是不同于表象和判断的一类意动。布伦塔诺并不强调情感和意志的区别，通常认为，情感和意志是两种不同的心理现象，但布伦塔诺认为两者之间只有一种连续的过渡，他把情感与意志都归于情绪现象，认为它们的特征都在于对“对象”采取爱和恨的态度。这和冯特是有差异的，布伦塔诺是一位情绪主义者，冯特是一位意志主义者。

在这三种心理现象中，表象是最根本的，没有对错之分，判断和情绪现象则是在表象的基础上形成的。判断和情绪现象区别于表象的地方在于它们都是二价的（bivalent），即在判断中有肯定和否定的对立，有接受与拒绝的对立；在情绪现象中有爱和恨的对立，有善与恶的对立；在判断和情绪现象中都只有一方是正确的。

五、评价

（一）贡献

1. 布伦塔诺开创了一种不同于冯特的科学主义心理学的人文主义心理学的研究取向

在实验心理学建立的初期，大部分心理学家在冯特的影响下关注意识内容的探讨，分析意识的内容和结构成为实验心理学的主要工作。布伦塔诺反对这种研究模式，提出心理学研究的是意识的活动，而不是意识的内容。冯特希望把心理学建成是像物理学一样精确规范的科学，因此，在研究中借鉴自然科学的模式，所使用的是自然科学的研究方法，其典型的特征是把心理现象当做自然现象和物理现象进行研究，代表了心理学在建立之初的科学主义取向。而布伦塔诺则认为心理现象不同于物理现象，心理现象的最大特征是具有意向性，因而心理现象的研究不能混同于物理现象的研究。布伦塔诺的这一观点体现了心理学中的人文主义思想，是心理学中人文主义的雏形。几乎每一位人文倾向的心理学家在反对科学主义霸权，主张“人”的研究不同于“物”的研究的同时，都会追溯至布伦塔诺。可以说，布伦塔诺的思想观点在心理学的发展史上产生了持久而深远的影响。

2. 布伦塔诺在促进心理学成为一门独立的学科方面同样作出了不朽的贡献

他提出了一种不同于冯特等的心理学，并为之而努力，吸引了一大批学者。布伦塔诺的心理学直接或间接地成为后来各国心理学家理论观点的来源，如格式塔心理学 、弗洛伊德的精神分析、斯顿夫的乐音心理学、胡塞尔的现象学心理学等在一定程度上都受到布伦塔诺的影响。可以说，布伦塔诺同冯特一样为心理学的建立培养了一批人才，成为科学心理学早期的缔造者之一。

（二）局限

1. 没有形成完善的心理学体系

布伦塔诺对心理学的具体问题没有做较为深入的研究，同时，只对意动做了一些分类，强调表象是判断和情绪的基础，而没有进一步说明它们的本质及其相互关系，也没有揭示它们的形成规律。

2. 缩小了心理学的研究范围

意动心理学突出了人心理的意向性、活动性和整体性特点，但是，诸如颜色、声音等内容只是一种物理现象，是物理学研究的对象，但这些感觉是客观存在的主观映象，是心理的，不是物理的。这样，布伦塔诺就把心理内容与产生心理的客观现实等同起来，从而把心理内容排除在心理学的研究中，缩小了心理学研究的范围。

回忆布伦塔诺①

那几年他对自己衰弱的神经多有怨言，甚至是在 St. Gilgen 期间，那里原本是他的精神得到休养恢复之地。他一直在寻找高强度精神工作之余的片刻歇息，然而生活的其他方面由于他洋溢的发掘热情也并不轻松。作为一位才智出众的国际象棋棋手，他参加了维也纳国际象棋俱乐部，由此而能暂时地在一种他酷爱的游戏中得到放松。在其他时间里他刨木头或者画画，他总是全身心地投入所做之事……在我们前往 St. Gilgen 的途中，他拿出自己亲手刨制的国际象棋，以便在游戏中度过漫长的旅途。在 St. Gilgen，他非常热衷于修改润饰或中途接手他太太的肖像画。然而作为一位出色的女画家，他的太太事后不得不伸出援手，有时还要重新翻工……无论在 St. Gilgen 还是在维也纳，他的生活方式都是极为简单的。

---

① 胡塞尔. 回忆布伦塔诺. 王俊，译. http://www.cnphenomenology.com/modules/article/view.article.php/296.

另外人们不需要跟他极为熟稔或长时间地观察他的生活习惯，就能感受到流言的荒唐之处——流言传说他是因为第一位太太的财产才与她结婚的。对财富的享受、奢侈、美食、享乐的生活方式他完全不在行。他不吸烟，饮食很有节制，完全不在意不同食物的口味差别……当我们先于他太太一些时候到达 St. Gilgen 时，不得不在一个很简陋的旅馆中用餐，但他对此却毫不在意并总是表现得很满足，他只热衷于他的思想和讨论。他要求最最简单的餐谱，如同他独自乘火车时也总是满足最低等的车厢。他就那样站立着，身上的服装简朴，还经常是穿破了的。在这些方面他十分节俭，只求能满足生存，而在行善方面他却十分慷慨。在对待年轻人时，他一方面沉稳持重，另一方面也非常亲切热情，经常为他们学习的经济来源乃至道德行为操心。在此人们能感觉沉浸在他的高尚指引及其持久向上的力量之中，甚至在空间上与他相隔甚远也能感觉到这种力量。那些投入地听他的课的人，在课上不只是被事物的原理，更是被他人格深处的那种纯粹的道德所吸引。他是如此坦率真诚！

第二节　詹姆士的实用主义心理学

一、生平

威廉·詹姆士（William James，1842—1910）是美国心理学家，哲学家，实用主义的主要代表之一。1842 年 1 月 11 日生于美国纽约。

詹姆士家境富裕，他的父亲非常重视对孩子的教育，往往为了实践一个灵感闪现般的教育理念或是为了抓住某一个孩子的某一个教育机会，转瞬直接决定从巴黎搬到伦敦，或是从伦敦搬到巴黎，这些增加了家庭的神经质气氛。1845—1855 年詹姆士在美国度过了他的童年，上学期间表现出对绘画的天赋，长大之后，想以绘画作为自己的终身职业，但是遭到了父亲的反对。1855—1860 年，由于父亲想使他接受更好的教育，詹姆士就先后上了英国、法国、瑞士、意大利、德国的学校。詹姆士把这一受教育的过程称为“锯齿式旅行”。这段时间对詹姆士有影响性的事件是在法国的帝国学院学习，在那里詹姆士展现了对科学研究的才能和兴趣。

1861 年，詹姆士进入哈佛大学劳伦斯科学学院学习化学，两年后改学解剖学，但由于詹姆士不善于甚至不愿意从事在他看来是枯燥乏味的、作为具体“劳作”的实验工作，而更善于广泛的文献阅读，因此，1864 年，他转入医学院学习。在那里，詹姆士深受各种疾病的折磨——腰痛、视力欠佳、消化不良，并一度患上抑郁症，多次产生自杀的念头。为了寻求解脱，詹姆士去了德国，一边疗养，一边学习，阅读了大量的生理学、心理学的专业文献及文学、哲学、科学读物，从而对其产生了深刻的影响。1869 年，詹姆士获得哈佛大学医学博士学位。

1872 年，詹姆士应邀去哈佛大学讲授生理学。1875 年，詹姆士给研究生新开设一门课程《生理学与心理学的关系》。这是在美国开设的第一门新心理学课程，同一年，詹姆士设立了一个非正式的心理学实验室，供教学演示和心理学实验之用。1876 年詹姆士被任命为哈佛大学的生理学助理教授，从而永久地稳定了他在哈佛的教职。1877 年，詹姆士终于在哲学系开设《心理学》课程，为其走进哲学迈出了重要的一步。

1878 年，出版人亨利·霍尔特让他写一本有关新心理学的教科书，詹姆士计划用两年的时间完成，结果花了 12 年的时间，于 1890 年完成了《心理学原理》这部巨著。这本书非常成功，一出版立即获得了轰动效果，对美国心理学产生了深刻的影响。

1880 年詹姆士如愿以偿，在哲学系被任命为助理教授，1885 年升任为哲学教授。1889 年改任为心理学教授。1897 年又改任为哲学教授。1907 年，詹姆士从哈佛退休，在接下来的三年时间里，詹姆士写了哲学方面最为重要的两本书，1910 年去世，享年 68 岁。

詹姆士是美国心理学会的创始人之一，曾于 1894 年和 1904 年两度当选为该学会主席。詹姆士的主要心理学著作除了《心理学原理》外，还有《心理学简编》（1892）、《对教师讲心理学及对学生讲生活理想》（1899）。他的哲学著作主要有《实用主义》（1907）、《多元的宇宙》（1909）、《真理的意义》（1909）等。

二、科学观

（一）研究对象

詹姆士认为心理学是关于心理生活的科学，既包括心理生活的现象又包括这些现象的条件。他指出，心理生活的现象是指在思维中把握到的如感觉、知觉、记忆、认知、判断、想象、欲望、意愿、情感等主观的活动或现象；现象的条件指身体的存在及其活动，特别是脑的存在及其活动。詹姆士认为，心理生活的现象和条件是同一的，“没有身体方面的变化相伴随或者跟随其后，心理的变化就不会发生”①，并主张，心理学家在某种程度上说必然是神经生理学家。按詹姆士对于现象及条件的理解，他把生理条件和心理现象都包括在心理学的研究对象之中，但他并不是心身平行论者，他不是把意识当作生理过程的副现象，而认为生命的本质是一种适应的过程，强调意识的功用是指引有机体达到生存所必需的目的。

（二）学科性质

詹姆士在《心理学原理》中把心理学看做是一门自然科学，但他对“自然科学”有特定的理解。

---

① 詹姆斯. 心理学原理［M］. 田平，译. 北京：中国城市出版社，2003：6.

詹姆士认为，每一门自然科学，如物理、化学等都不加批判地假定某些材料，并接纳这些材料，而不去考虑这些材料的真实性和意义；心理学作为一门自然科学，也可同物理、化学等那样，不加批判地假定某些材料，并认可这些材料。心理学作为个体心灵的科学，可以假定的材料为：1．思想和感觉；2．与思想和感觉共存、处于时间和空间中的物理世界；3．思想和感觉对这个物理世界有所知。心理学可以直接接纳这些材料，至于这些材料是什么，以及心理学家如何获得对这些材料的认识，则不是心理学的问题，而是形而上学的问题。因此，一旦心理学确定了思想和感觉与大脑的确定状态之间在经验上的相互关系，作为自然科学的心理学就不可能再向前发展了，再向前发展一点，就变成形而上学了。

詹姆士首先将心理学看做一门自然科学，同时又以不解决形而上学问题为由，使得心理学成为研究思想的活动和脑的活动关系的科学。

詹姆士认为，“当然，这种观点（心理学是一门自然科学）绝不是终极的”①。他把心理学视为通往哲学的跳板，他最初认为心理学是一门自然科学，但后来又认为“所谓心理学是自然科学的说法，不过是一种理想化的假设，还不能称心理学为真正的自然科学”②。

（三）学科任务

心理学的研究任务必然立足于心理学的学科性质。詹姆士对心理学是一门自然科学的理解也决定了他的心理学的任务就是确定思想和感觉的活动与脑的活动之间的相互关系，认为“这是我们这门学科的终极法则”③。

三、方法论

（一）哲学基础

以实用主义为基础。实用主义宣称客观世界可以按照人的主观意愿任意塑造，否认物质第一性的原则和规律的客观性。詹姆士的实用主义主要从心理学和伦理学上考察价值、评价和满意等问题。在詹姆士看来，如果某一些观念是有用的，那么这一观念就是正确的，那就是说，判断一个观念的根本标准应该是这一观念的有用性或“兑现价值”。任何信念、思想或行为都必须根据其结果来评判。起作用的真理就是正确的，而且由于环境是变化的，因此，真理必然永远是动态的。这些实用主义思想，也为机能主义心理学奠定了理论基础，构成了机能主义的核心。

把实用主义看做方法论。詹姆士主张“不讲原则，只讲效果”，因此，他极

---

① 詹姆斯．心理学原理［M］．田平，译．北京：中国城市出版社，2003：3.

② 杨鑫辉．心理学通史（第四卷）：外国心理学流派（上）［M］．济南：山东教育出版社，2000：127.

③ 詹姆斯．心理学原理［M］．田平，译．北京：中国城市出版社，2003：4.

力主张，既要采用内省法，又要采用实验法、比较法，要研究动物、儿童、处在前文字时代的人和变态的人。总之，他鼓励采用任何能够阐明人类生活复杂性的方法。詹姆士认为，不应忽略任何有用的方法。任何观念、方法、哲学、宗教都应根据有用性进行取舍。

对意识的看法体现了实用主义哲学的精神。詹姆士用适应性来解释意识的进化。詹姆士认为，意识之所以能进化至今，乃是因为意识对人类的生存有用，意识的功用就是指引有机体达到生存所必需的目的。这一观点既有实用哲学特征，又有进化思想。这一点与冯特是完全不同的，冯特从静态的角度分析意识由什么构成，而詹姆士从动态、机能角度来探讨人为什么有意识。以后的机能主义心理学明显受到这一观点的影响。

（二）具体方法

实用主义哲学思想也直接体现在詹姆士对心理学研究所采取的方法上。他主张心理学研究方法的多元化，主要有以下三种。

1. 内省观察

詹姆士认为，“内省是我们不得不最先、首要和始终依赖的东西”，“内省当然是指向里面看我们自己的心灵，并且报告我们在里面发现了什么”①。詹姆士的内省与冯特所说的内省有很大的区别。在詹姆士看来，意识不能分析，所以通过冯特的内省法捕捉思维过程中的一些单个元素一定是失败的。詹姆士认为内省观察非常有效，其有效性可以通过多种已经验证的实验方法来测试和检验。但他也承认“内省是困难的和可错的；而这困难只不过是所有观察者（无论是哪一种）都面临的困难”②。

2. 实验方法

詹姆士并没有忽略新实验方法。他对反应时方法作了详尽的介绍，而且还多次提及心理物理学的研究成果，并认为实验法是获得心理学知识的另一种可能的手段，从理论上证明并高度评价了实验法的作用。但是，他本人又非常讨厌实验研究的冗长乏味，并戏称这种实验方法为“黄铜器具心理学”。

3. 比较方法

詹姆士把比较法也列入心理学的研究方法中，把它作为实验法和内省法的补充。比较法是以内省为依据，建立正常人的心理模式，然后将之与动物、儿童、史前人和精神错乱人作比较，从而了解心理生活。这样，詹姆士把研究对象扩大了，不仅仅局限在常态成人，还包括儿童、心理异常者以及动物。正因为詹姆士把比较法看做心理学研究的一种重要方法，所以后来在机能主义心理学的倡导和

① 詹姆斯．心理学原理［M］．田平，译．北京：中国城市出版社，2003：260.

② 詹姆斯．心理学原理［M］．田平，译．北京：中国城市出版社，2003：269.

影响下，比较心理学、发展心理学、变态心理学的研究在美国特别盛行。

四、具体观点

（一）意识流

意识流是詹姆士针对当时流行的元素主义所提出来的一种关于意识的学说。詹姆士反对冯特从静止的角度把心理现象分解为各种元素和片断，把心理仅仅视为这些元素的集合。詹姆士认为这种元素主义的做法是人为的，是不符合事实的。意识不是静止的，不是被割裂的片断，而是流动的，是川流不息的过程。正如我们看一种颜色——红色，当你再看这种红色时，你似乎觉得一样，事实上是不一样的，因为此时的心理环境变了。因此，詹姆士在他的《心理学原理》中，提出意识流概念，并说明意识流的五个特点。

第一，意识是个人的。詹姆士认为，意识反应的是个体的经验，每一个意识都为某个具体的人所拥有，不可能存在脱离个人的肉体而存在的抽象意识。因此，要寻找所有意识共有的元素就是蛮干，这种观念承认意识的主观性，有合理的一面，但是有夸大了意识的主观性，进而否认意识中共有的东西，存在一定的局限性。

第二，意识是不断变化的。詹姆士认为，任何一个心理状态一经流逝，就不可能再次发生与先前的状态相同的心理状态。在詹姆士看来，赫拉克利特的“不可能两次踏进同一条河流”这一格言，同样适用于意识经验，人绝不可能两次拥有完全相同的观念。这一观念的提出具有积极的作用，它强调了主体的可变性，却忽视了主体与客体的相对稳定性，导致了相对主义和不可知论。在其后的实用主义真理论中也明显地体现出了这一缺陷，否认真理的客观性和确定性，宣扬“有用即真理”。

第三，意识是连续不断的。詹姆士认为，意识作为整体是连续不断的，而不是由分离的各要素或片断联结起来的。意识是“流”的，形容意识的最自然的比喻是“河”（river）或“流”（stream）。

詹姆士认为，人的意识分为两种状态，一种是实体状态，即所谓一般的心理活动状态，用内省的方法可以把握，类似于“内容”心理学的东西；二是过渡状态，即指一种意识状态向另一种状态的过渡状态，常常是人所觉察不到的，也是内省抓不住的，类似于布伦塔诺的意动。詹姆士区分了意识的两种状态，强调了二者之间的联系，并认为二者同时都是心理学的研究对象，这对于解决心理学史上的意动与内容之争是有一定的启发意义的①。

第四，意识具有选择性。进入意识的许多事物，有些被选取作进一步的思

---

① 叶浩生. 西方心理学的历史与体系［M］. 北京：人民教育出版社，1998：130.

考，其余则被抑制。如同我们面对的世界是无限多样的，但我们并不对每个事情都给予同样程度的注意。当然这种选择作用并不是漫无边际的，而总是对感兴趣的或者对自身有利的进行选择。詹姆士认为，选择的目的是为了适应环境而求得生存。

第五，意识具有目的性。詹姆士感到意识必定对有机体有某些生物学上的用处，否则它将不能生存下来。意识的机能或目的是使人能够选择较好的适应环境。对詹姆士来说，这一点是最为重要的，但也恰恰是元素主义忽视的。这一观点渗透于詹姆士的所有著作中，机能主义学派就是从这一观点中发展而来的。

总之，意识是个人的、连续的、不断变化的、具有选择性和目的性的。詹姆士意识流的提出，体现了一种研究心理学的模式，体现了机能主义对意识的态度。

（二）本能和习惯

詹姆士认为，本能是一种趋向于一定目的，自动的，不学自会的动作能力或冲动行为。许多人类的行为以及不属于人类的行为都受本能的支配，比如人为什么在寒冷的日子里要围炉而坐呢？这就是本能，是他自然而然要那么做。但詹姆士认为，本能不是盲目和不可改变的。本能会受经验的影响发生改变。其中一种是本能受习惯抑制的作用，另外一种就是本能会表现出暂时性特点，即在一定的时期内表现出本能倾向，一旦过了这个时期，即使再次给予环境和刺激也会失去这种本能的倾向。例如，把刚孵出的小鸡隔离 8—10 天后，再见到母鸡就视而不见了。相反，如果让刚孵出的小鸡跟着人走，也会形成习惯跟人走几里地。这里，詹姆士把本能与个体的生活作用联系起来，而不是本能孤立地起作用。

一般情况下，人们会认为人是理性的动物，人的本能比动物少得多。但詹姆士认为，人的本能常会在一些因素的影响下被掩盖起来，并进而得出人的本能比动物少一些的结论，但事实上，人的本能比动物多。詹姆士比较重视本能的作用，他把社会生活中的很多现象都归结为人的本能，并进而认为社会生活的样式也是由本能所决定的，这些观念扩大了本能的范围。

对于习惯，詹姆士认为，本能的行为不是固定不变的，有机体在一生中，会形成新的、类似本能的行为模式。詹姆士称这些习得的行为模式为习惯。习惯主要是重复活动的结果，习惯在生活中有重要的作用，比如说，因为习惯简化了达到某一结果所需的运动，提高了行为的准确性，减少了疲劳，降低了对所做动作进行有意注意的需要。同时，詹姆士还以他典型的实用主义方式对形成好的习惯提出了一些建议，如建议对要培养的习惯作一个公开的保证，不能允许发生任何小错误等。

（三）情绪理论

1884 年，詹姆士提出的情绪理论突破了对情绪的传统认识。传统的情绪理论认为，情绪体验先于它的身体表现，如我们遇到一头熊，感到害怕就逃跑。

詹姆士认为“任何情绪都不过是身体中生理变化的反射产物”①。也就是说，先有身体的生理变化，而后才有情绪，如我们看到那头熊，因为逃跑而觉得害怕。

1885 年，丹麦生理学家卡尔·朗格（Carl Lange，1834—1900）提出了与其相似的主张，即情绪刺激引起身体的生理反应，而生理反应进一步导致情绪体验的产生。故后人常将这一理论称为詹姆士—朗格情绪学说。

这一理论的提出，激起了大量的有关情绪的实验研究，促进了人们对情绪的深入认识，因而，在情绪心理学发展史上具有不可抹杀的地位。

这一理论也引起了极大的争议和研究，它强调植物性神经系统在情绪中的作用，有合理的一面，但是，片面强调植物性神经系统的作用，忽视中枢神经系统的调节、控制作用，又是片面性的。

（四）意志理论

有些同时代人说，詹姆士对心理学最有价值的贡献是他的意志理论，即有意识的、能引导自愿活动的过程②。詹姆士认为，某一活动的观念会导致该活动的出现。在大多数情况下，活动的观念会马上自动地引起行为。他认为，从有关各种可能活动的观念中，选出其中一种观念，并对其积极关注，这一观念就是引起行为的观念，只要这一观念得到关注，它就会继续引起行为。这样，意志通过从许多引起活动的观念中选择一种我们感兴趣的观念来发挥作用。詹姆士早年身体状况较差以及情绪低落，也是靠意志支撑方走出人生低谷的。

（五）自我理论

詹姆士的自我理论实际上是一种人格理论。因为他是在相同意义上使用人格和自我这两个概念的。根据在心理生活中的地位与表现，詹姆士将自我划分为经验的自我与纯粹的自我两个方面，并分别进行了分析和说明。

经验自我是人格的“客体我”，是一个人要呼之为“我”或“我的”一切东西的总和。包含物质自我，社会自我和精神自我。物质自我是由一个人认为属于自己的所有物质性的东西，如他的身体、家庭、嫡系亲属和财产等；社会自我是为他人所知的我，即人在社会上的名誉和地位；精神自我是一个人内心的主观存在，如道德心、意志和判断力等。这三种自我在人的社会生活中的作用不同，从而表现出一定的等级和层次关系。其中，物质自我最低，精神自我最高，社会自我居中。

纯粹自我，也可称为“主体我”，指的是一个人知晓一切的那个东西。它控制经验自我的各个方面，相当于自我意识。詹姆士重视纯粹的自我，他认为这种

① 墨菲，柯瓦奇．近代心理学历史导引［M］．林方，王景和，译．北京：商务印书馆，1980：272.

② 墨顿·亨特．心理学的故事［M］．李斯，王月瑞，译．海口：海南出版社，1999：107.

自我意识是人与动物的主要区别。詹姆士的自我理论为现代探讨自我、人格、自我意识等问题提供了丰富的启迪。

五、评价

（一）贡献

1. 詹姆士建构了以实用主义为基础，以机能主义为特色的心理学体系。詹姆士在 1890 年出版的《心理学原理》，被认为是心理学的经典著作，而且可视其为美国机能学派兴起的里程碑。詹姆士通过研究人类生活的各个方面，包括行为、认知、情绪、意志，甚至是宗教经验，拓展了心理学的研究主题。詹姆士认为，心理学研究的目的不再是发现构成意识的基本元素，而在研究个体意识在适应其环境时所发挥的功能，把进化论纳入心理学。他关于意识流的说法，开批判心理学中元素主义之先声，成为后来美国机能心理学的基本信条。他的情绪学说认为生理的变化先于情绪体验，没有生理变化，便没有情绪体验，促进了后世关于情绪问题的大量研究。此外，他关于意志、本能和习惯以及自我的讨论，都有创新的见解。在研究方法上，詹姆士主张多元化，既有内省，又不排斥实验，而且增加了新的比较法，对意识进行真实的描述。

2. 詹姆士提倡的实用主义为机能主义发展和应用心理学提供了哲学基础。詹姆士的实用主义思想，为机能心理学确定了基本方向和理论基础，对以后应用心理学的发展产生了重大影响。

（二）局限

1. 詹姆士没有像冯特那样把毕生的精力都贡献给心理学，没有广招自己的信徒，也没有建立自己的心理学派，甚至多次否认自己是一个心理学家。

2. 存在主观唯心主义及外在目的论和神秘主义倾向。詹姆士的实用主义哲学观认为存在就是有用的，否认一切真理的任何客观尺度。在他看来，物质世界的存在是完全依存于心灵的感知，所以说有主观唯心主义倾向。詹姆士把人的心理活动归于主观先验的目的而陷入目的论，他认为只要信仰使个人精神得到安慰，就是真实的，具有为宗教信仰辩护的神秘主义倾向。

3. 对心理学采用双重真理观①。詹姆士认为判断心理学的真理性既可根据人对环境的适应效果来判断，又可由自然科学的方法论来决定。

总之，詹姆士是美国心理学发展史上第一个科学心理学家和最后一个哲学心理学家，在美国心理学的发展中起着承前启后的作用，成为美国机能主义的先驱者和开拓者。

---

① 叶浩生. 心理学史［M］. 北京：高等教育出版社，2005：74.

第三节 芝加哥学派的狭义机能心理学

一、代表人物

机能主义19世纪末在美国兴起，到20世纪20年代成为美国心理学的主导势力。它的首倡者是深受达尔文生物进化论影响的心理学家詹姆士，后来这种机能主义思想由芝加哥大学的杜威、安吉尔和卡尔继承和发展，形成了芝加哥学派，即狭义的机能主义。

（一）杜威

杜威（John Dewey，1859—1952）生于美国佛蒙特州的伯林顿城，青少年时是一个普通的孩子。1875年，杜威入读柏林顿的佛蒙特大学，1879年毕业。1882年进约翰霍普金斯大学跟随莫里斯研究新黑格尔主义哲学。1884年以《康德的心理学》的论文获取哲学博士学位。之后，在密执安大学和明尼苏达大学任教。1886年出版了美国第一本心理学教科书《心理学》，该书在当时相当走俏。1894年杜威赴芝加哥大学任教，同年安吉尔也到该校，俩人共同主持芝加哥大学的心理实验室，使该校成为美国机能主义心理学的中心。与此同时，杜威从事教育革新，成为美国"进步教育"先驱。1896年，杜威在《心理学评论》上发表《心理学中的反射弧概念》一文，被认为是芝加哥机能主义心理学诞生的标志。1900年，杜威当选为美国心理学会主席，1904年，杜威辞去芝加哥大学的职位，并接受哥伦比亚大学师范学院的一个职位，继续从事他感兴趣的教育和实用主义哲学的研究。1952年6月1日，杜威在纽约去世，享年93岁。

杜威有关心理学的著作十分丰富，除了畅销的《心理学》外，还有《应用心理学》、《怎样思考》、《人性与行为》、《经验与本性》、《公众及其问题》、《人的问题》、《认知与所知》等。

（二）安吉尔

安吉尔（James Rowland Angell，1869—1949）是美国心理学家、教育家，美国机能主义心理学的重要代表，芝加哥学派的主要建立者。1869年，安吉尔出生于佛蒙特州的伯林顿的一个书香之家，早年在密歇根大学随杜威学习，后转入哈佛大学，在詹姆士的指导下获硕士学位。之后到德国莱比锡大学和哈勒大学学习。在莱比锡大学师从冯特，并与屈尔佩、铁钦纳等人为同窗好友，但没有获得博士学位便回到明尼苏达大学，1894年到芝加哥大学与杜威一起宣传机能主义，成为机能主义芝加哥学派的主要领导人。

1904年，安吉尔出版了一本体现机能主义观点的《心理学》教科书，书中宣扬意识的基本机能是改善有机体的活动，而心理学必须研究心理是如何帮助有机体适应环境的。1906年，安吉尔当选为美国心理学会第15任主席。1907年，安吉尔在《心理学评论》上发表了《机能主义心理学领域》一文，该文对机能主义的概念、原则、任务及其特征做了概括，这是对他心理学思想的第一个明确的表述。1920 年安吉尔到耶鲁大学任校长，一直到 1937 年退休为止。1949 年 3 月 4 日，他在康涅狄格州的纽黑文市去世，享年 80 岁。

（三）卡尔

卡尔（Harvey A. Carr，1873—1954）出生于美国印第安纳州的一个民风淳朴的农庄。1901 年和 1902 年，他在科罗拉多大学获学士学位和硕士学位，1905 年在安吉尔的指导下，在芝加哥大学获得了博士学位。卡尔的整个职业生涯都是在芝加哥大学度过的。1908 年起供职于芝加哥大学，担任心理学助理教授，1916 年升为副教授，1923 年升为教授。1919—1938 年，卡尔继安吉尔之后出任芝加哥大学心理学系主任，在这期间他颁发了 150 个博士学位。1927 年，卡尔当选为美国心理学会主席。

卡尔是芝加哥机能主义心理学的晚期代表，是他把由安吉尔和杜威创建的芝加哥机能主义心理学发展成为一个完整的体系。卡尔关于机能主义心理学的基本观点集中体现在他 1925 年所著的《心理学：心理活动研究》一书中，这本书被认为是机能心理学晚期倾向和完成形式的代表作。

二、科学观

（一）研究对象

受达尔文进化论的影响和詹姆士实用主义思想的推动，芝加哥机能主义倾向于主张心理学的研究对象是具有适应性的心理活动，强调意识活动在人类的需要与环境之间起重要的中介作用。

杜威在 1896 年《心理学中的反射弧》一书中，认为心理学的研究对象应该是整个有机体（包括意识和活动）对环境的适应活动。他认为对行为进行人为的分析和简化，会使行为失去一切意义。如果进行分析，那么最后所留下的一切东西只不过是存在于心理学家头脑中的抽象而已；不应该把行为看做一种人为的科学结构，而应该通过它在有机体适应环境中的意义来加以研究。杜威使行为或行动成为心理学的中心问题。杜威也承认意识的作用，把意识看做有机体适应生活的工具，意识可以使有机体生存和进步，它不是一种副现象。

安吉尔认为心理学的研究对象是心理的操作，即心理过程是如何进行的。他认为意识的功用是适应环境，有机体的生存依赖于对环境的适应，因而心理活动的机能在于维持有机体的生存。

卡尔把心理活动确定为心理学的研究对象。心理活动指诸如记忆、知觉、情感、想象、判断和意志等过程。心理活动的机能在于获得经验、确定经验、保持经验和评价经验，并利用这些经验来决定行动。从中可以看出，卡尔的机能心理学的重点不是意识的元素和内容，而是心理过程和心理操作，即根据有机体在适应和顺应环境时心理活动完成了什么，来描述心理活动。这正是机能主义心理学的核心所在。

因此，尽管杜威、安吉尔、卡尔各人的表述不同，但其核心内容都强调意识的实用性，认为心理学的研究对象不仅仅局限于心理的内容。这些都体现了美国的时代精神。

（二）学科性质

在学科性质上，芝加哥机能心理学承认心理学是一门自然科学，但反对把心理学只看做一门纯科学，强调心理学应该研究心理在适应环境中的机能作用，重视心理学的实际应用。

杜威首先承认心理学是一门自然科学，并认为其题材是包罗万象的。但又指出，心理学应该摆脱纯科学的束缚，因为人的活动与社会是一个整体，心理学不能脱离社会对人进行研究，心理是有机体适应环境的有用工具。在实际生活中，杜威把心理与教育改革等联系起来，形成了完整的教育思想体系，成为对世界影响最大的现代教育家。

安吉尔认为心理学是一门自然科学，但他从生物学的观点出发，认为心理学的研究对象是作为有机体适应环境的一种生活过程的意识。所以，安吉尔把作为一门自然科学的心理学归属于生物科学的范畴，体现了心理学的生物主义倾向。同时，安吉尔也强调意识的基本效用，而且把心理学研究范围扩大到教育、工业、医学等领域，体现了心理学的应用性。

卡尔认为："心理学同生物学有最密切的关系，两者都研究动物有机体的反应，这两个领域之间没有固定的分界线，就心理学的特殊关系来说，必须把它归入研究活的有机体现象的生物科学一类。"① 卡尔坚持把心理学归入生物科学，存在着生物主义倾向；卡尔也强调心理学关心哲学、社会学、教育学、医学、法律、商业和工业等领域，对这些领域作出它所能作出的贡献，这又表现出了应用性。

（三）学科任务

芝加哥机能心理学强调心理学是一门应用学科，在心理学的任务上就体现了这一特色。安吉尔明确指出，心理学有两项任务：一为描述，即对意识过程的描述；二为解释，即说明复杂的心理条件是如何由简单的心理条件构成的，分析各种心理集体是如何生长和发展的，揭示意识过程是如何与各种生理活动、与构成环境的社会的和物理的世界内的各种对象或事件相联系的。

三、方法论

（一）哲学基础

实用主义哲学。芝加哥机能心理学在本质上突出心理功用，把心理看成生物

---

① 舒尔茨. 现代心理学史［M］. 杨立能，沈德灿，译. 北京：人民教育出版社，1981：180.

适应环境的工具和机能，体现了实用主义价值观。

心身关系问题。杜威反对构造主义所主张的心身平行论，认为意识不是副现象，它对人的生活有作用，是整个有机体适应环境的工具。安吉尔深受詹姆士和杜威的影响，强调心身作为统一的有机整体，即研究“心理方面”和“身体方面”的相互关系，这必然有两种方式：“心理方面”对“身体方面”的影响及“身体方面”对“心理方面”的影响。理解“心理方面”对“身体方面”的影响，主要强调意识的指导作用；理解“身体方面”对“心理方面”的影响，有一种对意识作出生物学化的处理，但由于受生物学的影响较大，所以在身心问题上倾向于对意识进行生物学化的处理，即对意识作出物理主义一元论的解释。但事实上，没有真正摆脱二元论的束缚，实际上是在生物学的一元论语言的伪装下讨论传统的二元论问题。而卡尔在这个问题上完全接受了安吉尔的思想，并作出了适应性行为的解释，认为“心理方面”就是“身体方面”，同时“身体方面”也是“心理方面”，所以在态度上卡尔更坚定地放弃了二元论。

（二）具体方法

芝加哥机能心理学在研究方法上，强调多种方法综合使用，体现了机能主义和进化论的倾向。

安吉尔主张用内省法和客观观察法搜集心理学资料。他认为，内省是一种基本的心理学方法，其作用在于直接检查一个人自身的心理过程，观察心理活动在主体适应环境时所执行的机能。而客观观察法则主要用来补充内省法所收集不到的材料。但客观观察法所得到的事实材料也可用内省法所取得的直接知识来加以解释。除了搜集资料的方法，安吉尔认为还有组织资料的方法，即实验、生理心理学和心理物理学方法。

卡尔认为，单一的研究途径不能给我们提供关于心理的全部的知识，只要有利于理解心理操作的意义和性质，可以采用任何方法。在这一思想指导下，卡尔认为心理学的研究方法有：1. 内省法（主观观察法）；2. 客观观察法；3. 实验法；4. 社会研究法；5. 从解剖学和生理学角度来研究的方法。

卡尔将内省法和实验法都当做合理的方法，但更偏爱实验法。因为卡尔的动物研究不断取得成功，而在动物研究中，内省当然是不可能的。社会研究法是指通过文化产物的分析来研究人的心理，如工业上的发明、文学、艺术、宗教习惯和信仰、道德系统、政治机构等。对工业上的发明、文学、艺术、宗教习惯和信仰、道德系统、政治机构的研究，能从中探究出产生这些文化产物的某种心理活动方面的知识。这体现了与冯特的相似之处。从解剖学和生理学角度来研究心理的方法是研究那些与心理活动有关的生理过程可以获得很多有用的知识。而且“许多心理特征必定可以根据神经系统的生理特点来解释。保持的事实，心理的某些本质的特征，以及遗忘的某些过程必须用这种方式来解释。”①

总体上看，芝加哥机能心理学派明显强调客观性和多渠道。“至少是在开始时先进行纯主观的研究（心理意识），然后才转到客观的研究（外显行动）。”②这样的结果是在构造主义和行为主义之间搭起了一座桥。

四、具体观点

（一）杜威：反射弧概念

杜威的心理学思想主要表现在：1. 把心理学的研究对象确定为完整动作的机能；2. 心理学不能脱离社会对人进行研究，人的活动和社会是一个整体；3. 反射弧概念：反对把人的心理分成单个元素，反对把整个动作分析为反射弧，反对把反射弧分成单个的刺激和反应。

1896 年，杜威发表了一篇题为《心理学中的反射弧概念》的文章，文中，他对看待反射的传统方式进行了争论。自贝尔和马戎第将反射分离为独立的感觉通路和运动通路以来，生物学家们都把反射弧看成是三个独立的基本成分：感觉过程，脑内过程和运动反应。杜威攻击了这种元素主义以及认为反射弧在刺激和反应之间有着明显的区别的简化论。相反，杜威提出一个以机能代替元素分析的反射模式。

杜威以触摸烛火的小孩为例说明反射弧的整体特性及在环境适应中的作用。

按传统元素主义的观点，将小孩触摸火烛分析为一系列刺激—反应成分：孩子看到蜡烛的火焰（S）并去触摸它（R）。触摸它，感觉烫（S），然后手缩回（R）。杜威认为，元素分析将一个复杂的行为过于简单化了，把行为看做对刺激的一系列反应，完全忽视了行为对环境的适应功能，根据这一分析，儿童在这个行为过程中什么也没有学到。

但实际上，被灼伤这一经验改变了儿童对火焰的知觉。儿童下次再遇到这样的情境就会避开火焰，不会再触摸，这已经有了适应环境的意义。因此，刺激和反应不是分开的，正如存在意识流一样，也存在着行为流。意识不能被分析为元素，行为也不能被人为地分解为反射弧，反射也不能进一步被分解为一系列的刺激和反应。心理活动是一个连续的整体，人的活动就是由一系列连续的反射组成，不能单独地把一个反射弧分离出来作为一个单一的研究对象。杜威极力主张，应当根据其功能，使有机体适应其所处的环境，来看待所有行为，孤立的研究适应行为的元素，会使人忽视这一行为最为重要的方面即目的性。

因此，杜威是从实用主义哲学立场出发来理解心理学，为芝加哥机能心理学

① 舒尔茨. 现代心理学史［M］. 杨立能，沈德灿，译. 北京：人民教育出版社，1981：179.

② 舒尔茨. 现代心理学史［M］. 杨立能，沈德灿，译. 北京：人民教育出版社，1981：173.

提供了基本概念和理论基础。

（二）安吉尔：机能心理学的领域

安吉尔的心理学思想主要体现：1. 心理学研究对象；2. 心理学性质；3. 心理学任务；4. 心理学的方法；5. 机能心理学的领域。其他问题在前面已有论述，现在对安吉尔的机能心理学的领域做一介绍。

安吉尔在其就任心理学会主席的演讲《机能心理学的领域》中区分了机能心理学和构造心理学，并提出了机能心理学的研究领域，这一观点标志着芝加哥学派机能主义心理学体系的正式形成。

机能心理学是关于心理操作的研究。机能心理学感兴趣的是心理操作。安吉尔认为，构造心理学感兴趣的是心理的元素，回答的是心理学"是什么"的问题，而除此之外，机能心理学还要发现心理过程"怎么样"、"为什么"等问题。也就是说，机能心理学研究的不仅仅是意识的内容，还要研究意识是如何进行以及为什么进行。它的研究范围要比构造心理学宽泛得多。

机能心理学是关于意识的基本效用的心理学。从效用的角度来看，意识有一定的目的性，即协调有机体的需要与环境的要求，使之保持动态的平衡。意识作为有机体的环境和需要之间的中介，是在应付新环境、解决新问题中发展起来的。

机能心理学是研究作为整体的心—物关系的心理学。安吉尔认为，心理学研究对象是整个有机体，即探讨有机体与环境关系的心理学。机能主义包括所有的身心机能，并且认为心身之间并没有真正的区别，它们不是两个不同的实体，而是属于同一种类，并断言，心理与物理之间相互迁移是一件容易做到的事。安吉尔所体现出的是心与身及其所处环境三者之间的交互关系的心理学。

同时，安吉尔扩大了心理学研究的领域，主张开展儿童心理学、动物心理、变态心理的研究，以及教学心理、工业心理、医学心理等应用心理学的研究，这些都体现了机能主义精神和实用主义倾向。

安吉尔的心理学观点标志着芝加哥机能心理学体系的形成。

（三）卡尔：心理活动的研究

卡尔的心理学思想主要表现在：1. 把心理活动确定为心理学的研究对象；2. 主张心理学要采用多种研究方法；3. 分析适应性行为的构成；4. 把心理活动看做一种心理物理过程；5. 对反射概念提出三条原则。

1925 年，卡尔出版的《心理学：心理活动的研究》，被认为是"成熟的"机能主义的声明书。

卡尔把心理学规定为关于心理活动的研究。心理活动是指知觉、记忆、想象、情感、意志等一类的活动。这些活动的基本特征很难用一个术语来说明，因为心理在不同时间从事不同的活动。从实用的角度，可以说，心理活动是指经验的获得、确定和保持，对经验的组织和评价，以及随后利用这些经验来指导行为。卡尔认为，心理活动的各个方面都是十分重要的。比如，经验的获得和保持是一切学习活动、心理发展和社会进步的基础，对经验的组织和评价，都会对心理活动产生进一步的影响。因此，每一种心理活动都直接或间接与对经验的操作有关，而对经验的操作则是有效适应环境的手段。所以，对每种心理活动都可以从适应意义、对过去经验的依靠以及对未来活动的潜在影响三个方面来加以考察。

卡尔的思想中还有一个重要的概念：适应性行为。卡尔把包含着心理活动或反映着心理活动的行为称为适应性行为。卡尔认为，适应性行为包含三个成分：1. 动机刺激；2. 感觉刺激；3. 反应。动机刺激指在有机体内部引起某种具有动力性质的心理事件，如饥或渴等，相当于“机体需要”、“内驱力”一类的东西；感觉刺激指引活动朝向一种刺激或目标的物体；反应指满足动机的反应（如吃或喝）。他强调在感觉刺激和反应之间有一种相互作用的连续过程，并把动机的问题引进机能心理学，用以说明适应行为。

适应性行为是整个情境的一种机能，包括有机体对其环境的所有调节。从中可以看出，卡尔是根据有机体在适应环境和顺应环境时心理活动完成了什么来描述心理活动的，体现了进化论对机能主义的影响：为了有机体的生存，需要必须得到满足。需要激发行为，直到某一活动满足这一需要。卡尔重视动机因素在刺激和反应之间的驱动作用的思想，在一定程度上暗示了后来的行为主义以及新的新行为主义①。

卡尔把完成心理活动或心理动作的各种心理操作叫做心理物理过程。“心理动作不仅能被经验到，而且也是肉体有机体的一种反应。它们是直接同感官、肌肉和神经这样一些结构有关的动作。”②因此，卡尔反对把心理物理活动看做两种平行的过程，认为心理活动（一系列非物质的或心理的事件）必须跟生理过程联系起来才能发生。可见，卡尔的这种主张是反对心身平行论的。

卡尔提出了反射弧概念的三个原则：1. 感觉刺激一定会对有机体的活动产生影响；2. 所有的活动都是由感觉刺激激发而产生的，这并不是说有机体的行为是由客观环境决定的，而是由有机体的构造和生理倾向决定的；3. 在感觉刺激和反应之间是相互作用的连续过程。

在卡尔的领导下，芝加哥机能心理学作为一个正式明确的体系达到了它的顶峰。

---

① 杨鑫辉. 心理学通史（第四卷）：外国心理学流派（上）［M］. 济南：山东教育出版社，2000：222.

② 舒尔茨. 现代心理学史［M］. 杨立能，沈德灿，译. 北京：人民教育出版社，1981：176.

五、评价

(一) 贡献

1. 研究领域扩大。芝加哥学派反对把心理学看成一门纯科学，强调心理学的应用；研究对象上不仅有正常人，而且还包括儿童、变态者、动物；在研究范围上，不仅扩大到教育、哲学、社会学，而且还有工业、医学、法律、商业等。机能心理学对心理的研究已从单纯主观方面扩大到心理的客观方面（外部行为），因此，为行为主义心理学开拓了道路。

2. 研究方法多样化。在机能主义和进化论思想的影响下，强调了研究方法的多样化，既有内省法、观察法、实验法，又有心理物理学、生理心理学、社会研究法，只要有利于获得完整的心理活动的知识，都可采用。

(二) 局限

1. 带有明显的生物学化倾向。它以进化论为理论基础，具有生物学化倾向，忽视了意识的认知功能与社会属性。

2. 在基础研究与理论研究方法上较为薄弱。芝加哥学派主要是提出了机能心理学研究的理论纲领，在具体的基础研究与理论研究方法方面，并未作出很大的贡献。

第四节 哥伦比亚学派的广义机能心理学

一、代表人物

哥伦比亚机能心理学早期代表是卡特尔，后期代表是桑代克和武德沃斯等。他们没有宣称自己是机能主义者，其中武德沃斯还否认自己属于任何学派，但他们表达和反映了美国机能主义心理学的特征，有着比较广泛和自由的研究方向，因此，被称为广义的机能主义心理学。

(一) 卡特尔

卡特尔（James Mckeen Cattell，1860—1944）出生于美国宾夕法尼亚州的伊斯顿城的一个上流社会家庭，其早期教育主要是以家庭教育的方式完成的。1880 年以优异的成绩毕业于拉菲特学院。1882 年聆听霍尔心理学讲座，开始研究心理活动。1886 年，卡特尔完成题为《心理测量学研究》的博士论文，获莱比锡大学心理学哲学博士学位。卡特尔是在冯特名下获得博士学位的第一个美国人。获博士学位后，他赴英国剑桥大学任教，与高尔顿相遇，共同探讨个别差异的研究，受高尔顿的影响，卡特尔逐渐在心理学中强调客观测量、数量化、统计法以及等级法、评定法。1888 年，卡特尔被任命为宾夕法尼亚大学心理学教授，这是世界上第一个心理学系的专职教授职位，对心理学作为一门独立学科及专业发展而言，具有重大历史意义。1890 年，卡特尔在《心灵》杂志上发表《心理测验与测量》一文，首创了“心理测验”术语。1891 年，卡特尔作为心理学教授前往哥伦比亚大学担任心理系主任，在那里一直工作了26年。期间，由哥伦比亚大学授予的心理学博士学位比美国任何一所大学研究院授予的心理学博士学位都要多。这些学位获得者中有许多人后来成为该领域的知名人士，如桑代克、武德沃斯等。1895年，年仅35岁的卡特尔当选美国心理学会第四任主席。1900年，被选为美国科学院的第一位心理学院士。1921年利用从哥伦比亚大学获得的赔偿金创办心理学公司，以推动心理学的应用以及应用心理学的发展。1929年担任第九届国际心理学研讨会主席。1944年1月20日逝世。

（二）桑代克

桑代克（Edward Lee Thorndike，1874—1949）是美国早期的心理学家，把动物心理学作为实验科学的创始人。于1874年8月31日出生于美国麻省，从小就表现出学习的天赋。1891年，桑代克入读康涅狄格州米德尔顿的卫斯理大学，主修古典文学。1895年入读哈佛大学，追随詹姆士攻读博士学位。后来桑代克对动物心理学研究产生兴趣，他的联结主义心理学体系以及有关试误说学习的基本思想都起源于这些研究工作。1898年，桑代克完成博士论文《动物的智慧：关于动物联想过程的实验研究》并获得博士学位。1899年成为哥伦比亚大学师范学院的一位心理学讲师，根据卡特尔的建议，桑代克把他的动物研究技术应用于儿童及年轻人，之后他越来越多地用人做被试，并把大量时间花在人类学习、教育心理测验等领域。1912年，桑代克当选为美国心理学会主席，1917年当选美国科学院院士，1921年被《美国科学家》杂志评价为全美排名第一的科学家，1934年当选为美国科学促进会主席，1942年，桑代克应邀赴哈佛大学任詹姆士讲座教授。1949年8月9日逝世，享年75岁。

桑代克一生勤于探索，笔耕不辍，至1949年去世时，共有500余项科学作品，其中不少是著作或专著。例如，《教育心理学》（1903）、《动物的智慧》（1911）、《智力测量》（1927）、《人类的学习》（1931）、《比较心理学》（1934）、《愿望、兴趣和态度的心理学》（1935）、《联结主义心理学文选》（1949）。

（三）武德沃斯

武德沃斯（Robert Sessions Woodworth，1869—1962）出生于美国马萨诸塞州中部的贝尔奇镇。最初在阿姆斯特大学学习，毕业后曾到中学任教。1895年前往哈佛大学学习，受到罗伊斯和詹姆士的教导。后来转到哥伦比亚大学学习，1899年在卡特尔指导下获得博士学位。然后再到纽约医学院讲授生理学，1902年在英国利物浦大学师从著名生理学家谢灵顿。1903年返回哥伦比亚大学任教，1909年升为专任教授。武德沃斯1915年当选为美国心理学会主席，1917年卡特尔退休，武德沃斯成为卡特尔的继承人。1945年第一次退休，武德沃斯退休后仍继续工作，直到1958年89岁高龄第二次退休。他活跃在心理学界前后达七十多年。1962年7月4日，武德沃斯去世，享年92岁，从而结束了同哥伦比亚大学长达60个春秋的联系。

武德沃斯的著述甚丰，影响了几代学生。其著作主要有《论运动》（1903）、《生理心理学》（1911）、《动力心理学》（1918）、《心理学》（1929）、《现代心理学派别》（1931）、《实验心理学》（1938，1959）、《行为动力学》（1958）。此外，他还著有许多论文，涉及心理学体系问题、变态心理学、差异心理学、运动心理学和教育心理学。由于他的重要贡献，1956年获得美国心理学基金会颁发的第一枚金质奖章。

二、科学观

（一）研究对象

哥伦比亚机能主义心理学在研究对象上没有把意识排除在研究之外，主张把人的整个活动作为心理学的研究对象。但是他们对意识的研究限于意识的功用上，一旦觉得研究的主题不包含意识或认为意识不重要时，他们便放弃意识而把活动当做心理学的研究对象。于是，观念的联结便被刺激与反应之间的联结所取代。

比如说，卡特尔认为，不管主观的意识经验，还是客观的行为反应，只要有助于心理学在科学上更加成熟，在实践中更加有用，都应是心理学合法的研究对象。桑代克则继承了从詹姆士到安吉尔以来逐步确立起来的一个机能心理学的理念，即把有机体作为一个统一的整体加以把握。桑代克认为，行为是比意识更具有基础意义的基本范畴，如果把意识当做与运动无关的事实来研究，实际上就是在虚构出各种意识经验，并对之加以描述和分析。武德沃斯则与桑代克是相同的，认为心理学应该开展对行为的研究，并且在意识和行为相统一的意义上理解意识和行为及其相互关系。

可以看出，研究者在研究对象上，使意识的成分在逐渐下降，直到华生完全否认意识成分，走向了极端。

（二）学科性质

哥伦比亚机能主义心理学摆脱了心理学只是一门描述“是什么”的纯科学的束缚，主张心理学除了要有“是什么”的描述外，更重要的是要放在“为什么”的机能研究上，更加注重实践，并把芝加哥学派提出的关于个体适应环境的一些原理具体化并应用于实际生活，致力于个别差异、教育心理学和应用心理学等领域的研究，从而促进了心理学在美国的繁荣。

（三）学科任务

机能心理学强调心理学是一门应用科学，在研究的任务上突出了这一特点。哥伦比亚机能心理学认为学科的任务就在于找到心理在有机体与环境的关系中的适应价值，而且强调心理学不仅仅局限于正常人的共同的规律，也重视研究个体之间的差异，不再局限于大学的实验室，而是要适应社会生活的各个方面，如教育心理学、工业心理学、医学心理学、心理卫生、学习心理学等。

三、方法论

（一）哲学基础

崇尚实际，追求功效的实用主义依然是哥伦比亚机能主义心理学的哲学基础。在这种哲学观的影响下，采用多种研究方法并用的原则，并且使心理学与人的日常生活联系起来，重视个体差异，积极推动心理测验运动。在研究领域上将儿童心理、动物心理、变态心理、教育心理、学习与动机等都纳入心理学范畴，这些都体现了其实用主义的特色。

（二）具体方法

哥伦比亚机能主义在研究方法上，不把内省当做主要的方法，相反，更注重客观的方法，如实验，测验法、统计法等。比如，卡特尔以机能主义为研究取向，发明了等级排列法，重视运用心理测验来研究个别差异；之后桑代克也编制了大量的测验量表如成就测验、能力倾向测验和人格测验，使心理测验运用蓬勃发展起来，并在实际中运用了多种统计方法；武德沃斯坚持根据研究对象和任务采用各种不同的方法，从内省到心理测验再到对行为的客观观察。总之，一切有助于理解适应问题的方法，都可以为心理学所用。

四、具体观点

（一）卡特尔：个别差异与心理测量

卡特尔的研究集中表现在：1. 反应时间；2. 联想；3. 知觉和阅读过程；4. 心理物理学；5. 等级排列法；6. 个别差异。

关于反应时的研究，卡特尔除了简单的反应时，还测量了复杂反应时、知觉和联想的速度，以及视觉和听觉敏锐度和握力等，最后得出结论：刺激越强，反应时间越短。在反应时的实验研究中，卡特尔发现被试之间有显著的差异，这对于他提出个体差异研究有重要的意义。关于联想的研究，卡特尔在研究的基础上编制了正常联想表，为后来精神病临床的联想测验奠定了基础。关于知觉和阅读过程的研究，卡特尔观察被试看见物体、形状、颜色、字母、字句并说出其名称所需的时间，他发现，所需时间随呈现物数目增加而减少，不同文字的阅读时间随对文字的熟悉程度而异。关于心理物理学研究，卡特尔用高尔顿的误差率和统计法，改造传统心理物理学，用平均误差大小代替最小可觉差大小；对于在实验室中难以判定个人特质的局限性，卡特尔还首创了等级排列法，并用这个方法来评定美国著名的科学家的杰出程度，其中《美国的科学家》这本书就是源于这个研究的。

事实上，在这些研究中，“他（卡特尔）的一切研究中心命题都是个别差异问题。”① 个别差异关心的不是普遍的人类心理而是个体的能力，所以更加实用，这和美国机能主义精神是相一致的，也是对机能主义的进一步发展。为了开展个别差异的研究，卡特尔重视心理测验，并在 1890 年发表的一篇文章中创造性地使用“心理测验”概念。但卡特尔测量的人能力和变异性与后来发展起来的智力测验不同，卡特尔的测验主要集中在身体测量或感觉动作测量。在 19 世纪 90 年代，卡特尔专门致力于心理测验工作，不仅编制了大量的心理测验，而且还运用这些测验对大学生和其他社会团体进行大规模的施测，推动了心理测验运动的发展。这些极大影响了他的学生桑代克，其后也成为美国心理学中研究心理测验的领袖。

卡特尔虽不热衷于心理学理论体系的建树，但他重视个别差异研究和心理测验方法，从应用心理学方面推动了美国机能主义心理学的发展，培养了一批美国著名的心理学家，为哥伦比亚机能主义学派奠定了基础，有力地加强了美国心理学的机能主义运动。

由于卡特尔在测量时只着重于个体差异的外在表现，不重视内省也不重视意识，不去探究个别差异所涉及的意识内容或生理原因，因此，为机能主义向行为主义过渡创造了条件。

（二）桑代克：联结主义心理学

1. 首创用实验法研究动物心理

桑代克首先用实验法取代自然观察法研究动物心理，为动物心理学的研究开辟新的道路。在桑代克之前，人们对动物心理的研究，大多采用轶事法和报告法，桑代克认为这两种方法都存在着极大的缺陷。而他提出了更加系统的方法检验动物心理，即实验法。桑代克认为，实验法可以重复各种条件，并来制订动物行为是否偶然。他用小鸡、猫、狗和猩猩做了大量的实验，其中比较著名的就是猫走迷笼实验。

桑代克将饿猫放在迷笼（见图 2－1）中，食物放在外面它可以看到的地方。饿猫可以通过某种如拉绳圈、压杠杆或踩平台之类的简单动作逃出来，这种情况下观察猫的行为。猫第一次被放到迷笼中，它表现出一连串的动作：抓、咬、推、尖叫等，最终，饿猫找到了正确的反应（如拉绳圈），吃到了外面的食物，但是它的第一次解决是意外的。多次尝试之后发现，失败的行为在逐渐被消除，成功的行为则越来越多。桑代克把猫在迷笼中试图冲出笼外的动作过程称为“尝试错误”。据此，桑代克认为，动物的学习过程是一种盲目的、尝试错误的过程。

① 舒尔茨. 现代心理学史［M］. 杨立能，沈德灿，译. 北京：人民教育出版社，1981：160.

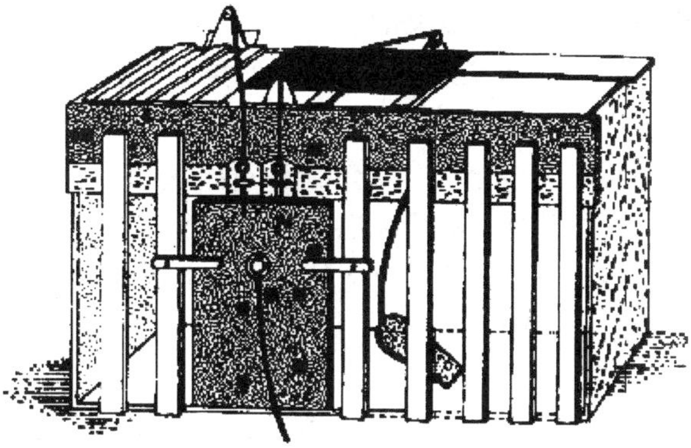

图2－1　桑代克迷箱

2. 创建联结主义心理学

桑代克联结主义心理学就其本质来说是一种学习理论。桑代克在实验的基础上，根据机能主义的观点，以刺激与反应的联结，代替了观念的联合。正如桑代克所做的猫走迷笼实验一样。桑代克强调本能的作用，饥饿的猫想吃食物，不停地撕咬是一种本能的反应，在这个过程中，无意中跑出来吃到了食物（成功经验），多次尝试之后，这便与当时跑出来的情境形成了联结。桑代克认为，这可以解释动物的行为，动物的学习不含有推理演绎的思维，而是一个“尝试错误”的过程。尽管人类的学习比动物的学习复杂，但从动物实验所得出的各种规律也同样适用于人类的学习。

关于学习过程，桑代克找出三条主要规律：效果律、练习律、准备律。

效果律是指刺激和反应之间的联结加强或减弱受到反应结果的影响。对同一情境作出的多种反应中，在其他条件相同的情况下，能导致满意结果的反应将会与这一情境建立联结，当这一情境再次出现时，这种反应更可能再发生。在其他条件相同的情况下，凡导致不舒适或痛苦结果的反应与这一情境的联结将会逐渐削弱，以至于当这一情境再出现时，这些反应很可能就不再发生。其中，满意或不舒适的程度越高，刺激和反应的联结就越加强或越减弱。早期，桑代克认为效果律既包括正强化律又包括负强化律，后来，桑代克在实验中发现，奖励一个反应的确可以加强反应的力量，但惩罚一个反应，并没有导致反应的减弱。因此，桑代克修正了他的理论，放弃效果律中的惩罚部分，而更强调其中的奖赏部分。

练习律是指反应重复的次数越多，刺激—反应之间的联结便越牢固，由使用律和失用律构成。使用律是指刺激与反应之间的联结可因使用而加强；失用律指刺激与反应之间的联结可因不用而减弱。桑代克也多次表示，练习本身并不是一种很有效的方式，因为实验表明，练习并不会无条件地增强刺激—反应联结的力量。一般来说，只有当学习者发现重复练习能获得满意的效果时，练习才会有助于学习，没有强化的练习是没有意义的。

准备律是指当某一传导单位做好准备而又不受干扰地接受传导时，就会产生满意感；当某一传导单位做好传导准备却受干扰而得不到传导时，或当某一传导单位未做好传导准备而强行传导时，就会引起烦恼感。

除了上述三个学习原则外，桑代克还提出了五个补充性的学习原则：多重反应原则；情境中的个别要素具有决定反应的原则；同化或类化的原则；联结转移原则；定势态度或顺应的原则。

3. 创建教育心理学

除了以动物为被试得出学习规律外，桑代克还以人为被试做了大量的实验，并提出了所属性原理，并总结以往有关教育心理学的探索，开始确立教育心理学的名称及其体系，确定了教育心理学最基本的三个部分：人的本性、学习心理学、个别差异，使教育心理学成为一门独立的学科。

4. 心理测验

桑代克设计了很多心理测验，成为美国教育测验运动的领袖之一。在桑代克的领导下，哥伦比亚的心理测验工作得到了蓬勃发展。

桑代克首创动物的学习实验研究，从此之后，动物研究开始采用实验研究模式，创建了联结主义心理学和教育心理学系统，推动了以研究个别差异为导向的心理测验运动。桑代克研究中所表现出的客观主义精神，为行为主义的建立奠定了基础。但桑代克是一个机械论者和本能决定论者，他把动物学习的研究直接用来解释人类的学习，简化了人类学习过程的性质。

（三）武德沃斯：动力心理学

武德沃斯的心理学观点主要表现在：1. 心理学的研究对象；2. 心理学的研究方法；3. 从宏观上界定了心理和生理的关系问题；4. 动力心理学观点。

武德沃斯常常被称之为“折中主义者”。武德沃斯认为，心理学的研究对象必须包括意识和行为两个方面，两者构成一个完整的因果系列。心理学对这个因果系列的研究，必须从刺激和反应性质开始，也就是说，必须从客观的外界事物开始。但是，如果只研究刺激和反应，就会失去一切因素中最重要的因素——活的有机体本身。武德沃斯指出，刺激并不是引起某一特殊反应的全部原因，有机体及其变化着的能量，有机体现在和过去的经验等，也对行为起着决定性的作用。他的理论即通常的 S－O－R 模式，其中 O 代表有机体本身及其能量和经验等。以后武德沃斯又把上述公式扩展为 W－S－Ow－R－W。其中 W 代表环境，S 代表刺激，O 代表有机体，附于 O 下的小 w 代表有机体对环境的调整及它对环境的定势，R 代表反应。整个公式可以解释为：周围环境—刺激—有机体对环境的调整、定势—反应—新的环境。这样，武德沃斯将心理活动与行为纳入同一系统来看待，这对以后的新行为主义产生了重要的影响。新行为主义者由此发展出

“中介变量”学说，这一观点后来由托尔曼和其他人用更为复杂的方式加以发展，称做中介变量。

在这一基础上，武德沃斯认为，心理学的研究方法，既用客观的实验和观察，也用内省的方法。或者说，外部刺激和外部反应可以通过对行为的客观观察来发现，有机体内部的事件则可以通过内省来观察。

武德沃斯还讨论了心理与生理的关系。他认为，心理过程和生理过程不是两个互相平行的过程，而只是对同一过程的不同的科学描述。心理学研究过程的大的方面，生理学则只是描述过程的细节，所以生理学的描写不能代替心理学的描述。

武德沃斯心理学另一个重要特征是将心理动力观引入心理学，提出了他的动力心理学。动力心理学是强调动机和内驱力是人与动物行为决定因素的心理学。武德沃斯的《动力心理学》反对铁钦纳的纯粹主观的内省心理学，反对华生纯粹客观的行为心理学，主张意识和行为相统一的机能的观点，要研究两者之间的因果机制。这里的因果机制包括机制和内驱力，并认为有了这两个变量就可以完满地解释全部行为现象。其中，机制是指一件东西“如何”活动，内驱力指这东西“为什么”会活动。内驱力是行为的发动者，机制有赖于内驱力的发动才得以活动，内驱力也只有通过机制的作用才能实现。同时，机制在内驱力多次发动后也可以转化为内驱力。

总之，武德沃斯不属于任何学派，他的观点是折中的。但是，在他的心理学中明显地表现出了美国心理学的机能主义的总倾向。他自己就表示过，如果一定要给他的心理学一个系统的名称，可以把它叫做“机能主义”。波林也指出“武德沃斯自称为动力心理学家，但实际上他首先是机能心理学家，其次才是动力心理学家”①。

五、评价

（一）贡献

1. 开创了美国心理学。机能心理学是在美国本土产生的科学心理学的第一个思想体系，由重在结构的研究变成重在机能的研究上，受进化论的影响，突出了人与环境之间的关系研究，从而确定了美国心理学不同于欧洲心理学的独特理论理论气质，使心理学在美国走上了蓬勃发展的道路。

2. 拓宽了心理学的研究领域，促进了应用心理学的发展。哥伦比亚学派机能主义者从实用主义精神出发，接受进化论的影响，强调心理学的应用性。心埋学的研究不仅仅局限在研究个体心理的共同规律，还研究儿童心理、个别差异、变态心理等，而且也促进了对动物行为的研究，在此基础上使学习心理学成为心

---

① 波林. 实验心理学史［M］. 高觉敷，译. 北京：商务印书馆，1982：643.

理学的一个独特的研究领域。在机能心理学的影响下，个别差异心理学、各种心理测验、知觉心理学等在美国有了明显的发展。

3. 研究方法的多样化。哥伦比亚机能主义者不再局限于内省的方法，而采用多种研究方法，如生理研究、心理测验及对行为的客观观察等，总之强调方法的多元化。

4. 为心理学走向客观化准备了条件。在机能主义看来，表现于内的作为主观现象的意识，与表现于外的作为客观现象的行为具有同一性，心理学可以通过对表现于外的行为的研究，来理解表现于内的意识及其活动。因此，机能心理学的发展，为心理学走向客观化奠定了思想基础。

（二）局限

当然，哥伦比亚机能心理学也存在着一些缺陷。比如，机能心理学家把人的心理生物学化，用生物进化的规律解释人类心理的发展，把人的各种心理现象的机能完全归结为使有机体对环境的顺应。因此，他们都在一定程度上把心理学归结为生物科学，存在着明显的生物主义倾向。

【建议参考资料】

1. 高申春. 心灵的适应——机能主义［M］. 济南：山东教育出版社，2009.

2. 郭本禹，崔光辉，陈巍. 经验的描述——意动心理学［M］. 济南：山东教育出版社，2010.

3. 波林. 实验心理学史［M］. 高觉敷，译. 北京：商务印书馆，1982.

4. 舒尔茨. 现代心理学史［M］. 杨立能，沈德灿，译. 北京：人民教育出版社，1981.

5. 杨鑫辉. 心理学通史（第四卷）：外国心理学流派（上）［M］. 济南：山东教育出版社，2000.

6. 叶浩生. 心理学史［M］. 北京：高等教育出版社，2005.

7. 詹姆斯. 心理学原理［M］. 田平，译. 北京：中国城市出版社，2003.

8. 墨顿·亨特. 心理学的故事［M］. 李斯，王月瑞，译. 海口：海南出版社，1999.

9. 墨菲，柯瓦奇. 近代心理学历史导引［M］. 林方，王景和，译. 北京：商务印书馆，1980.

10. 叶浩生. 西方心理学的历史与体系［M］. 北京：人民教育出版社，1998.

11. 罗继才. 欧美心理学史［M］. 武汉：华中师范大学出版社，2002.

【问题与思考】

1. 简述布伦塔诺的理论体系。

2. 简述詹姆士的心理学思想及其与机能主义心理学的关系。

3. 试述杜威的反射弧概念？

4. 如何正确评价机能主义心理学？

5. 具体说明为什么“布伦塔诺开创了一种不同于冯特的科学主义心理学的人文主义心理学的研究取向”？

6. 试析美国机能主义心理学的实质和主要特点，机能主义的命运如何？

第三章 从意识到潜意识（上）

【本章提要】

以潜意识为研究对象的精神分析心理学诞生于19世纪末、20世纪初的奥地利。作为人类的思想与文化的成果之一，精神分析理论是人类最重要的学术思潮，其理论广泛涉及了哲学、心理学、文学、社会学、宗教艺术等诸多学科门类，甚至被誉为心理学的“第二势力”。奥地利精神病临床医生弗洛伊德是精神分析心理学的创始人。他深受意动心理学与达尔文进化论的影响，对潜意识及其机能进行了深入的探讨，并强调潜意识的本能是环境适应的产物。在精神分析自身的发展过程中，由于时代精神的影响以及弗洛伊德自身的性格特点，精神分析不断地得以演变、分裂与发展。弗洛伊德的一些弟子因日益不满其“泛性论”等观点而与其分道扬镳，如自立门户后的阿德勒与荣格就先后创立了个体心理学与分析心理学。精神分析最初诞生并流行于德国和奥地利等德语国家之中，后来由于希特勒对犹太人的迫害以及“二战”的爆发，大批精神分析学家移居英美等国，因此精神分析运动的中心转移到美国，并在新的条件背景下形成了理论的扩展与修正。比如，埃里克森的自我心理学就将弗洛伊德重视伊底的作用转向为重视自我的作用；而霍妮和弗洛姆则更加重视文化和社会因素对精神分析理论与个体的影响。

【学习重点】

1. 弗洛伊德精神分析心理学的科学观与方法论，包括他对精神分析心理学的学科性质、研究对象、研究任务、研究方法等的看法。

2. 弗洛伊德古典精神分析的具体观点，包括潜意识论、梦论、人格结构学说、社会文化理论等。

3. 阿德勒个体心理学的基本观点，如他的人性观、基本主张和理论假设等。

4. 荣格分析心理学的基本观点和立场，包括他的哲学观、人性观、基本主张和理论假设等。

5. 荣格的分析心理学的具体观点，主要包括情结理论、集体潜意识理论、人格结构说、人格动力论等。

【重要术语】

意识　前意识　潜意识　自由联想　梦的分析　性本能　生的本能　死的本能　本我　自我　超我　心理性欲发展理论　客观性焦虑　神经性焦虑　道德性焦虑　自我防御机制　显梦　隐梦　梦的工作　个体心理学　追求优越　自卑　补偿　生活风格　创造性自我　社会兴趣　出生顺序　分析心理学　个人潜意识　集体潜意识　原型　人格的态度类型

第一节　弗洛伊德的古典精神分析

恩格斯曾说过：意识是地球上最美丽的花朵。古往今来，多少哲学家、思想家和心理学家都为其着迷，为之探寻不息，笔耕不辍，但却因始终不能穷尽其理论、洞察其底蕴而望其项背。自 1879 年心理学从哲学的母体中脱离出来之后，无论是以冯特与铁钦纳为代表的内容与构造心理学，还是与之对立的以詹姆士、杜威为翘楚的机能主义心理学，都对意识这一心理学的重要研究对象进行了大量的研究并取得了丰硕的研究成果。从某种程度上说，意识可以被划分为有意识（意识阈限之上）与无意识（意识阈限之下），因此潜意识也是隶属于意识的研究范围之内的。而心理学历史上第一次对潜意识进行系统研究并建立正式的理论体系与学术流派的，则非弗洛伊德的古典精神分析理论莫属了。

精神分析理论最初是作为一种全新的精神病治疗方式被提出的，但以精神分析为理论基础，据此以探究人类的本性则是精神分析理论对人类的最大贡献。它独辟蹊径，触及了为传统心理学所忽视的潜意识领域，扩大了心理学的研究范围并加深了心理学的影响力。正如美国心理学史家波林在其《实验心理学史》中描述的那样，“凡否认弗洛伊德是心理学界的最伟大人物的人，往往是那些认为他非心理学家，却无法否定他的伟大品质的人。”

一、生平

奥地利精神病学家西格蒙德·弗洛伊德（Sigmund Freud，1856—1939）是古典精神分析学派的创始人。他出生于摩拉维亚（今属捷克）弗莱堡的一个犹太家庭，父亲是一个不太成功的羊毛商人，弗洛伊德是父亲与其第三任妻子所生，他还有两个与其母亲年龄相仿的同父异母的哥哥（在弗洛伊德出生时已成家立业）。因为是家中长子，且学习成绩优异，弗洛伊德自小就深得母亲宠爱，因此对母亲形成了一种强烈的依恋并拒斥父亲的冷淡。弗洛伊德 17 岁时完成大学预科并以优异成绩考入维也纳医学院。在校期间他学习刻苦，博览群书，曾师从著名生理学家布吕克（Ernst Brücke，1819—1892），并选修过意动心理学家布伦塔诺（Franz Brentano，1838—1917）的课程。1881 年获得医学博士学位后，因为经济与爱情的缘故，他选择了做一个开业的精神病医生，同时致力于生理学与心理学方面的研究。

因为犹太人的身份，弗洛伊德直到1885年才获得维也纳大学神经病理学讲师的职位。1886年，弗洛伊德遇到了对其一生的学术生涯有着重要影响的精神病医生约瑟夫·布洛伊尔（Josef Breuer，1842—1925），二人于1895年合作出版了《癔病的研究》一书，这本书通常被认为是精神分析理论起源的标志，但二人的亲密合作最终因为对导致癔病的原因有本质上的不同看法而不欢而散。

弗洛伊德在日常的精神病治疗过程中，发现梦在患者的病因中占有重要的作用与意义，因此他着重对患者的梦中情节进行分析。1900年，弗洛伊德的第二部论著《梦的解析》出版，这是他最具创造性与深远意义的一部著作。虽然该书在面世之初非常滞销，但却大大提高了弗洛伊德的声望，并推动了精神分析运动的发展；1901年，弗洛伊德出版了《日常生活中的心理病理学》；1902年，他在维也纳成立了“心理学星期三讨论会”，最初的成员包括阿尔弗雷德·阿德勒（Alfred Adler，1870—1937）和奥托·兰克（Otto Rank，1884—1939）等，以及后来加入的卡尔·荣格（Carl Jung，1875—1961）；1903年发表了《性学三论》；1908年在奥地利召开了第一次国际精神分析大会，确定出版关于精神分析的年鉴，并将“心理学星期三讨论会”改名为“维也纳精神分析协会”，至此，精神分析学派正式形成。同年，弗洛伊德应美国克拉克大学校长、著名发展心理学家格兰维尔·霍尔（Granville Hall，1844—1924）的邀请前往美国演讲，这标志着弗洛伊德与其精神分析在国际上得到了应有的承认与重视，声名远播。但同时由于弗洛伊德过分强调性本能的作用而导致了泛性论，他的一些学生对此不满并先后背离他而自立门户，其中还包括被弗洛伊德视为他的继承人与“太子”的荣格。阿德勒和荣格分别于1911年和1913年宣布脱离精神分析协会并建立了个体心理学与分析心理学，但后期弗洛伊德自己也在不断修正精神分析，提出了自恋、生本能和死本能等概念以及自我、本我、超我的人格结构理论，并在20世纪二三十年代达到精神分析理论的全盛时期。

1923年，67岁的弗洛伊德在其学术生涯的顶峰时期被诊断出患有口腔癌。在随后的16年里他先后做过三十多次手术，割除大部分口腔肌肉并植入假体，尽管如此，他还是坚持研究。1938年，随着纳粹入侵奥地利，弗洛伊德的书籍被公开烧毁，他和家人的人身安全也受到威胁，因此，已届82岁高龄的弗洛伊德被迫离开了生活一辈子的奥地利而流亡英国伦敦，并于翌年去世，享年83岁。

弗洛伊德一生著作颇丰，前后发表了三百多篇论著。尽管对他的理论争议至今不止，但弗洛伊德在心理学的历史地位是无人能及的。他一生都在从事临床治疗与写作，他对潜意识和梦的研究工作对心理学、精神病学乃至哲学、文学、艺术、社会学等诸多学科都产生了意义深远的重大影响。

二、科学观

（一）研究对象

弗洛伊德把无意识现象和内容作为精神分析心理学的研究对象。弗洛伊德认为，精神分析并不排斥能被意识到的心理事实，但无意识层面的心理内容更有意义，意识过程在人的整个精神活动中只占一小部分，就像大海中的冰山一样，露在海面的部分能被人看到，但仅仅只是冰山的一角，深藏于水面之下的，不为人所看到的，却是冰山的主体。所以，在弗洛伊德看来，人的全部精神活动就像冰山，而无意识就是冰山的水下部分，在人的精神活动中占主要地位，也是精神分析的主要研究对象。

（二）学科性质

弗洛伊德曾是德国生理学家布吕克的学生，接受过长期的物理主义生理学的学科训练，因此弗洛伊德认为心理学是自然科学，物理学是其基础，精神分析也要以力学为基础，因此他常常用力的吸引与排斥、能量守恒之类的术语来解释心理活动。弗洛伊德还认为，“能量是唯一的客观实在和世界本原，万物都是能量的派生物”①，并因此提出“力比多”这个心理能量学说。但弗洛伊德精神分析理论中的许多基本理论都是以神话传说为基础或是以其本人主观推断臆测为依据的，无法用客观的科学方法去证明与检验，因此弗洛伊德对于心理学学科性质的看法是十分矛盾的。

（三）学科任务

弗洛伊德的精神分析理论是以潜意识为研究对象，并以此探究人的行为背后所隐藏的动机、欲望和态度等内容的。具体来说，精神分析心理学的学科任务主要有两点：一是对潜意识进行研究，即探究那些不能被人意识到的较深层次的心理部分，它主要涉及那些不被社会风俗、道德、法律所允许而被压抑或排斥到意识之外的，但仍在积极起着作用的个人的原始冲动和本能欲望；二是探索力比多的作用，力比多可以理解为一种由性本能所驱使的，并对人起支配作用的心理能量。

三、方法论

（一）哲学基础

1．莱布尼茨的“微觉说”

莱布尼茨（Gottfried W. Leibniz，1646—1716）的“微觉说”是近代无意识心理学的先驱理论。在他看来，人的认知（精神世界）与自然界一样，都是由细小的、不可分的、自由运动的、不生不灭的单子构成的。单个的单子是微觉，人

---

① 车文博. 西方心理学思想史［M］. 长沙：湖南教育出版社，2007：504.

无法感觉到，但聚集起来就形成了统觉，每一种精神现象都是由许多细微单子构成统觉而形成的。就像水拍打着岸边，单一的水分子不能发出声音，而许许多多的水分子共同作用，就像单子构成统觉一样，就发出震耳欲聋的声音了。类似的，单个单子无法觉知，但聚集起来形成统觉，就上升到了意识层面而为人们所感知。

2. 叔本华和尼采的哲学思想

无意识概念在叔本华（Authur Schopenhauer，1788—1860）的哲学体系中占有重要地位。弗洛伊德就把叔本华的无意识概念比做精神分析中的心理欲望；尼采（Friedrich W. Nietzsche，1844—1900）对无意识概念有着更为深刻的理解。他认为无意识是存在的，并且是最基本的活动。日常生活中人们的行为都是非理性的，都是含无意识成分在其中的，只是人没有真正意识到行为的动机而已，是在自欺欺人。

3. 哈特曼的哲学思想

德国存在主义哲学家哈特曼（Karl Robert Eduard von Hartamnn，1842—1906）认为，无意识不是“有意识”的反面与对立，而是一种无处不在的概念，除了自然界生物的本能以外，还包含在人的精神活动中，是人的心理不可分割的组成部分，一些情绪活动、艺术创作、审美感受等都离不开无意识的参与。

4. 近代享乐主义动机学说

享乐主义认为，人的本能是趋乐避苦，人的行为也是与之联系在一起的。享乐主义包括过去享乐主义，现实享乐主义以及未来享乐主义。弗洛伊德关于人格结构的三原则正是以过去享乐主义为核心，以延缓现实享乐的原则为中介，并以在未来实现快乐为目的的。

（二）具体方法

1. 自由联想

自由联想是一种不给患者任何限制或指引的联想。当患者全身心放松进入自由联想状态之后，脑中出现什么就说出什么而没有受到限制，唯一的要求就是如实报告，而不管所想到的内容是多么荒诞不经或者没有意义。在患者报告的同时，精神分析者会对此加以解释和分析，直到双方都认为找到了发病的根源为止。自由联想的本质就是试图通过病人报告中散见的潜意识内容来还原其心理结构与性质。

2. 梦的解析

梦的解析是弗洛伊德古典精神分析中的一条重要概念。弗洛伊德认为，人在睡眠中的梦隐含着被其压抑到意识阈限之下的潜意识愿望，梦的本质是被压抑的潜意识欲望的伪装、象征性的满足。弗洛伊德把日常的梦分为显梦和隐梦两类，就好比谜语的谜面与谜底，显梦是那些真实体验到的梦，而隐梦是显梦背后隐藏的真正含义，是那些被压抑的潜意识欲望，而梦的解析就是从显梦中译出隐梦，揭示梦的真正意义——那些梦里隐藏的潜意识欲望。

3. 对日常生活的分析

弗洛伊德还认为，潜意识里被压抑的欲望体现在社会生活的方方面面。他认为，一些人们生活中经常出现的过失——口误、笔误、错放、遗忘、误解等，就是潜意识与意识斗争的结果。弗洛伊德认为，产生过失的心理机制与梦的机制类似，都是那些被压抑的愿望经过伪装与掩盖之后的表达，如果对其分析，透过表象发掘潜意识中的内在动机，则可以揭示出过失行为的意义与目的，这也是了解潜意识活动的一条重要途径。

四、具体观点

（一）心理的结构

弗洛伊德认为，人的心理结构包括意识、前意识和潜意识三部分，其中前意识和潜意识通称无意识。

意识是指能够被觉察到的心理活动与领域，是传统心理学的研究领域。在弗洛伊德看来，意识在人类心理领域中的作用微乎其微，只占很少的部分。

前意识是指处于意识与潜意识之间的、能够从无意识中回忆出来的经验。前意识就好像意识与潜意识之间的“守门人”，它不允许潜意识中的本能和欲望之类的那些不为人所接受的东西随意侵入意识。但如果当这个“守门人”丧失警惕——如处于睡梦之中——这时那些被压抑的欲望和本能会以伪装的形式渗入到意识之中。

潜意识是指人的原始的、本能的冲动和欲望，尤其是性欲。潜意识概念是精神分析的核心与立论基础。潜意识里的欲望和冲动不会被社会的道德、风俗或者习惯等所允许，因此就被压抑到意识阈限之下，但它们并没有消失，而是伺机而动。潜意识的心理过程虽然不为人所察觉，但却是实实在在起作用的，正常人的言谈举止、日思夜梦、偶然的失误及口误、各种神经症症状等，无不处于它的支配之下。

（二）本能理论

本能是人的生命和生活中内在的或原发的冲动与驱力。本能的根源在于身体的需要或欠缺，本能的原动力在于身体所欠缺的程度，而本能的对象则是指能够满足身体这种欠缺的对象。

本能具有保守性、倒退性与重复性的特点①。保守性是指本能的目的就在于消除需要或欠缺导致的紧张状态；倒退性是指本能总是试图恢复事物满足时候的

① 叶浩生. 西方心理学的历史与体系［M］. 北京：人民教育出版社，1998：300.

状态；而重复性是指本能的这种需要与满足状态的转换是不断循环往复的。

对于本能的种类，弗洛伊德的早期理论将其分为性本能与自我本能两类。性本能也称力比多（libido），是人各种行为的内在潜力，并促使人通过各种方式得到满足；而自我本能则是一种保护自我不受伤害的本能。这两种本能在弗洛伊德看来，虽然目的不同，但本质上都是指向生长、关爱和促进的，因此可以合并为生本能。据此，弗洛伊德在其后期的本能理论中又提出了与生本能相对应的死本能这一概念，它表示着攻击、憎恨与破坏。

（三）人格理论

1. 人格的结构

精神分析早期的人格理论是划分为意识与无意识两部分的。因为意识中又涵盖着前意识，所以实际上是意识、前意识与潜意识三部分。后来，弗洛伊德对其人格理论加以修正，提出了人格三部结构，也即伊底（id）、自我（ego）和超我（superego）。

伊底是音译，表示本我，它是人格结构中与生俱来的最原始的潜意识结构部分，伊底是人格的深层基础与人类活动的内在驱力①。伊底中所包含的都是本能和欲望，以性本能为主，它只是按照快乐至上的原则去寻求即时的满足与本能能量的释放。因此，伊底不考虑现实，无视价值与道德，好像一个充满着邪恶的巨大深渊。

自我是从本我中分化出来的有意识的那部分。自我是理性的代表，按照现实原则起作用，而本我是欲望的标志，以快乐原则至上。但自我是源于本我的，并使本我得以满足。在此，弗洛伊德有一个经典的比喻：本我是赛马，而自我是骑手，骑手通过缰绳和马刺控制马的前进方向。

超我也就是所谓的良心与道德，它是从自我中分化出来的。超我的活动原则是至善论，它监督着自我去控制本我，使之符合社会的要求与道德规范。

在人格结构中，伊底、自我、超我三个部分以动态的形式相互联系与作用。如果这三个部分能保持平衡的发展，那么就会形成健康向上的人格，反之就会导致人格异常，产生焦虑甚至神经症。

2. 人格的发展

弗洛伊德认为，儿童从出生到成年的人格发展要经历几个有先后顺序的阶段，而每一个阶段都有与之对应的、用于满足力比多的身体区域，也即性感区。弗洛伊德根据性感区将人格的发展分为口唇期（oral stage）、肛门期（anal stage）、性器期（phallio stage）、潜伏期（latency stage）和生殖期（genital stage）五个阶段，并且认为儿童在这五个阶段中所获得的各种经验决定了日后他们的不

---

① 叶浩生. 西方心理学的历史与体系［M］. 北京：人民教育出版社，1998：301.

同人格特征。

口唇期（0—1.5 岁）：婴儿最初的活动——吸吮、咀嚼、吞咽等，都是以嘴和唇为主的，原始的性力都集中于此，因此口唇区域就成了性感区。如果婴儿在口唇期得到了满足，长大后就会形成乐观开朗的性格；反之，若口唇期的活动被过分限制，就会形成依赖、退化、猜忌等消极的性格。

肛门期（1.5—3 岁）：在这一阶段，因为幼儿获得了粪便排泄时压力解除带来的快感经验，因此肛门成为了这一时期快感的中心。在这一时期，为了养成良好的卫生习惯，幼儿必须接受大小便训练。如果不对排泄加以训练，幼儿长大后就会形成浪费、无秩序、暴力等性格；反之如若限制太严厉，则会形成吝啬、过分清洁、强迫等性格。

性器期（3—5 岁）：儿童在 3 至 5 岁时已经能够认识到自身的性别及两性之间的生理差异了，因此力比多的投射集中到了性器官上，并以自己的异性父母为爱恋的对象。男孩因为母亲能提供生理的需要与满足，将母亲作为爱恋对象，并对父亲产生敌意，想要独占母亲，形成所谓的“恋母情结/俄狄浦斯情结（Oedipus complex）”；而女孩则对父亲产生爱恋，认为母亲是可有可无的人，并希望取代母亲的位置，形成恋父嫌母的恋父情结/艾勒克屈拉情结（Electra complex）。在这个时期，儿童因为将自身与父、母亲等同起来，因此就会认同父、母亲的价值观念，并使超我逐渐得以形成和发展。但如果发生力比多的停滞，就会导致后续发展中的行为问题与性的偏离等。

潜伏期（5—12 岁）：由于道德感、羞耻心等心理的发展，这一时期的力比多处于被压抑状态。儿童停止了对异性的兴趣，多与同性伙伴交往，并且将自身的性冲动转移到学习、游戏、体育等活动中去，直到青春期才有了改变。

生殖期（12—20 岁）：生殖期也就是性成熟期，男孩女孩在生理上与心理上趋于成熟，异性爱倾向明显，并力图摆脱父母的控制，减少与家庭的联系，寻求独立自主，向着人格成熟的方向发展。

（四）梦论

弗洛伊德在对患者的治疗过程中发现梦在精神分析中占有重要的特殊地位，它与无意识有着重要的联系。如前所述，梦是潜意识里愿望的满足，有显梦与隐梦之分。要对显梦进行分析，就必须了解梦程/梦的工作（dream work）。弗洛伊德认为，梦有如下四个梦程。

凝结（condensation）：把丰富的隐梦含义用简洁的、有象征意义的显梦表现出来。比如，梦中所出现的人或者场景通常是把几个人的相貌或一些不同的特点集合起来的合体。

移置（displacement）：用不重要的显梦成分去替换隐梦的内容，使得显梦与隐梦之间不具有相似性，以期瞒过意识与潜意识之间的“稽查者”。

象征（symbolization）：将隐梦用与其具有相同性质的或相关的符号间接地表现出来，也就是用具体的形象来代替抽象的欲望。比如，棍子、雨伞、树等长形、凸出物体代表男性，而箱子、房间、山洞等容器、凹形物体代表女性。

润饰（secondary elaboration）：对显梦进行润饰与再加工，用来掩盖其真相。这种加工打乱了梦的次序与意义，使得显梦与隐梦之间不能简单地等同。

（五）焦虑理论

1．焦虑的性质与来源

最初，弗洛伊德把焦虑看做是性冲动发泄不良时的一种反应。当力比多不能找到正当合理的途径宣泄时，焦虑就产生了，这是“第一焦虑理论”。后来弗洛伊德发现，不同的本能冲动并不直接产生焦虑，并且由此导致的焦虑往往是相同的，于是他把焦虑看做是冲突的结果，而自我之所以对其产生防御机制，是因为焦虑被自我当成一种危险的或是不愉快的信号去处理了。这就是所谓的“第二焦虑理论”。

2．焦虑的种类

弗洛伊德把焦虑分为三类：客观性焦虑（objective anxiety）、神经性焦虑（neurotic anxiety）和道德性焦虑（moral anxiety），它们之间的不同仅仅是在焦虑的根源上。客观性焦虑是对现实中真正存在的危险的恐惧，如自然灾害与毒蛇猛兽等；神经性焦虑是因害怕表现出的本能冲动会受到惩罚导致的焦虑；道德性焦虑是出于对道德与良知的畏惧。如果个体违反了这些价值观，就会在超我的作用下，体验到内疚、自责等负面情绪。

（六）焦虑的自我防御机制

为了减轻焦虑的痛苦体验，个体就会采取一些非理性的、歪曲现实的方法，这就是所谓的焦虑的自我防御机制，主要包括压抑（repression）、投射（projection）、移置（displacement）、否认（denial）、反向作用（reaction formation）、认同（identification）、退行（regression）和升华（sublimation）。

压抑就是把那些能够引起焦虑的观点、欲望或者冲动植入潜意识下使之遗忘，这是最基本的也是最重要的防御机制。投射就是把自身存在的不为社会和他人接受的欲望或行为等归咎于他人或他事。移置就是个体将一些消极情绪转嫁到不太具有威胁性的对象身上发泄的过程。否认就是逃避现实，拒绝承认一些痛苦或者困难的存在。反向作用就是个体采取的行为与其潜意识中的欲望相反。认同是指个体将别人的特征加于自身并以别人自居。退行是个体在遭受挫折或者困难时以较为幼稚的行为来面对现实，通过博取同情或注意来减轻焦虑。升华是指个体将本能的冲动上升为能被社会接受的对象或活动上去。

五、评价

在人类历史上，曾出现过三次严重损害人类尊严的事件：第一次是哥白尼的

"日心说"的提出，揭示了人类世代居住的地球并不是世界的中心；第二次是达尔文进化论的提出，发现了人类与猴子居然是同一祖先；第三次是弗洛伊德的精神分析理论的提出，自诩为理性与智慧动物的人类，在大多数情况下，其行为是受无意识主宰的，这不能不说是触及了人类自尊的底线，原来人类的自我并不是其本身的主宰。因此，在心理学的历史上，从来没有任何一位心理学家能够像弗洛伊德那样，既备受尊崇又惨遭诋毁，既被看做伟大的心理学家，又被认为是欺世盗名的骗子，其理论既被广泛称颂，同时又饱受批评。

（一）贡献

1．开辟了心理学研究的无意识领域

弗洛伊德的精神分析开辟了心理学研究对象的无意识领域，这是其最大的历史功绩。在精神分析诞生以前，传统的心理学只是以感知觉、记忆方面等意识层面的内容为研究对象，无意识领域并没有得以深入的研究，更没有被看做人类心理的主要方面。是弗洛伊德首创了对无意识层面的研究，并发现无意识领域对人类心理的重大作用，从而揭开了深埋于人的内心深处并被意识层层封锁的潜意识领域。

2．开辟了科学研究的新领域

自人类进入文明社会以来，性的问题一直是一个禁忌，更没有人将其作为一个专门的领域进行科学研究。弗洛伊德冲破传统与世俗的阻力，对性的概念、范围、动力等加以研究。尽管其观点受到了各方面的批评，但毕竟弗洛伊德以其开创性的独到研究开辟了心理学研究的新领域。

3．极大地影响了社会科学的各个领域

作为一名心理学家，弗洛伊德的影响力已大大超出了心理学的范围。他的精神分析理论已经从心理学扩大到了哲学、文学、社会学、伦理学、医学等各个学科领域，并由一种单一的理论体系发展成为一种解释社会、历史与个体的世界观和方法论。甚至那些反对弗洛伊德的人也不得不承认精神分析理论对现代社会思潮所产生的巨大影响。

4．创造了心理治疗的新方法

弗洛伊德在精神分析的临床实践中创设了一套独具特色的神经症治疗方法。通过精神分析的方法去化解被患者压抑的潜意识冲突与心理创伤，突破了过去的那种以躯体治疗为主，或者单靠药物、手术等方法治疗的缺陷，开辟了心理治疗的新途径。

（二）局限

1．方法论上有缺陷

精神分析在方法论上坚持还原论，认为人是非理性的、与社会对立存在的动物，并用物理学中的能量转化与守恒的概念来解释系列活动的规律。这从本质上抹杀了人的主观能动性与区别于其他生物的意识性，将人的高级心理过程等同于低级的运动，是典型的还原论与庸俗唯物论的表现。

2. 生物学化倾向严重

弗洛伊德精神分析的立论基础是生物学，因此弗洛伊德提倡的泛性论是具有生物学化倾向的。他夸大了人的生物性而贬低社会性，将动物的原始本能与驱力当做人类生活实践的推动力。弗洛伊德坚持认为，个人的发展、创造活动，或者社会习俗、制度以及人类的各种行为，都是受力比多的支配和推动的，他甚至还把俄狄浦斯情结看成是人类道德和宗教的根源，这完全歪曲了事实的本来面目，导致了泛性论的诟病。

3. 主观主义色彩浓厚

弗洛伊德精神分析理论中的许多概念和理论，如关于伊底、自我、超我的假设，关于儿童性欲、对梦的象征以及对神经症和精神病的解释，都是出于主观的臆想和纯粹的逻辑演绎。他甚至通过神话传说来提出和证实自己的观点，缺乏事实根据，更无法进行客观的验证，因而他的学说缺乏严密的科学性，故通常被称为心理玄学。

弗洛伊德在克拉克大学关于精神分析的演讲①

女士们先生们，我必须承认，我犹豫了很长一段时间，与其给你们就整个精神分析领域的概念泛泛而谈，还不如给你们就梦的分析详加解释。但我却被一种纯主观的并看起来次要的动机所阻止。在我看来，在一个致力于追求实际目标的国度里，以一位“释梦者”的身份出现甚是难堪，尤其在你们还没有了解到这种古老而又备受唾弃与嘲弄的艺术的重要性之前更是如此。实际上，梦的分析是通向潜意识领域的皇家大道，它也是精神分析的可靠基础，这一领域的每个工作者都应有此信念并接受训练。如果有人问我怎样才能成为一名精神分析师，我会回答说，“通过研究他本人的梦。”精神分析迄今所拥有的每一位反对者，带着一种令人不愉快的歧视，不是回避《梦的解析》中的任何见解，就是寻求用肤浅的异议掩盖它。相反，如果你能够接受有关梦的生活中的各种问题的解释，那么，精神分析面对你的心理时所伴随的新奇问题在向你呈现时，将不会带有更多困难。

……

首先，不是所有的梦对梦者都陌生到不可理解、混乱不堪。如果你考察 18 个月以上大的年幼儿童的梦，你会发现它们非常简单且容易理解。小孩总是梦见

① 古德温. 现代心理学史［M］. 郭本禹，吕英军，司群英，等，译. 2 版. 北京：中国人民大学出版社，2008：439.

白天产生却没有实现的愿望在梦中得到了满足。要得到这样简单的解答你无须任何分析艺术，你所需要做的只是去询问孩子前天的经历（“做梦的那个白天”）。梦之谜的最满意的解决方案无疑将会是发现成人的梦也像儿童的那些梦——满足做梦的那个白天所产生的欲望。并且事实也是如此。如果梦能被更仔细地分析，那么这种解决方法上的困难就能被逐步克服。

第二节　阿德勒的个体心理学

20 世纪的前十年既是精神分析理论得到迅速发展并为越来越多的人所接受的成长时期，也是学派内部因为基本的理论见解不同而产生分裂与冲突的时期。对于古典精神分析理论，弗洛伊德的学生与理论追求者无不充满敬仰，但关于理论见解的分歧与善意的批评却使得刚愎自用的弗洛伊德无法忍受。“泛性论”是古典精神分析理论的核心与立论基础，同时也是弗洛伊德先后与布洛伊尔、阿德勒和荣格分道扬镳的直接诱因。在与弗洛伊德决裂后，阿德勒与其追随者们创立了“自由精神分析协会”，并将自己的精神分析心理学称为个体心理学。

一、生平

奥地利精神病学家阿尔弗雷德·阿德勒（Alfred Adler，1870—1937）出生于维也纳近郊的一个中产阶级商人家庭。相对于其他一些精神分析学家来说，阿德勒的人生经历非同寻常。阿德勒自小体弱多病，由于患佝偻病而身材矮小，并有些驼背；四岁时才学会走路，五岁时差点死于肺炎，后来在街上奔跑玩耍时两次遭遇车祸差点丧命；上小学的时候成绩也不好，他的老师甚至建议他的父亲让他去学修鞋，直到后来偶然的一次好成绩让阿德勒有了学习的信心与动力。童年的创伤经历与痛苦遭遇使得阿德勒立志成为一名医生，经过刻苦努力，阿德勒以优异成绩考取了维也纳医学院，并于 1895 年获得了医学博士学位。

1902 年，当阿德勒读到了弗洛伊德的《梦的解析》之后，深为其中的理论所吸引，并撰文为弗洛伊德的观点辩护，令弗洛伊德十分感动；后来加入精神分析学派，并成为与弗洛伊德、荣格并列的三名核心成员之一；1911 年，阿德勒因为反对弗洛伊德精神分析中的性本能理论，公开强调社会文化因素的作用，与弗洛伊德的关系破裂；分道扬镳另立门户之后，阿德勒创立了个体心理学理论并建立了自由精神分析研究会，逐渐成为一个颇有影响力的学派；1922 年至 1930 年，阿德勒主持召开了五次国际个体心理学会议；1926 年和 1932 年两次访美讲学并于 1934 年定居纽约；1937 年赴英格兰的阿伯丁市讲学时，因心脏病突发而病逝，享年 67 岁。

阿德勒著作等身，主要著作有《论神经症的性格》（1914）、《器官缺陷及其心理补偿的研究》（1917）、《理解人类本性》（1918）、《个体心理学的实践与理论》(1927)，以及最负盛名的《自卑与超越》(1931)。

二、学科背景

（一）社会背景

19 世纪末 20 世纪初的欧洲已经进入垄断资本主义时期。在物质文明迅速发展的同时，经济上的贫富差距拉大，不同阶层的截然对立，传统宗教与道德思想的沦落，种种冲突与对立就是当时世界经济与文化的潮流，阿德勒生活的奥地利自然也不可避免。这个动荡不安的年代也是理论纷呈的年代，怎样认识那些社会的病态问题，怎样认识人类的生活与发展道路，是时代与思想家们共同考虑的问题，由于阿德勒所处的社会环境及其自身的经历与背景，他既想消除社会生活中的种种弊端，又不可能采用暴力与革命的方式（虽然阿德勒曾经对社会主义的理论与活动很感兴趣），因此他选择了心理治疗这样一个折中的角度去解决社会问题。

（二）哲学背景

阿德勒的个体心理学理论的哲学背景离不开尼采的哲学思想以及以法伊欣格尔（Hans Vaihinger，1852—1933）为代表之一的新康德主义的哲学思想的影响。

尼采的哲学思想的实质是一种“超人哲学”与“行动哲学”，它提倡权力与统治，尊崇强者与意志，同时也包含着要对自身不断创新、提升与充实的含义。阿德勒的“追求优越”的思想来源是与“权力意志”分不开的：阿德勒在病态的、不健康的人身上看到了对权力与意志的追逐，而在健康的、向上的人身上看到了创造、互助与发展。阿德勒认为后者是一种向上的驱力，是对优越与完美的追求，并将其看做是人类永恒存在的普遍现象，是人类心理现象的一种基本动力。

新康德主义是 19 世纪末 20 世纪初诞生于欧洲的一个以恢复康德哲学理论中人的主体地位与能动作用的哲学思潮与流派。作为新康德主义的代表人物之一，法伊欣格尔认为人类本身是依靠着许多虚构的观念而生活的，所谓虚构本身就是一种观念，如善恶有终、人人平等等，它们并非真实的，而是一种辅助性的构造。这种虚构可以让我们的世界成为有价值的世界，也能让我们获取知识。在此基础上，阿德勒认为，尽管我们不能否定人要受遗传与环境的影响，但人的虚构是个性与心理事件产生的根本原因：真理受个人所设想的目标而定，行为受虚构的目标所引导[①]。对未来的期望这种虚构较之于过去的经验来说更有影响力，个体会把未来的目标作为一种理想去追求，而理想是主观存在于此时与此地的，与现实并非是真正一致的。

---

① 车文博. 弗洛伊德主义论评［M］. 长春：吉林教育出版社，1992：723.

（三）科学背景

个体心理学也是阿德勒对 19 世纪末 20 世纪初的一些自然科学理论成果的兼收并蓄的产物。

达尔文（Charles Darwin，1809—1882）的进化论是 19 世纪的一项重大科学发现之一，他提出了“物竞天择，适者生存”的进化论核心基础，而阿德勒的理论中就有“自我提高”、“侵犯驱力”等与这种竞争关系密切联系的理论；而且阿德勒认为“社会兴趣”概念也是人类在顺应自然与社会环境的进化过程中自然而然产生的。

同时期，医学、生理学、心理学中的许多研究者都有把人作为一个有机整体来研究的趋势，传统的还原论受到了严重的挑战，如格式塔心理学就是这一时期提倡整体论的典型代表。阿德勒接受了这些观念，认为身体与心理都是人的生活的表现，是生活的有机组成部分，而个体心理学的任务就是在整体的基础上了解身体与心理的相互关系。

三、与弗洛伊德的分歧

阿德勒与弗洛伊德的决裂是因为二人在理论基础与研究方法上的分歧，分歧主要表现在人格的统一性、人的内在创造力与社会因素在人格塑造过程中的作用三个方面上。与弗洛伊德相比，阿德勒认为潜意识是人格的组成部分之一，力比多也并不是人的唯一驱力，人的社会性也是重要驱力之一；人的梦以及现实中的情绪等状态都是人对于现实态度的反映与表现；遗传与环境这两个因素只是为人提供了发展的可能性与限度这样的基础，而社会与文化则是影响人的发展、体现人的价值的主要因素，同时也离不开人主观意识的创造性作用。

（一）对意识与潜意识的看法不同

1．意识与潜意识

阿德勒在一定程度上接受了弗洛伊德关于精神生活的构成——意识、前意识与潜意识划分的问题，但对于意识与潜意识哪个更为重要，阿德勒则反对过分强调潜意识作用。阿德勒认为，人是一种进化而来的有自主意识的社会性动物，能对自身的需要和动机有着不同于动物的清醒认识，人是意识的生物。对于意识与潜意识之间的关系，弗洛伊德认为它们之间是相互斗争、不可调和的，而阿德勒认为意识与潜意识的心理过程是在心理结构中形成的相互联系的统一体，意识与潜意识并不是截然对立的，而是两个相互对立的统一层面。此外，阿德勒更为重视人对于将来的意识——为自己设定的目标对人的行为有着重大的影响，而不是像弗洛伊德所主张的那样，通过对过去经历的分析来找寻个体处于潜意识层次中的事件及行为原因。

2．自我的重要性

阿德勒并不赞同弗洛伊德把人格结构划分为本我、自我、超我三个部分，并认可本我是力量源泉这样的自我观。阿德勒认为，人格是一个不可划分的统一整体；即使可以划分，其核心也应该是具有积极性与能动性的自我部分。因此，无论在理论方面还是实践方面，阿德勒都把人看做是"个人生活道路以及自己本质力量内部发展计划的创造者，并且最终都把自己看成是一个统一的、完整的人。"①

3．关于梦的看法

弗洛伊德非常重视梦的作用，他认为梦是潜意识下欲望的满足，并通过对梦进行分析来揭示人潜意识里的欲望；而阿德勒并没有像弗洛伊德那样过于重视梦的作用，他只是将梦看做人心理活动中最富创造性的那部分，认为能从梦中发现人们的期待与目的——也就是所谓的生活目标。

4．关于早期生活的看法

阿德勒与弗洛伊德都很重视早期生活对个体发展的作用及影响，但阿德勒坚决反对弗洛伊德对个体早期生活经验的过度重视——"成人的人格模型在很早的生活时期就已形成，并且几乎在五岁前后就完全形成了。"② 相比弗洛伊德，阿德勒更加强调和推崇个体早期的可塑性与可教育性，并认为力比多、恋父/恋母情结等概念并不及生活风格的重要性与影响力大。

（二）对人格发展问题的看法不同

1．本能因素与社会因素

弗洛伊德是本能理论的代表人物，他认为本能是人格发展的能量，能够解决身体的需要问题，并指导着思维、知觉、记忆等心理过程，最终实现本能的满足——性满足。而阿德勒更加强调社会因素，他认为仅仅依靠本能去解释人类行为的基础与动力是狭隘的，因此阿德勒更加重视家庭环境的作用，重视家庭与学校的教育，并看重社会运动对人发展的影响。

2．对补偿作用的看法

补偿作用在弗洛伊德的理论中是一个生物学概念，意思是在解剖结构上的阳性或阴性缺陷，能够在一定程度上由于其他特征表现得更"阳性"或更"阴性"些而得到补偿③。阿德勒在此基础上更进一步，他认为补偿的范围不仅仅限于生理方面，而是扩展到了身体上任何的缺陷，乃至社会生活领域。阿德勒认为，个体有很多方法可以补偿自身在身体体质、智力、社会属性上的不足或缺陷，而补偿的方法可以通过行为、对未来的预见或者通过对环境的控制表现出来。

---

① 沈德灿．精神分析心理学［M］．杭州：浙江教育出版社，2005：180.

② 沈德灿．精神分析心理学［M］．杭州：浙江教育出版社，2005：181.

③ 沈德灿．精神分析心理学［M］．杭州：浙江教育出版社，2005：184.

四、具体观点

（一）阿德勒的人格动力学理论

人格动力学理论是阿德勒个体心理学理论的核心成分。阿德勒认为，追求优越是人类行为的总目标，而自卑与补偿则是实现这个目标的基本动力。

1. 追求优越

由于受到尼采的“超人哲学”的影响，阿德勒认为，人类的所有行为都要受到“向上意志”或者“权力意志”的支配，这种内在的、天生的驱力将人格汇集到“追求优越”这个目标上，即力图从较低的地位升到优越的地位，成为一个没有缺陷的人、完美的人。在这个过程中，羡慕别人、超过别人甚至征服别人都是这种追求的体现。阿德勒认为，追求优越是人生命的基本事实。

2. 自卑和补偿

阿德勒认为，自卑感是人追求优越的基本动力，甚至是行为产生的决定力量。因为人生来并不是完美的，在面对困境时会产生无法达成目标的无力感与无助感，会对自己所具备的条件、作为和表现感到不满与失望，对自我存在的价值感到缺乏①，因此人们会拼命寻求补偿，自卑便成为促使人获取成功的动力，而补偿作用则解决了人类追求优越的动机与原始的缺陷之间的矛盾。如果自卑感没有起到激励的作用，那么自卑就成了阻碍，个体就会被自己压垮。

阿德勒最初的自卑理论来自于他对身体缺陷的看法，他认为生理上有缺陷的人会因为身体的自卑感而全力发展自己的健康器官以获得补偿。后来阿德勒扩大了自卑与补偿的范围，将其扩展到精神与社会领域，如缺乏社交能力或者不善交际的人，会通过体育等其他能力得到补偿。

（二）阿德勒的个体发展理论

阿德勒认为，个体的发展与人格的成长是离不开其所处的社会环境的，并且需要个体发挥自身的主观能动性。个体的心理发展是遗传因素、社会因素、个体本身能动性以及实践活动共同作用的结果。

1. 遗传与社会因素的作用

阿德勒承认个体的身体因素与发展水平是影响其精神发展的重要因素，因为个体的缺陷会导致自卑感，进而形成补偿作用。同时又因为人是生活在社会环境中的，因此遗传因素也要在社会环境的压力下，作为个体发展的客观条件而发挥作用。

2. 个体主观能动性的作用

阿德勒认为，每个个体都会选择适合自己心理发展的活动方式。为此，阿德勒提出了创造性自我的概念，意思是个体能够按照自己选定的方式去建立起自己

---

① 沈德灿. 精神分析心理学［M］. 杭州：浙江教育出版社，2005：192.

独特的生活风格。这种观点也深深地影响了后来的人本主义心理学家们。

3．社会实践活动的作用

阿德勒指出，个体的社会实践活动程度影响着个体发展的水平与形式。在追求优越的过程中，个体会遇到各种各样的问题，个体需要通过各种实践来解决这些问题，而解决的过程则体现出个体的勇气、性格、气质、自我约束能力等，这就促使个体形成不同的发展水平与形式。

（三）阿德勒的生活风格理论

阿德勒认为，个体在环境中所表现的独特生活形态与方式就是生活风格（style of life）①，简言之，生活风格就是个人追求优越目标的方式。因为每个人的优越目标不同，生活环境也有差异，因此获得优越的方法也就各式各样。

1．生活风格的形成

当个体还处于幼儿时期时，因为力量的弱小以及依赖性强，自卑感便会产生。由于追求优越这种先天人格倾向的作用，当幼儿面对不同的情境时，会以不同的方式去达到补偿，克服自卑，以适应环境和生活。随着幼儿对生活中那些应对环境的策略和方法的总结与归纳，这些方式就逐渐地固定并形成了特殊的行为方式，也就是所谓的生活风格。因为每个儿童的生活环境各异，追求超越的方式与结果也不一样，因此就形成了不同的生活风格，最终成为各具特色的人。

2．了解生活风格的方法

了解个体的生活风格要通过对独特自我的了解来达到，有如下三种途径。（1）出生顺序：同一家庭里的儿童因为不同的出生次序与身份地位，会形成不同的生活风格。如长子养尊处优，缺乏竞争；次子喜欢竞争，渴望出人头地；幼子较受娇宠，长大后可能问题较多。（2）早期记忆：由于人记忆的复杂性，会对记忆的内容进行选择甚至是加工，因此通过早期记忆可以发现个体所感兴趣的东西，通过比较现行的行为与过去的记忆之间的关系，获得个体生活风格的线索。（3）无意识梦境：精神分析理论认为，意识与无意识是相互联系的统一体，无意识梦境也是个体生活风格的表现方式之一，通过对梦进行解析，个体的生活风格与优越目标也能就此被揭示出来。

（四）阿德勒的社会兴趣理论

1．社会兴趣的意义

社会兴趣是一种关心别人、关心社会的潜能，这种潜能不仅仅是对自己的亲朋好友的情感，而且可以扩展到全人类、全世界。阿德勒认为，有无社会兴趣是衡量个体心理是否健康的重要标准，社会兴趣也是衡量个体生活意义的标志。在个体的一生中会遇到就业、社会活动参与、婚恋家庭等典型的问题，个体对这些

① 沈德灿．精神分析心理学［M］．杭州：浙江教育出版社，2005：203.

问题解决的成功与否标志着个体的社会兴趣是否得到了充分的发展。如果个体缺乏社会兴趣，那么他的生活意义就是不正确的。

2．社会兴趣的类型

阿德勒根据社会兴趣的程度将其划分为四种类型。(1)统治—支配型：喜欢统治与支配别人；(2)索取—依赖型：不依靠自己，而是向别人索取自己所需要的；(3)回避型：为了免于失败，回避生活中的各种问题，最终导致碌碌无为；(4)社会利益型：能面对问题，并以有益于社会的方式去解决问题。前三种社会兴趣的类型都是错误的，只有第四种社会风格才能使个体的生活充实幸福。

3．错误的生活风格

缺乏社会兴趣或者错误的社会兴趣会导致两种错误的生活风格。(1)自卑情结：因为过分的自卑，补偿没有发挥作用，对任何事情都感到万念俱灰，甚至陷入精神疾病之中。(2)优越情结：置社会与他人的需要不顾而完全追求个体的优越。错误的社会风格产生的原因较为复杂，一般认为是由于儿童期的溺爱娇纵、身体有缺陷或者受到亲人冷淡忽视而造成的。

(五) 阿德勒的精神病治疗理论

不同于弗洛伊德的认为力比多受到压抑是精神病的根源的理论，阿德勒认为，精神病是无意识的一种补偿方法。个体的发展需要追求优越，一旦外界的压力过大，个体无法承受，便会采取逃避的办法减轻压力，而精神病就是逃避方法的一种，因此可以将精神病理解为无意识的逃避作用，或者借口。

五、评价

(一) 贡献

1．阿德勒的个体心理学是古典精神分析理论与新精神分析理论过渡的中介

阿德勒的个体心理学是精神分析学派内部第一个分裂出来的理论体系，充当了古典精神分析学派向新精神分析学派过渡的中介理论。他在研究对象、方法、术语上与弗洛伊德的古典精神分析有相似之处与必然联系，但却沿着社会与个体发展的方向比弗洛伊德走得更远，为精神分析带来了令人耳目一新的新鲜气息。

2．阿德勒的个体心理学促进了心理治疗的发展

阿德勒的个体心理学强调人的意识性与选择性，要求人要克服自卑，追求超越，这对后来的人本主义心理学家罗杰斯的心理治疗理论产生了重要的影响。阿德勒在治疗过程中十分重视与病人的平等分析与讨论，这种增进病人的顿悟与认识自己的积极治疗方法对于后来的合理情绪疗法的出现起到了极大的启示作用。

3．阿德勒的个体心理学深化了人格心理学的研究

阿德勒个体心理学的出发点是整体论。心理学是研究人自身的科学，是从总

体上研究人的个性与心理的科学，而阿德勒是以人的心理与行为为主体提出他关于人的独特看法的，因此阿德勒对心理学人格方面的研究有着突出贡献。

4. 阿德勒特别重视家庭与学校教育的重要性

阿德勒认为，个体自出生时就要受到家庭的影响和教育，要在家庭中习得基本的生活和学习技能，父母就是孩子最早的老师，对子女的影响往往也是终生的；而学校则是家庭教育的延伸，教师与学校能给予家庭和父母所无法给予的知识与能力，并能培养孩子的社会兴趣。

（二）局限

1. 有对精神分析矫枉过正的倾向

阿德勒在批判弗洛伊德古典精神分析的时候，对理论中的遗传因素加以否定，有些甚至是与现代心理学人格研究的生理因素方面大相径庭的，出现了矫枉过正的倾向。

2. 有过分简单化的倾向

阿德勒的个体心理学低估了人的心理与人格的复杂性。比如，他试图只用自卑感与补偿的作用去解释人的一切行为，把异常生活选择的原因仅仅归结为童年期的生活经历、出生的次序或者身体上的缺陷等，自我的能量被严重夸大，其他的一些影响个体心理的因素被忽略或者过度简单化了。

3. 主观化了人的社会性

阿德勒认为个体出生顺序是影响其人格发展的重要制约因素，认为生活目标是揭示人的心理与人格特征的前提，但他忽视了受到众多因素制约的社会现实与社会关系对人格塑造的关键作用，且将人的存在观念化了，将虚构的目标当做人的终极存在目标，这是对人的社会性理解的抽象化与表面化。

第三节 荣格的分析心理学

荣格是一位才华横溢的精神分析学家。在参与弗洛伊德的精神分析运动之前，荣格就已接触到精神分析与精神病学的相关理论并已有了创立分析心理学的计划；同时荣格自身的独立个性也决定了他会在精神分析领域拓展自己的疆土而不是仅仅满足于做弗洛伊德的接班人。因此，归因于“性本能”论的分歧，在阿德勒退出精神分析协会之后，荣格这位弗洛伊德最为器重的学生、“钦定的”接班人也与其反目并离开。荣格在离开精神分析协会之后，创立了分析心理学，至今仍在精神病学与精神分析领域占有重要的一席之地。

一、生平

卡尔·荣格（Carl G. Jung，1875—1961）是瑞士著名的心理学家和精神病医生，是精神分析学派的主要代表人物之一，也是分析心理学的创始人。

1875 年，荣格出生于瑞士康斯坦丁湖畔的一个名叫凯斯威尔的乡村小镇。荣格是名门之后，他的祖父是一位著名的外科医学家，曾经担任过巴塞尔大学医学教授、校长等职；父亲是一位乡村的新教牧师，也是研究东方宗教与语言的学者，曾在哥廷根大学学习过哲学与语言学。在荣格看来，父亲宽容善良但却因循守旧，偶尔也会脾气暴躁。因为父亲对宗教表现出理智的怀疑，但因为自身原因与工作关系，却坚持认为人应该有信仰，因此荣格对此大为不满，导致了父子间的隔阂，后来荣格试图与父亲交流这个问题也未果。荣格的母亲与其父亲相比则是外向的。荣格认为她有两种差异巨大的人格：第一种是仁慈、友好、有文艺天赋；第二种则是笃信宗教、神秘诡异。这种矛盾的人格让荣格对母亲十分担忧，并对母亲产生不可信赖的感觉。可想而知，父亲的沉默寡言，母亲的神秘莫测，成长在这样的家庭环境中会对荣格的性格产生什么样的影响。

荣格九岁的时候才有了一个妹妹，在荣格之前两个哥哥一出生就夭折了，因此作为家中的独子，荣格已经习惯了一个人玩耍，他可以一连几个小时沉浸在自己发明的游戏中而不受打扰。由于父母婚姻不和谐，经常发生争吵，荣格就经常呆在自家的阁楼上一个人对着自己雕刻的木头小人喃喃自语。进入学龄期的荣格一度孤僻内向，但因为一些亲身经历与神秘直觉体验，荣格逐渐变得开朗、喜欢结交朋友，学习成绩也好起来，曾经使他陷入困境的迷雾也逐渐消散了。

获得博士学位之后，荣格放弃成为一名医生，在众人的惊异中，他在一家精神诊疗所开始了其精神病学研究的学术生涯。此后他曾接受过著名精神病学家布洛伊尔的指导，并去巴黎跟随著名精神病学家让内（Pierre Janet，1859—1947）学习。在这个时期，荣格一直都在阅读弗洛伊德的著作并与其保持通信联系。1907 年，已和弗洛伊德通信交往多年的荣格应弗洛伊德之邀到他的维也纳家中做客，两人一见如故，马拉松式地连续畅谈了 13 个小时，此后两人经常通信和会面，友谊持续了七年之久。但在这一段时期，荣格显得十分的谨慎小心，因为对于弗洛伊德的一些理论他并不完全赞同，但为了维持这段友谊，他竭力避免与其发生冲突；而弗洛伊德自第一次见面之时就将荣格看成是其“太子”与接班人：因为荣格精神病医生的职业、非犹太人的出身以及对精神分析理论赞同的缘故。但因为与弗洛伊德在理论上的严重分歧，与精神分析学派内部的严重冲突以及荣格本身的思想独立性，在经过慎重的思考与痛苦的抉择之后，荣格辞去了精神分析学派内部的职务，与弗洛伊德将近十年的友谊也宣告结束。

与弗洛伊德决裂后的荣格曾经陷入了一段时期的孤独、混乱与沉寂状态，他开始对自己进行自我分析，获得了许多源于内心体验的第一手资料，并结合早年的游学经历与 20 世纪 20 年代开始的在世界各地的实地考察根据，荣格提出了著名的集体潜意识理论与原型理论，这成为日后分析心理学体系的核心内容。正是因为经历了一段痛苦的心理危机与深刻的自我反省，荣格的思维得以开阔，创造才能又进一步地得到了发挥：1921 年出版了《心理类型》，1928 年出版了论文集《分析心理学的贡献》，1933 年出版了《寻求灵魂的现代人》等著作。“二战”的爆发时值荣格的晚年，那时他的思想与理论体系已经成熟。出于对人类本性的关切，荣格开始考虑人的自我实现、心灵学、梦和幻觉等问题，思想涉猎更为广泛。

1955 年，结发半个多世纪的妻子去世，荣格深受打击。在儿女们与秘书的照顾之下，荣格度过了几年安逸的时光，写下了最后的传记性著作《记忆·梦·反思》。1961 年，这位人类灵魂的伟大探索者病逝于苏黎世湖畔的库斯纳赫特，享年 86 岁。

二、学科背景

（一）社会背景

荣格生活于 19 世纪末 20 世纪上半叶的资本主义社会。在这段时期中，大工业资本主义社会已经发展到了极盛，人类凭借着知识与理性，带来了自然科学的发展与生产技术、生产力的兴盛发达，创造出了巨大的物质财富与物质文明；但在这种繁荣的掩盖下，社会的阶层不断分化，阶级的对立冲突日渐严重，传统的宗教信仰也日趋式微，加之两次世界大战的摧残，军国独裁主义的横行，人们普遍感觉到精神上的空虚与困扰：工业社会化的物质文明并不能带来精神与自我心理上的安宁与宽慰。这样的社会背景就使得推崇意志愿望的非理性主义有了存在与发展的根基。生活于这样一个理性与非理性对立冲突的时代，荣格对问题的发现与思考自然也就与社会所呼唤的非理性时代精神相一致了。

（二）哲学背景

荣格分析心理学的哲学渊源可以追溯至古希腊时期的柏拉图（Plato，约前 427—前 347）哲学。柏拉图哲学中有一个著名的理念论，他认为理念是一种范型、一种形式，具有先验的和共相的性质。荣格认为，原型作为集体潜意识的内容，因为不会在意识中出现，所以不是通过经验获得的；但由于遗传的倾向，后代的行为会与其祖先的相类似。因此，荣格的原型论与柏拉图的理念论是相通的。

柏拉图的哲学思想中也包含着整体中各部分协调平衡的思想，比如《理想国》中统治阶层、武士阶层、平民阶层以及人类灵魂的三等分构想。荣格也吸收了这个观念，他并不否认潜意识的基础作用，但更加重视潜意识与意识的平衡，并且提倡一种平衡病人的理智情感欲望、平衡病人的意识与潜意识、心理功能全面发展的治疗观。

（三）科学背景

哲学的思考，加上科学的构架，为荣格提出分析心理学提供了重要的参考。

在荣格所处的时代，进化论已经广为人所接受，并由此产生了两种理解观点。一种被称为获得性法则（拉马克主义的重要内容）：上一代通过经验所获得的特征能够传递给子代而无需其主动获得；另一种则是被广泛认同的进化性法则：有利于个体适应环境的变异通过基因代代相传，而不利于物种生存和发展的变异则被淘汰。荣格结合其对两种进化观念的理解，认为前代所获得的经验能够通过原型的形成遗传给子代，而变异的作用则增强了原型存在的可能性与必要性，并在基因上加强，遗传给后续的子代，这样就为原型在生物机制方面找到了进化论的支持。同时，荣格也采用了物理学中的一些术语，如熵、能量定律等来解释力比多与心理活动能量的规律。

三、与弗洛伊德的分歧

（一）关于力比多

荣格与弗洛伊德在对力比多概念的解释上是有分歧的。弗洛伊德把力比多看做是人格动力来源的性驱力，而荣格吸收了法国哲学家柏格森（Henri Bergson，1859—1941）的“活力论”——“所有生命物质的一切活动均由其内部所具有的非物质的活力或生命力所支配”①，将力比多看做是一种普遍的生命力。这样就扩大了原先显得狭窄的力比多的理论内涵，也将性的作用降低为力比多的一个组成部分了。荣格还举例说明力比多在不同人类活动中的投入与消耗是不同的，比如运动与阅读的力比多投入不同，成人与儿童在做同一件事时力比多的投入与消耗也是不同的，等等。

（二）关于潜意识

荣格与弗洛伊德都非常重视潜意识，但弗洛伊德更加重视潜意识的积极面，强调要发挥潜意识的积极作用，并将其划分为个体潜意识与集体潜意识两类。这样，荣格就扩大和丰富了潜意识的研究领域，这是对弗洛伊德理论的拓展和加深。

（三）关于人格发展理论

弗洛伊德严格地按照个体早期的经验对成年期的影响这个线索来解释人格的形成与发展，认为人格是由过去的事件决定的，是无法改变的。荣格并不否认这些，但认为应该加以补充：除了要了解过去的经验外，对个体未来追求目标的了解也是重要的，因为人格不仅指向过去的事件，也指向未来的事件——那些由个体的目标和抱负组成的事件。因此可以说，荣格的人格发展理论是指向未来的，具有预见性与前瞻性，并且对人类的发展抱有一种乐观的态度。

（四）关于梦的分析

弗洛伊德把梦看做是潜意识里性压抑伪装后的表现，因此有显梦与隐梦之

---

① 沈德灿．精神分析心理学［M］．杭州：浙江教育出版社，2005：252．

分，且难以分辨与理解，而荣格认为梦并没有显隐之分，梦的内容都是直接的、正面的，可以直接对梦的内容进行联想与分析。荣格认为，潜意识作为梦的主要来源，不仅仅包含着那些被唤醒的记忆，也包含着从未被意识到的观念。荣格还提出了一种梦的目的论：梦是与意识自我的态度相反的，如一个极度性压抑的人可能会频繁地做性梦。

四、具体观点

（一）人格的结构

荣格分析心理学的人格心理结构主要包括意识、潜意识（个体潜意识和集体潜意识）以及无意识意象。

1. 意识与自我

意识居于人格结构中的最高层次，泛指个体的心灵中能够被直接知晓与了解的部分，也就是通常所说的知觉、记忆、情绪、思维等。意识是个体存在的表现，是人生来就有的先天倾向，人的个性化的过程就是意识逐渐发展的过程。意识的作用是使个体能够保持对周围环境的觉知性，保持自我的统一感和时间的连续感，更好地适应周围的环境。

意识的核心是自我，自我具有选择性与淘汰性。每时每刻个体都会有无数的感受、体验、知觉等，但能够被意识到的却是少数，因为有自我作为筛选标准，意识便去除了大部分的感知觉、体验等内容，而目的就是为了保证个体人格的一致性与连续性。自我同样也具有发展性，它不是固定不变的，而是在不断地生成、发展、增加的。

2. 个体潜意识与情结

荣格将潜意识分为个体潜意识和集体潜意识。

个体潜意识（或称个人潜意识）是潜意识的外层/浅层部分，与自我最为接近，包含着被个体从意识中压抑下去的所有记忆、知觉、经验、梦、欲望等一切。因为个体潜意识处于潜意识的表层，因此它可以与意识产生交互作用，并可能或冲破自我阻碍，上升到意识的层面。

个体潜意识有汇聚性，当个体潜意识中的心理内容聚集到一起，形成“一簇一簇的心理丛”① 时，情结便产生了。简而言之，情结就是被压抑的或被忽略的情绪性观念，通常存在于潜意识之中，并影响着个体的思想、感觉、行为等。情结具有指向性，有自身的驱力，能干扰意识并阻碍行为，如恋母情结、权力情结等。

3. 集体潜意识

---

① 车文博. 弗洛伊德主义论评［M］. 长春：吉林教育出版社，1992：654.

集体潜意识是存在于潜意识的深层部分的，在个体的一生中从未被意识到的、非个体独有的、在长期的种群进化过程中保留下来的一种普遍存在的原始意象。意识可能会受到潜意识的影响，但集体潜意识却不受意识控制，它无法被感觉到但却实实在在地起着作用。集体潜意识可以以梦或者幻觉的形式作用于个体，当其受到激发而变得活跃时，我们就能在他人身上而不是自己身上看到它。

4．原型

关于原型，荣格认为其根本上是一种潜意识的内容，是情结的核心，人生中有多少典型的情景就有多少种原型，其数目在理论上是无限多的。一般认为，原型是一种前设模式，可以让人获得不同经验；原型有自主性，是超脱于一切个体特征的；原型是普遍的，每个人一出生就继承了相同的基本原型意象；不同的原型可以以一定的形式结合起来形成新的原型，这也是造成人格差异的因素之一。荣格认为，所有人都有以下几种重要原型：

人格面具（人物）：原意是指演员演戏时所佩戴的用以表明身份的面具，荣格用其指代现实中人们倾向于将自己塑造成为社会所期许的状态以获得认可。但这一公开地展示于社会的状态也许并不是真实的，所以称做人格面具。

阴影：阴影泛指人性中的阴暗面或恶的一面，这种性格是人性中原始性格的遗留。荣格认为每一个个体、团体、社会、意识形态都有自身的阴影，都会有一些违反社会规范或者是犯罪的行为。

阿尼玛（阴性基质）：是男性身上所表现出的女性的特质。阿尼玛是男性在漫长的与女性的交往过程中形成的经验积累，并借此了解女性，以一般性形象来体会女性。

阿尼姆斯（阳性基质）：是女性身上所表现出的男性的特质。与阿尼玛相似，阿尼姆斯是女性在漫长的与男性的交往过程中形成的经验积累，并借此了解男性，以一般性形象来体会男性。

智慧老人（智慧原型）：智慧老人是潜意识中具有普遍经验的人格化表现形式①，具有非凡的洞察力和无尽的智慧，通常以英雄、君主、救世主、魔术师的形象出现。当人们遇到困难时，智慧老人就会以象征形式给予指导或帮助。

（二）人格的动力

荣格认为，人格发展的动力源于精神能量——一种封闭的、不断变化的、遵循等值与均衡分配原则的动力系统。

荣格把弗洛伊德精神分析中的力比多概念看成是一种无所不包的、普遍的生命力，涵盖了推动个体人格发展的所有动机——力比多是“一种不同于生物本能的、不拘泥于具体现象的、没有任何明细程序的意志，一种可以在情感、爱恋、

---

① 沈德灿. 精神分析心理学［M］. 杭州：浙江教育出版社，2005：282.

性欲以及理智等观念中得以表述的、连续的生命冲动。”①

为了解释力比多的转化，荣格又提出了精神能量的概念，并代替力比多。精神能量类似于物理学中的能量，它自成系统，有自身的活动规律并能够代表精神领域中的表现方式。

（三）人格的发展

1. 人格发展的概念

荣格认为，人格的发展是一种成长的过程，要将处于对立两级的内在动力转化并趋向于调和，偏向更为成熟与合理的一方，如理性的成分逐渐增加，非理性的成分逐渐减少；意识的能量逐渐增加，潜意识的能量逐渐减少，等等。个体的发展就是这样的两极对立情况逐渐转化并达到融合、平衡的过程，这也就昭示了个体人格的发展趋于完善。

2. 人格发展的阶段

荣格认为，个体人格的发展可以分为儿童期、成人早期和中年期三个阶段。荣格认为这三个时期无论是表示生命开始的儿童期，还是表示生命终结的中年期都各具意义，只不过意义不同罢了。

儿童期：儿童期是指从出生到青春期。在这个时期的前段，约5岁之前，儿童的力比多能量主要是消耗在各种维持生存所必须的活动上，如吃喝、走路、说话等；在5岁之后，力比多的消耗则逐渐指向那些与性有关的事情上，并在青春期时候达到顶峰。

成人早期：成年早期从青春期一直延续到40岁左右。在这一时期中，力比多主要消耗在学习、工作、婚姻家庭上。这个时期的个体都在积极地展现、发展着与自身相适应的个性品质，为的是获得社会的认同与赞赏。

中年期：中年期从40岁左右一直延续到生命的结束。这一时期的个体会把个性的追求从外向转为内向，会思考和评价自己前半生的意义，并且随着年龄的增长会逐渐体会到孤独感和死亡的威胁。

（四）心理的类型

1. 外倾型与内倾型

荣格认为，人们面对生活的态度可以分为内倾型和外倾型两种。这两种态度并存于一个个体中，但只有一种态度占有优势。

外倾型：外倾型个体的力比多流向于外部客观世界的物体与事件，他们直率开朗，容易适应环境，能迅速与外部事物建立联系，但易受外界环境的影响，有丧失自身独立性的危险。

内倾型：与外倾型相反，内倾型个体的力比多主要流向于内部的主观因素

① 沈德灿. 精神分析心理学［M］. 杭州：浙江教育出版社，2005：283.

上，他们注重内心的体验和感受，显得犹豫、不合群、规避，更愿意思考而不是行动，因此对内倾型的个体来说，他们容易失去与对象的联系。

2．心理功能

在荣格的分析心理学中，心理功能与内外倾向同样重要，它泛指个体的一切认知性的活动，决定了个人以什么样的方式去看待世界与处理问题。一般来说，人们依赖的心理过程主要有如下四种：

感觉：感觉就是感官的功能，是一种重事实轻理性的功能，就是以感官所感觉到的刺激与信息去衡量世界。

思维：思维是由逻辑性的观念构成的，是以理性客观的态度去面对环境和解决问题。

情感：情感是一种对于价值的判断，是用感情去衡量一切，强调的是个体主观的价值与看法。

直觉：直觉是一种非理性的预见，当现实中没有可利用的信息或资料时，个体就会不计后果，仅凭直觉经验指导自己的行动，缺乏理性的认识与判断。

3．个体的心理类型

外倾思维型：这种类型的人的思维指向于外部的客观世界，重视规律、逻辑和准则，忽视情感，典型的例子就是爱因斯坦这样的自然科学家。但如果过度地指向于客观世界就会显得刻板、冷漠，缺乏对艺术、人性的关怀，极端的可能会导致固执、自负，甚至专制，成为所谓的“科学狂人”。

内倾思维型：这种类型的人对客观事实与事物不感兴趣，而将思维集中于主观与主体上。他们忽视外部的客观，专注于内心的实在，对观念性的东西感兴趣，典型的例子就是哲学家。但因为关注内心世界而排斥外部，忽视情感，容易显得冷漠与忽视他人，极端情况下会成为完全分不清现实与内在的精神病患者。

外倾情感型：这种类型的人易受环境的影响，并且情感功能占优势。他们对环境的适应良好，人际关系协调，充满着热情与魅力，但如果发展到极端，则是令人难以忍受的矫揉造作与浅薄。

内倾情感型：这种类型的人不关注外部世界而指向于内部的情感，有着不同寻常的创造性，内心的强烈情感却无法完全表达，或者以文艺作品的形式体现出来，这种类型的人常常给人一种内心恬然闲适的感觉。

外倾感觉型：这种类型的人感官是重要的，他们以感官经验来了解外部世界，但缺乏理性，不会进一步地加以分析与权衡，极端的人会只满足于追求感官的享乐而变得浅薄。

内倾感觉型：这种类型的人其感觉由某一特定的瞬间主观现实决定。对于他们来说，感官经验非常重要，缺乏理性与情感表达，典型的例子就是画家、音乐家一类的艺术家。

外倾直觉型：这种类型的人相信直觉，认为从客观事物中发现新的各种可能性是重要的，难以忍受那些已为人熟知的既成事实，反对传统，喜欢冒险与对抗权威，人际关系脆弱，不能持之以恒。

内倾直觉型：这种类型的人致力于从内在的精神世界找寻可能性①。他们局限于自己直觉所感知到的范围，与现实脱节，无法与人有效沟通交流，典型的例子就是梦想家和神秘主义者。

（五）分析心理治疗方法

1. 释梦

荣格也重视梦的重要性，但他认为这种重要性体现在梦与潜意识的关系上——潜意识是梦的重要来源。而潜意识不仅包含着对过去的记忆，也含有未被认识到的关于未来的思想与创造性观念。因此，对梦的内容的分析也就是揭开潜意识中那些创造性内容的过程，相比弗洛伊德的“往前追溯”，荣格的这种“预见性”的释梦更有意义。在荣格的分析心理学中，梦的解释也是信息获取的一种客观来源，通过梦来探索潜意识、分析病情，是荣格分析心理学的重要方法之一。

2. 语词联想测验

语词联想测验采用的是一张有100个词汇的词汇表，让被试在听到并理解刺激单词后尽快说出他第一个联想到的单词，在100个单词结束之后并重复一次试验过程。

一般来说，当被试听到一个刺激词汇并理解后，只要这个词汇在感情色彩上是中性的，都会迅速作出反应，但也会因自身的带有情绪联系的回忆而造成反应时间过长或者没有反应。这样的非正常反应就触及到了潜意识中的情结问题，刺激词汇本身也隐含了情结所在。这个测验最大的优点就是被试的反应不受其意志的控制，对整个过程也是没有知觉的，这样就有利于分析心理治疗师迅速、主动发现患者潜意识里的情结，并使其重新恢复健康。

五、评价

（一）贡献

1. 深入和扩大了精神分析心理学的理论

荣格深入并扩大了对潜意识的研究。弗洛伊德首创了精神分析理论，并对潜意识进行研究，但荣格对潜意识的阐释却远远超出了弗洛伊德将潜意识局限于生物性的范围。荣格更加重视潜意识的象征意义，认为潜意识不仅仅是个体性的方面或者早期生活经历中被压抑的东西，而且可以上升到人类精神发展的缩影的高度；并且潜意识也并不全是消极的和卑污的，同样也具有积极性与创造性的特点。荣格在此

---

① 沈德灿. 精神分析心理学［M］. 杭州：浙江教育出版社，2005：305 .

基础上提出的集体潜意识概念也成为贯穿于分析心理学始终的核心理论。

荣格在研究中发现了集体潜意识中许多重要的心理原型，并认为它们是一切心理反应中具有普遍性与一致性的先验形式。原型具有认识论上的重要意义，可以被认为是各门学科的启发力量，并且贯穿了直觉、思维、情感等心理活动。这样，荣格就在传统的哲学理论基础上丰富了对人性和人的本质的理解，以深邃的思考触及了人的存在。

弗洛伊德把力比多理解为性，而荣格认为力比多是一种包含性在内的普遍的动力或者生命力，并深化了力比多的类型，用以解释人格的基本功能。

2. 促进和启发了普通心理学的研究

荣格提出了心理类型说。荣格提出的心理类型说丰富了心理发展水平的评判标准，使得人们开始重视研究对象的心理发展程度与个体差异，肯定了差异的合理性以及针对性指导的必要性。

荣格拓展了心理学的研究对象与领域。荣格认为潜意识是存在于与意识的对立补偿关系中的、构成人的统一精神世界所不可或缺的领域。通过对意识与潜意识之间对立统一关系的分析，荣格深化了对潜意识进行研究的必要性，并提出了诸如集体潜意识、原型等这样一些全新的概念术语，拓展了心理学的研究对象与领域。

荣格启发了心理学的跨文化与本土化研究。荣格主张，要全面理解人的心理，就要立足于存在着不同的国家、社会与文化的事实，并要从不同的立场和观点去理解和思考问题。因此，荣格的理论和著作中体现出来的文化人类学的观点，对于今天心理学的跨文化研究或本土化研究有着一定的启发意义。

3. 对心理治疗产生了持续的影响

弗洛伊德的心理治疗倾向于从患者的过去——尤其是童年期的经历去寻找潜意识里的致病根源。荣格认为，仅仅追索童年创伤经历是不够的甚至是有害的，应该依据患者自身的条件——年龄、性别、气质类型等，不断找寻与调整治疗的手段，并强调医患之间的关系。这体现了荣格心理治疗观的灵活多样性，并对现今的心理治疗产生了深远的影响。

（二）局限

荣格的分析心理学也有一些令人难以理解或把握的理论。对于心理学的研究对象，荣格所强调的心灵就是指代不明确的；同时荣格过于强调潜意识在个体心理与行为活动中的作用也有失偏颇；荣格过分重视社会文化历史而不顾社会现实条件对人的意识的作用与影响，颠倒了主客观关系。

荣格试图用主观的心灵现象去说明、解释客观的社会历史现象，用心理治疗中总结出的认识概念去解决社会问题与历史问题，缺乏科学性与客观性，这就难免有主观臆断之嫌。

关于荣格心理类型说的举例描述①
——泰尔哈尔德以设想的一次宴会为例

宴会由殷勤好客的女主人（外倾情感型）和丈夫（内倾感觉型）一起来接待客人。丈夫性情安详、文静、艺术感很强，是一位艺术品收藏家和古典绘画专家。第一个客人是位律师（外倾思维型），他冷静客观，善于思考问题。紧接着到达的是位商人（外倾感觉型）和他从事音乐工作的妻子（内倾情感型），后者不健谈，情绪也不外露。第三次按响门铃的是位著名的学者（内倾思维型），与他同来的是他那位曾经做过厨师的妻子（外倾情感型）。随后到达的客人是位诗人（内倾直觉型），由于心理类型特征所致，他可能一度忘记了这次邀请，或者记错了日期。虽然如此，宴会仍在一片欢乐的气氛中进行。

【建议参考资料】

1. 阿德勒．阿德勒人格哲学［M］．罗玉林，译．北京：九州出版社，2004.
2. 波林．实验心理学史［M］．高觉敷，译．北京：商务印书馆，1981.
3. 常若松．人类心灵的神话：荣格的分析心理学［M］．武汉：湖北教育出版社，1999.
4. 车文博．西方心理学思想史［M］．长沙：湖南教育出版社，2007.
5. 车文博．弗洛伊德主义论评［M］．长春：吉林教育出版社，1992.
6. 荣格．潜意识与心灵成长［M］．张月，译．上海：上海三联书店，2009.
7. 沈德灿．精神分析心理学［M］．杭州：浙江教育出版社，2005.
8. 郃尚贤．弗洛伊德的无意识论［M］．西安：陕西人民出版社，1998.
9. 燕国材．理论心理学［M］．广州：暨南大学出版社，2007.
10. 叶浩生．西方心理学的历史与体系［M］．北京：人民教育出版社，1998.
11. 叶浩生．西方心理学理论与流派［M］．广州：广东高等教育出版社，2004.
12. 张传开，章忠尼．弗洛伊德精神分析学述评［M］．南京：南京大学出版社，1987.

【问题与思考】

1. 请简要叙述弗洛伊德精神分析的方法论。
2. 如何评价弗洛伊德？
3. 阿德勒个体心理学的理论来源是什么？
4. 荣格与弗洛伊德的理论有什么具体差异？
5. 你认为弗洛伊德、阿德勒和荣格三位精神分析学家其各自理论与各自所处的社会历史环境有何内在关联？

---

① 常若松．人类心灵的神话——荣格的分析心理学［M］．武汉：湖北教育出版社，1999：176.

第四章　从意识到潜意识（下）

【本章提要】

精神分析的后期发展主要沿着两条路线进行：自我心理学学派和社会文化学派。安娜·弗洛伊德（Anna Freud，1895—1982）继承和发展了父亲弗洛伊德后期的自我心理学思想，由此"自我"也开始成为精神分析的合法的研究对象。哈特曼（Heinz Hartmann，1894—1970）进一步发展了弗洛伊德和安娜的自我心理学思想，创建了自我心理学理论体系，他的理论又孕育了大批后继的自我心理学家。而只有到了埃里克森，心理社会的因素才真正纳入到自我心理学理论体系中去。因此，在本章中，我们主要介绍埃里克森的自我心理学理论。社会文化学派的代表人物主要有霍妮（Karen D. Horney，1885—1952，亦有人译为荷妮）、沙利文（Harry S. Sullivan，1892—1949）、卡丁纳（Abram Kardiner，1891—1981）、弗洛姆等，他们抛弃了弗洛伊德的本能决定论、婴儿性欲论和人格结构论，但他们也把他们的理论注入了社会文化因素，强调文化因素对人格的影响，将微观的家庭环境与宏观的社会环境联系起来①。霍妮是精神分析社会文化学派的重要开创者，而弗洛姆是这一学派的集大成者，因此，本章还将着重分析这两位心理学家的理论学说。新精神分析没有统一的理论体系，多数新精神分析学家基本上都是从某一视角和立场来阐释自己的理论观点的，在理论上各有侧重。了解这些新的立场和观点对于我们全面地学习精神分析学派是很有意义的。

【学习重点】

1. 埃里克森的心理学科学观与方法论，包括他对心理学学科性质、研究对象、研究任务、研究方法等的看法。

2. 埃里克森的生命周期学说、自我同一性理论及其心理治疗观点。

3. 霍妮的基本观点，如她的哲学观、人性观、基本主张和理论假设等。

4. 霍妮的基本焦虑论、神经症理论、自我理论及其心理治疗观。

5. 弗洛姆的基本观点和立场，包括他的哲学观、人性观、基本主张和理论假设等。

---

① 郭本禹. 百年历程：精神分析运动的整合逻辑［J］. 南京师大学报（社会科学版），2007，5：91－96.

6. 弗洛姆的具体心理学观点，主要包括人性需要理论、社会性格学说和社会潜意识理论等。

【重要术语】

心理社会危机　自我同一性　基本敌意　基本焦虑　社会性格　社会潜意识

第一节　埃里克森的自我心理学

从20世纪30年代开始，几乎所有的精神分析大师都迁居到了美国。“二战”之后，社会环境发生了深刻变化，传统精神分析理论已经无法完全解释清楚神经症和精神疾病的致病根源，新的社会现实促使精神分析学家开始建立新的理论以应对现实生活中的问题。

早期的精神分析虽然经历了学派分裂，但分裂之后的精神分析并没有停止发展。新精神分析学家反对弗洛伊德以本我心理学为核心、以泛性论为心理动力的生物主义和悲观主义，关注并强调自我的发展与完善，主张从社会环境、文化因素和人际关系的新视角去说明人的“焦虑”、“心理危机”、“精神疾病”等问题产生的原因。

埃里克森曾是安娜·弗洛伊德在维也纳的学生和分析对象，他在弗洛伊德研究的基础上建立并拓展了自己的理论，注重人的创造性能力和适应性能力。埃里克森发展了精神分析自我心理学的理论体系，提出了生物—心理—社会的人格发展模式，着重儿童早期心理社会方面的发展，真正将心理社会因素纳入精神分析理论的构建中。在他看来，心理学并不纯粹地是自然科学，而是更多地向社会科学靠拢，心理学的任务在于探究人成长与发展的终生过程，为不同年龄段的教育提供理论依据和教育内容。由于埃里克森强调自我的自主性和独立性，其整个理论侧重描述自我如何形成、发展，如何发挥作用以及如何产生障碍等，因而他的理论被称为精神分析自我心理学。

一、生平

埃里克森（Erik H. Erikson，1902—1994），著名的发展心理学家，神经病学家和精神分析学家。祖籍丹麦的埃里克森，1902年6月15日出生于德国法兰克福附近的地区。在他出生后不久，父母离异。母亲在他3岁时改嫁给了儿科医生提奥多·洪保格尔。母亲和养父一直隐瞒着他的身世，埃里克森也一直以为养父就是自己的亲生父亲。所以，当埃里克森后来得知真相时，他第一次陷入了自己所提出的“同一性危机”。埃里克森的这次危机不仅有心理上的同一性危机，还存在着生物学上的同一性危机。据埃里克森自己的说法，他的“认同危机”直到他1939年加入美国国籍后才得到解决。

由于埃里克森的母亲和养父都是犹太人，而当时德国排斥犹太人，所以那些德国同伴都拒绝与他成为朋友；而犹太同学也不愿意和他来往，因为他白肤金发碧眼，长得像北欧人。因此，埃里克森基本上是在缺少同伴的孤独中度过青少年时期的。埃里克森把他的这段生活视为自己人生的第二次同一性危机，后来并因此改信了基督教。

埃里克森曾在德国卡尔斯鲁厄的中学和文科预科大学就读，这是他的最高学历（相当于现在的高中）。1927 年，埃里克森到维也纳的一所小学任教，在此期间，他认识了安娜・弗洛伊德，并经常在教课之余去弗洛伊德那里，观察和学习弗洛伊德和安娜的临床精神分析工作。从那时候起，他正式进入精神分析的研究圈子，最后毕业于维也纳精神分析研究所。

由于希特勒纳粹政府在疯狂地迫害犹太人，埃里克森带领全家于 1933 年移居到了美国波士顿，并在那儿开设私人诊所，从事儿童精神分析治疗工作。1934 年，埃里克森任哈佛医学院神经精神病系研究员。在 20 世纪 30—40 年代，他随从文化人类学家去印第安人居留地对苏族人和尤洛克人进行调查和研究。1936 年，他接受了耶鲁大学人际关系学院的邀请，给医学专业学生讲授儿童精神分析。1939 年，他转到加利福尼亚儿童福利研究所任职，但后来由于拒绝在所谓“忠诚宣言”上签名，1949 年，他辞去了在加利福尼亚的职务，然后到匹兹堡大学医学院从事青少年精神医学的研究。

1960 年，他接受了哈佛大学的邀请，担任该校人类发展学和精神病学的教授，直到 1970 年退休。这一时期，埃里克森逐渐把精神分析自我心理学与习性学、文化人类学、历史、哲学和宗教学等联系起来，他的研究深入到美国当代社会的一些棘手问题，如种族歧视、妇女权利、青少年心理危机等。他以自我同一性的混乱和丧失来解释工业社会，特别是美国社会中出现的一系列严重的社会问题，并于 1975 年出版了《生命历史和历史时刻》一书，阐述了他对于人的道德和政治问题的关心。

1950 年，埃里克森的重要著作《儿童期与社会》出版，这本书标志了他的人格理论和心理历史观点的基本形成，并首次对生命周期以及自我同一性危机等概念进行了阐述。1968 年，他出版了有关同一性观点的经典著作《同一性：青少年与危机》。他的主要作品还有：《青年路德》（1958）、《领悟与责任》（1964）、《青年的挑战》（1965）、《甘地的真理》（1969）、《一种新身份认同的维度》（1974）等。

埃里克森曾是安娜・弗洛伊德在维也纳的学生和分析对象，他在弗洛伊德研究的基础上建立并拓展了自己的理论，着重儿童早期心理社会方面的发展，注重人的创造性能力和适应性能力。由于埃里克森强调自我的自主性和独立性，其整个理论侧重于描述自我如何形成、发展，如何发挥作用以及如何产生障碍等，因而他的理论被称为精神分析自我心理学。

二、科学观

（一）研究对象

新精神分析强调社会与文化因素对心理的影响，他们都从不同角度对神经症与社会的关系进行了探讨。埃里克森研究的范围非常宽泛，他并没有停留在只对个体的内部进行研究，而是从个人的、心理的立场去关注和探讨个人与社会之间的关系。从他的大量著作中，我们可以看出他对哲学、历史、社会和宗教问题的重视并有极大的研究兴趣。埃里克森并没有像弗洛伊德那样致力于精神病的病理学研究，而把注意力集中于发展进程中的危机上，并试图找出个体的发展机会，从而使人能够战胜生活的心理危机①。

（二）学科性质

在埃里克森看来，心理学并不纯粹是自然科学，而是更多地向社会科学靠拢。这从他对人的看法也可以得到说明，埃里克森认为人是一个有机体，一个自我，又是一个社会成员。新精神分析学派开始从更广泛的意义上思考人的发展。在埃里克森看来，个人在成长中总是把生物的、心理的和社会的力量联合起来，而在出生之后心理发展和社会发展逐渐取代生物发展。心理社会力量有赖于调节个人生命周期的总过程，有赖于世代相传，同时有赖于社会结构；这三者都处于共同的进化之中。②

（三）学科任务

埃里克森认为，心理学的任务在于探究人成长与发展的终生过程，为不同年龄段的教育提供了理论依据和教育内容。在每一心理社会发展阶段，在克服心理危机的过程中所产生的人格特质，都包括了积极与消极两方面的品质，如果各个阶段都保持向积极品质发展，就算完成了这阶段的任务，逐渐实现了健全的人格，否则就会产生心理社会危机，出现情绪障碍，形成不健全的人格。

三、方法论

（一）哲学基础

埃里克森基本上接受了弗洛伊德的潜意识理论，但他不同意弗洛伊德泛性论等生物学观点。他认为，精神分析既要关注生物学因素，也应注重社会文化因素。在埃里克森看来，童年早期的经验很重要，但是个体仍能在社会环境中得到

---

① 沈德灿. 精神分析心理学［M］. 杭州：浙江教育出版社，2005：390.

② 埃里克森. 同一性：青少年与危机［M］. 孙名之，译. 杭州：浙江教育出版社，1998：126.

发展。埃里克森认为，传统精神分析忽视了自我的内部结构与社会生活的关系。他强调自我与其社会环境的相互作用，强调自我对健康成长和适应的作用。在他看来，自我也是个人同一性的根源，决定着个人行为的方向。

人生发展八个阶段的顺序是由遗传决定的，但是每一阶段能否顺利度过却是由环境决定的。埃里克森更强调个体的发展受社会文化环境的影响，认为个体总是在自我与环境的交互作用中不断发展的，但个体在社会文化环境中具有一定程度的自主性。相比弗洛伊德，埃里克森对人抱有更多乐观和肯定的看法。虽然生物基础决定了人格发展阶段产生的时间，但社会环境决定了与任何特定阶段相联系的危机能否得到积极的解决。

（二）具体方法

埃里克森认为，在研究时应遵循历史社会性原则、历史客观性原则、历史系统性原则、历史差异性原则等。他曾对苏族和尤洛克族印第安人的文化和儿童训练进行实地调查和比较研究，考察文化因素对人格发展的影响，从而否定了弗洛伊德的生物本能决定论。埃里克森还开创性地使用心理历史分析法，对历史著名人物，如马丁·路德和圣雄甘地，进行社会的和历史的综合分析。借助心理历史方法，埃里克森对路德成为改革者的成因提出了新的看法，认为路德的人格发展只有放在他的时代和文化背景中才能被更好地理解。

四、具体观点

（一）生命周期学说

但凡研究埃里克森学说的都应该从他的生命周期理论开始，因为这是他的理论框架。在埃里克森看来，人的发展是一个进化过程，从出生到死亡要经历一些阶段性变化，这些阶段代代重演，故而他认为人的一生是一个生命周期。通过研究个体心理发展的生命周期，埃里克森认为人格发展遵循生物学的原则，他把生命的发展分为八个阶段，并描述了人在各个发展阶段的基本课题。埃里克森将社会要求在个体内部引起的紧张和矛盾称为心理社会危机。每个心理发展阶段都有特定的发展任务有待解决，也存在相对应的危机要克服。心理危机的解决有两种方式：积极的解决方式和消极的解决方式。危机的积极解决能增强自我的力量，导致人格健康发展，标志着前一阶段向后一阶段的转折；而危机的消极解决则阻碍人格的发展，产生相应的心理问题。这八个阶段的顺序是由遗传决定的，每一阶段的心理危机必须从机能上被解决，人们才能发展到下一个阶段，但每一阶段能否顺利地过渡到下一阶段则是由社会环境所决定的，是人与环境互动的结果，因而他的生命周期学说也被称为心理社会发展（psychosocial development）模型。

1. 口腔期（0—1 岁）：信任对不信任

这一时期，婴儿的生存及活动主要依赖于母亲。如果母亲能够满足孩子的基本需要，关爱他们，并且这种关爱是连贯的、可靠的，那么婴儿就会产生一种基本信任感。反之，如果母亲以消极的态度对待婴儿，使他们体验到烦恼、挫折和恐惧，那么婴儿就会产生不信任感。所以，这一阶段的任务是获得信任感和克服不信任感。

2. 肛门期（1—3 岁）：自主对羞耻

这一时期父母会开始训练儿童的大小便。如果父母以一种理智和忍耐的态度，循序渐进地引导儿童的行为，让他们学会控制自己，那么儿童就会形成一种自主感。反之，如果父母过于严厉苛刻，或过分溺爱，甚至放任自流，那么就会导致儿童产生羞耻感。所以，这一阶段的发展任务是获得自主感，克服羞耻感。

3. 性器官期（4—5 岁）：主动对内疚

这个时期儿童已有一定的想象力、语言能力和游戏能力。如果父母能够鼓励儿童的好奇心，耐心回答他们的提问，儿童就会慢慢具有主动性。如果儿童的主动性受到父母的嘲笑和讥讽，那么儿童就容易产生内疚感。因此，父母在此阶段对于儿童的主动性不要过多地干预。儿童在这一时期的发展任务是获得主动感和克服内疚感。

4. 潜伏期（6—11 岁）：勤奋对自卑

这一阶段的儿童生活中心慢慢地由家庭转移到学校、教堂、同辈团体中去。儿童基本上都在学校接受教育，如果他们能够顺利地完成学习课程，努力掌握各种技巧，他们就会获得勤奋感，这使他们在今后的生活和工作中充满信心；反之，就会产生自卑。如果儿童积极进取，就能够形成一定的能力。

5. 青春期（12—18 岁）：自我同一性对角色混乱

这个阶段是青少年身体发育和自我意识增强的高峰期，他们经常面临新的社会要求和社会冲突，经常感到困扰和混乱。所以，这一阶段的主要任务是形成自我同一性和防止同一性混乱。如果不能形成自我同一性，就产生角色混乱或同一性危机。埃里克森把这个时期称为心理社会的合法延缓期，即这个阶段应当被看做是一个寻找同一性的阶段，而不是具有同一性的时期。同一性的形成标志着童年期的结束与成年期的开始。

6. 成年早期（18—25 岁）：亲密对孤独

埃里克森认为，只有具有牢固的自我同一性的人，才敢于同他人建立亲密的关系。亲密是指与他人发生爱的关系，把自己的同一性与他人的同一性融合起来。在埃里克森看来，亲密不仅仅指身体上的亲密，而且还指两个人愿意分享他们生活中的一切重要方面。在亲密中，可能会有自我牺牲；但只有在恋爱中建立真正亲密无间的关系，才可能获得亲密感，否则将产生孤独感。因此，这一时期的发展任务是获得亲密感，避免孤独感。在埃里克森看来，只有具备牢固同一性的人才能与异性维持长期的、稳定的亲密关系。

7．成年中期（25—65 岁）：繁殖对停滞

在这一时期，人们不仅要生育孩子，同时要承担社会工作，即“繁殖”不仅指生育孩子，还包括关心和指导下一代的成长。没有产生繁殖感的人是以“停滞”为特征的，而“停滞”主要表现为缺乏创造性和一定的人际关系，只考虑自己的需要，不能承担哺育下一代的责任。这一时期的主要任务是关心后代的繁殖和养育，避免产生停滞或倒退感。

8．晚年期（65 岁以上至生命终结）：整合对绝望

这个阶段也被称做成年晚期。当老人们回顾过去时，可能怀着充实的感情与世告别，也可能怀着绝望走向死亡。只有回顾一生感到所度过的是充实的、有意义的人生的人，才会具有一种圆满感和整合感，觉得自己一生并未虚度。自我整合是一种接受自我、承认现实的感受，一种超脱的智慧之感。一个人如果达不到这个境界，就不可避免地走向失望和沮丧。绝望的人则表现为不能坦然地面对过去，不愿意面对死亡，没有获得一种满足感。相对来说，埃里克森对生命周期的最后这个阶段描述较少。

（二）自我同一性理论

1950 年，埃里克森出版了他的名著《童年期与社会》，该书高度强调了社会文化因素对人类发展的重要性，书中还详尽地论述了自我的功能。埃里克森将自我分为内在相连的三个部分：1．身体自我（the body ego），是指与自己身体相联系的经验和体验；2．理想自我（the ego ideal），是与理想状态相比较而渴望拥有的自我形象；3．自我同一性（ego identity），也被称为身份认同，这是一个比较复杂的抽象概念，对这个术语埃里克森有多种理解，有时指一种发展的结构；有时指一个人对其身体的自觉意识；有时指对自己性格连续统一体的无意识追求。可见，自我同一性是指对自己的本质、信仰及人生目标有相对稳定和比较完满的一种认同和意识。

埃里克森之所以享誉世界，成为当代最有影响的自我心理学家之一，就在于他对自我同一性的独特研究。在他的思想体系中，自我同一性是一个核心概念，早在 20 世纪 30 年代他就提出了有关同一性的概念，并在 50 年代发表了一系列有关同一性的文章。《同一性：青少年与危机》是埃里克森有关“同一性”的一部专著。在 1973 年写的《一种新身份认同的维度》一书中，他更是将同一性与人种学、历史、政治学和宗教进一步联系起来。

自我同一性的感觉是一种不断增长的认知和信念，一种一个人在过去经历中形成的内在的恒常性和同一感。埃里克森看来，自我同一性可区分为四个方面：对个人身份的一种意识感；为获得个性连续性的一种努力（有时候是不自觉的）；形成稳定的参照标准；作为与社会群体身份保持内在一致的支撑。在青春期以前，个体在生理的成长、心理的成熟和社会的责任等方面，还不具备体验和

度过同一性危机的必要前提。有活力的人格能经受住任何内外冲突，在每一次危机之后同一感再度出现且逐次增强。

（三）心理治疗观

埃里克森认为，传统精神分析治疗的目的在于找出阻碍患者成为什么人和影响他认为自己是个什么人的各种要素，但现代的精神病患者则因不知道该信仰什么，应当成为什么样的人而苦恼。他甚至认为，传统的精神分析有使患者病情加重的危险，因为它没有注重加强对影响患者建立同一性的各个因素进行重新整合。因而，对埃里克森来说，心理治疗的关键是增强病人的自我，使其能达到灵活处理生活问题的程度。

埃里克森的生命周期理论提供了一个关于发展任务以及每一个生命阶段所固有的挑战的模型，他把性心理和心理社会发展的观点结合起来，使精神分析师得到了一个有用的理论框架，可以帮助他们理解病人出现的发展问题。他认为在治疗的相互作用中，反移情比移情更重要。治疗者自己倘若在自我的发展上有什么"阻碍"或障碍，那么在治疗进程中他们就很难自由而完整地贡献出他们自身了①。在治疗中，治疗者必须能够自由直率地交流，不对反移情发生任何的歪曲。在他看来，精神分析治疗的一个主要目标就是加强患者自我的力量，帮助他们建立和维持自我同一性。通过借助于自我的力量，建立自我同一性，人们就可以顺利地实现人生心理社会发展八个阶段的积极过渡。埃里克森疗法的目标主要是帮助患者完成自我发展的任务，从生命中发现意义和价值。精神分析流派发展到埃里克森这里，就开始显得更加人性化了。所以，埃里克森的自我心理学为精神分析指明了一个新的方向。

五、评价

（一）贡献

1. 发展了精神分析自我心理学，提出了生物—心理—社会的人格发展模式

生命周期理论是埃里克森对人格心理学的一大贡献，他在心理与社会的相互作用中来考察自我，赋予了自我以更多的意义并强调了自我的独立性，促进了"自我心理学"的真正形成，因而可以把埃里克森视为自我心理学的创始人之一。之前，大多精神分析学家在论述人的成长阶段时基本都是以性本能的发展为根基的，而且只到成年早期或青少年期；埃里克森则从心理社会的角度来阐述人的发展阶段，并且将其延续到人的一生。心理社会发展理论的提出在某种程度上克服了弗洛伊德关于人格发展由性本能决定的错误思想，强调自我的发展具有治

① 班克特. 谈话疗法：东西方心理治疗的历史［M］. 李宏昀，沈梦蝶，译. 上海：上海社会科学院出版社，2006：190.

疗和自我教育作用也在一定程度上改变了人们对精神分析消极、冷漠的态度。从整体上看，他的贡献主要在于阐明了健康人格的成长和危机。

2. 引入心理社会危机的概念，扩大了精神分析的影响

埃里克森认为，人格在人的一生中都在不断地发展着，每一阶段都要面对一定的挑战和任务。埃里克森提出的“自我同一性”、“同一性危机”等概念，受到了学术界、教育界等领域的广泛重视。埃里克森有意把精神分析的研究对象从精神病理学扩大到正常心理学，甚至当代的各种社会现实问题，因此他的研究成果也扩大了精神分析理论的影响，并影响青年教育等社会问题的研究，以及发展心理学、人格心理学和社会心理学等学科领域的研究。著名心理学家墨菲认为，埃里克森的理论无论是对精神病理学、教育学还是对整个社会的文明都作出了巨大贡献。

3. 促使心理历史学的诞生

埃里克森将他的发展理论应用于对著名历史人物的分析和研究上，实现了精神分析学与历史学的结合，促使心理历史学（psychohistory）的诞生，如在《青年路德》一书中，通过对路德成长经历的分析，他提出了个人同一性危机与历史性危机不可分割的观点。此外，他还对印度圣雄甘地进行了心理历史分析，并试图解释非军事暴力主义的起源，该研究结果发表在《甘地的真理：非军事暴力主义的起源》一书中。

（二）局限

1. 理论体系不够严密，思辨性多于科学性

埃里克森的精神分析自我心理学并不是建立在牢固的科学理论基础之上的，一些概念很难用实验加以评定，而且在阐述时也经常含混不清，如对“自我同一性”这一概念就一直没有作出较为明确的界定。

2. 依旧是生物学化的观点

虽说埃里克森强调社会文化的重要性，可是在他看来，生命周期八个阶段的顺序却是由遗传决定的，在人一出生时它们就以某种形式存在了，先天因素决定了后天的发展。而且在他的论述中个人的成长与社会的进化是两个独立且平行的系统，个人与社会是一种形而上学的并列关系。可见，埃里克森仍纠结于生物决定论和社会决定论之间，他的生命周期理论带有明显生物学化的观点。他认为，人生来就具有的潜意识潜能足够使人格得到充分的发展。也就是说，人的行为模式取决于先天的潜能，他所谓的人格发展渐成说其实是一种先天预成论的表现。

3. 带有一定的说教性和空想性

埃里克森所定义的在生命各种发展阶段对危机的积极顺应，显然与基督教伦理观和价值观是一致的。他的理论渗透着他所认定的美好生活的观念，如结婚、异性恋和生儿育女等；而某些社会群体的价值选择与埃里克森所描述的人生发展

阶段并不一致。所以，埃里克森对某些群体带有一定的偏见，在他的论述中也呈现出一副说教的口吻。他试图用同一性概念来解释种族、民族、文化和社会等领域的问题，自然无法找到这些问题的历史的本质原因。所以，他的理论带有一定的空想性。

第二节　霍妮的社会文化精神分析

新精神分析学派继承了弗洛伊德的潜意识动机理论、人格的动力学观点以及重视童年经验的传统。可以说，精神分析的后期发展基本上并没有脱离潜意识理论的基本框架，反而进一步改造和丰富了潜意识学说。例如，霍妮的《我们时代的病态人格》和《精神分析的新方向》，以及弗洛姆的《逃避自由》和《健全的社会》都在试图发展潜意识理论。

霍妮一生屡患抑郁症，而她凭着自己的努力与执著，最终获得了20世纪最杰出女精神分析学家的荣誉。霍妮倾尽毕生精力，对精神分析进行了改造，她的非凡勇气、智慧和创造力给后人留下了深刻的印象。霍妮在临床治疗中发现，神经症不只可以由偶发的个人经验引起，还可以由其所在的社会文化情境所激发。她认识到，社会影响在神经症焦虑中起着决定作用，正因为如此，每个精神病人内心都存在着许多他们自身难以克服、调和的矛盾。

她接受了弗洛伊德的压抑、阻抗、自由联想等基本概念，但她反对弗洛伊德的泛性论和男权主义观点，而更强调社会文化环境在人格成长中的作用，因而可把她的理论体系称为社会文化精神分析。霍妮开创了精神分析社会文化学派，完善了神经症理论，但她仍未能摆脱精神分析的根本缺陷。

一、生平

卡伦·霍妮（Karen D. Horney，1885—1952），1885年9月16日出生于德国汉堡附近的一个小村庄，犹太人，被誉为20世纪最杰出的女精神分析学家，甚至被有些人评为“迄今为止最好的神经症学说”的创立人。虽说霍妮出身于富裕之家，但她的前半生历经诸多磨难，屡次深陷抑郁症之中。母亲是霍妮的父亲的第二任妻子，父亲和母亲两人的年龄相差将近二十岁。父亲笃信宗教，是个非常专制刻板的人，对孩子的要求十分严格，父亲不喜欢霍妮，认为她貌不出众、智力平常。霍妮也觉得父亲偏爱哥哥，自己也不喜欢父亲，而特别依恋母亲。平时在家里，她还得和对她并不怎么友好的四个异母兄姐相处在一起。在九岁的时候，她竟然爱上了自己的亲哥哥，结果当然遭到后者的拒绝和冷待，小小年纪就遭受了人生第一次沉重的“打击”。

1904年，母亲和父亲离异，并把她留给了父亲。1906年，霍妮不顾父亲的严厉反对，也不屑当时德国主流社会的观念（在当时女性学医十分罕见），执意就读于弗莱堡大学医学院，成为这所大学三千多位在校学生中的 58 位女生之一，表现出独立不羁和执著的一面，后来她又转学到哥廷根大学。霍妮于 1909 年结婚，并在六年内连续生下三个女儿，1911 年她的母亲过世，面对这么多事件带来的压力，她不得不在读学期间背着医学院导师，求助于精神分析治疗。霍妮后来选择精神分析作为自己的毕生事业，也与她本人的这段经历有关。

1913 年，霍妮获柏林大学医学博士学位。从 1915 年起，她在柏林师从弗洛伊德的两个得意门生卡尔·阿伯拉罕（Karl Abraham）和汉斯·萨克斯（Hanns Sachs），接受正统的精神分析训练。随后，直至 20 年代她都追随弗洛伊德的精神分析学说。1918—1932 年，霍妮在柏林精神分析研究所任教，并创办诊所，开业行医。1923 年，她的丈夫得了脑炎，变成废人，她自小钟爱的哥哥也在同年因患肺炎去世。在此双重打击下，她的抑郁症发展至极点，她甚至曾独自漂流海上试图自杀。

由于不堪忍受纳粹党对犹太人的迫害，霍妮于 1932 年移居美国，并成为芝加哥精神分析研究所副所长；两年后迁居纽约，创办了一所私人医院，并在纽约精神分析研究所培训精神分析医生。在美国，由于对弗洛伊德关于女性性欲的看法表示不满，霍妮开始偏离弗洛伊德正统学说，并在杂志上发表大量关于女性问题和驳斥弗洛伊德观点的论文。1937 年，她的第一部重要著作《我们时代的病态人格》问世，标志着霍妮精神分析体系的诞生。随着与弗洛伊德正统理论分歧的增大，1941 年霍妮被迫退出纽约精神分析研究所并被取消精神分析医生的职业资格。之后不久，她在纽约创建美国精神分析促进会并亲自担任该会主席，直至 1952 年 12 月 4 日在纽约逝世。

霍妮的主要著作还包括：《精神分析的新方向》(1939)、《自我分析》(1942)、《我们内心的冲突》(1945) 和《神经症与人的成长》(1950) 等。1967 年，她的弟子以她的演讲稿为基础，整理出版了霍妮的《女性心理学》，扩大了她在女性心理学和女权运动方面的影响。霍妮倾其毕生精力，对精神分析进行了改造，她的非凡勇气、智慧和创造力给后人留下了深刻的印象。霍妮接受了弗洛伊德的压抑、阻抗、自由联想等基本概念，但她反对弗洛伊德的泛性论和男权主义观点，而更强调社会文化环境在人格成长中的作用，因而我们把她的理论体系称为社会文化精神分析。

二、基本观点

霍妮是精神分析社会文化学派的先驱和主要代表人物，在继承弗洛伊德精神分析的同时，又对其进行了扬弃。霍妮原本是一位正统弗洛伊德主义者，但到了美国之后她发现弗洛伊德的理论不适用于美国社会所面临的问题。既然不同国家、不同时代的人所遭遇的心理危机有很大的差异，那就说明心理问题是由社会文化造成的，而不是如弗洛伊德所认定的那样由性本能决定的。霍妮进而认为，男女两性的性格差异，也不是先天解剖学上的差异造成的，而是由文化因素决定的。她还通过把文化人类学家研究的结果进行比较，发现在不同的文化背景中存在着不同的心理行为模式。在某一文化环境中正常的行为，到了另一文化背景中可能就不正常了。可见，霍妮更强调社会环境在塑造人格中的作用，把社会文化看做是人的心理行为的决定因素，每一个社会都根据自己的文化标准来理解神经症。所以，霍妮放弃了弗洛伊德的生物决定论，而转向文化决定论。

霍妮并不想建立一种解释和说明人性固有的普遍倾向的学说，只是想寻求对人格结构的合理解释。霍妮认识到社会环境在神经症焦虑中起着决定作用，她把神经症置于文化和心理的二维视野中进行考察，提出了神经症的文化和心理的两重标准。霍妮发现，神经症不仅可以由个人经验所引起，还可以由个人生存的特定文化环境所激发。霍妮在《我们时代的病态人格》（1937）一书中指出，神经症患者是由不良的人际关系所导致的，更确切地说，根源于不良的亲子关系。霍妮也强调早期经验对人格发展的重要性。

霍妮对人性持积极的态度，对人改变自己的能力持乐观的态度，她认为人天生就有一种建设性力量，它促使人们实现自身的潜力。虽然霍妮也将童年期视为人格能否正常发展的关键期，但她相信早期经验的后果是可以改变的。在她看来，人天生具有实现自己天赋和潜能的建设性力量，只要消除外部对建设性力量的束缚和阻碍，人就能够顺利成长。霍妮认为，精神分析不仅具有治疗价值，能够帮助病人克服障碍和束缚，而且也具有人性的价值，帮助病人发挥自身建设性的力量，尽可能地实现真实自我。

虽说霍妮对弗洛伊德的部分观点进行了批判，但她仍保留弗洛伊德的基本术语。霍妮也采用古典精神分析的一些技术，如对梦的解析，以了解患者的潜意识过程；运用自由联想，使潜意识的过程进入意识；采用移情分析，以了解患者与其重要他人的关系。她还用临床分析、数据搜集等实证研究来检验弗洛伊德关于女性心理、女性发展的学说，并用严密的推理阐述自己的女性心理学观点。

三、具体观点

（一）基本焦虑论

霍妮认为，儿童有两种基本需要，即安全需要和满足需要，而这两种基本需要必须依赖父母或其他成人才能得到满足。霍妮把父母破坏儿童安全感的行为称为基本邪恶。父母不良的态度和行为会使儿童心中产生对父母的敌意，霍妮称之为基本敌意。而出于对父母的依赖、恐惧和自己的无助，儿童必须压抑这种敌意。霍妮把儿童对父母的这种既依赖又敌视的矛盾情感被压抑在无意识中不能化解而产生的焦虑，称之为基本焦虑。基本焦虑会让人产生一种无助感、孤立感和恐惧感，于是人们倾向于努力减少它，使它保持在最低限度。这种基本敌意还会产生泛化，以至针对他所接触的每一个人。

霍妮反对只把性冲动和对它的压抑视为焦虑的唯一来源，她认为任何一种敌对冲动在受到压抑后都可能成为焦虑的根源。霍妮认为，人的行为并非完全由原始的性本能和攻击本能所驱使，而是由出生后受环境“敌意”影响逐渐形成的基本焦虑所支配。在她看来，为了对抗焦虑，个体才发展出神经症性格，神经症的驱动力量在于避免焦虑和获得安全感，而事实上很多人并不知道自己的焦虑及其根源。如果生活环境不能让儿童减少焦虑，那么他们的这种焦虑将会持续下去并不断发展，最终形成一种隔绝感和无助感。

尽管焦虑的表现形式以及为对抗焦虑而采取的防御性措施是多种多样的，但霍妮认为，基本焦虑对不同个体来说大致都是相同的，有的只是程度的差别。在霍妮看来，现代人防御焦虑大概有四种方式：1. 把焦虑合理化，通过逃避责任来逃避焦虑；2. 否认焦虑的存在，认为既然焦虑根本不存在，也就没有必要去解决焦虑；3. 麻醉自己，主要通过吸毒、酗酒或拼命工作来摆脱焦虑；4. 逃避一切可能导致焦虑的处境、感受或思想，如一个担心在晚会上可能受冷落的姑娘，通过相信自己本来就不喜欢社交活动来避免参加这个晚会。

（二）神经症理论

霍妮逐渐放弃了本能理论，认为当前社会神经症的根源是个人在充满矛盾和敌意的社会中所产生的基本焦虑，神经症的最终根源是社会文化环境，她甚至把神经症看成是人际关系中的障碍。霍妮并不认为神经症的冲突是固有的或不可避免的。她认为，相信病人具有成长的内在冲动一直就是心理治疗所依赖的基本信条。只不过，在人的发展过程中，由于社会文化的冲突和人际关系的障碍才产生了神经症。

研究神经症首先必须确定诊断神经症的标准。霍妮继承了弗洛伊德“神经症是由得不到解决的冲突引起的”这一思想。但弗洛伊德忽视了文化因素在神经症中的影响，而霍妮则看到了社会文化因素在人的心理和行为中的作用。她认为，由于个人的心理及性格倾向是个体所处环境和文化造成的，因此，对于神经症的起源也必须到环境中去寻找。在霍妮看来，神经症这一概念既有心理的含义，又有文化的含义。她认为不同的文化背景有不同的神经症标准。不过，霍妮也发现，某些患有严重神经症的病人，他们的行为方式在表面上却完全符合社会的心理行为模式；反之，那些行为偏离现存生活模式的人，他们也可能并不具有神经症。

因此，霍妮认为，要判断个体是否具有神经症，还必须结合心理标准。所谓心理标准就是指察看个体能否根据不同情境作出不同反应的灵活性，当外在条件充分时其内在潜能是否可以发挥出来。根据文化和心理的双重标准，霍妮把神经症定义为："神经症是由恐惧和对抗这些恐惧的防御并试图找到解决冲突倾向所产生的心理困扰。基于实际的理由，只有在这种心理困扰偏离了特定文化中的共同模式时，才称之为神经症。"① 霍妮认为，必须同时使用文化标准和心理标准来诊断神经症。

霍妮发现，在所有的神经症倾向中都存在着一种共同因素，即焦虑不安以及为了抗拒焦虑所建立起来的防卫机制。敌意产生于人际关系的失调，这种人际关系障碍可以追溯到神经症病人童年时期的亲子关系。如果父母未能给予子女足够的关爱，就会造成儿童的不安全感，使儿童对父母产生敌意。然而迫于现实和父母的威严，儿童不得不抑制这种敌意，从而产生了焦虑。当产生焦虑后，个体不得不采取一些防御措施以消除焦虑。正常人也有这些防御方式，但他们能够根据实际条件的变化灵活地选择，而神经症患者则是不加区别地、强迫地运用这些防御策略。这样，为了对抗焦虑而发展起来的防御机制不但不能使个体克服焦虑，反而使其陷入更深的焦虑之中。因此可以说，基本焦虑是神经症的动力机制的核心。神经症患者把注意力完全放在某一种需要的满足上，而不顾其他同等重要的需要。然而，越是把精力放在某一种需要的满足上，其他需要就越得不到满足，个体越会感到焦虑，这样，就陷入了恶性循环。

霍妮指出，神经症人格倾向主要有三种：顺从型、对抗型和退缩型。顺从型的人会形成接近他人的心理倾向，其逻辑是"只要自己顺从别人，就不会受伤害"；敌对型的人形成对抗他人的心理倾向，其逻辑是"如果我有权力，别人就不能伤害我"；退缩型的人则形成逃避他人的心理倾向，其逻辑是"如果我不与人接触，就不会受到伤害"。

（三）自我理论

霍妮反对弗洛伊德将人格分成本我、自我和超我，她认为人格是完整的动态的自我意象（self-image）。自我意象是人自身，是自己对自己的看法。由于个人生活经验的不同，存在三种不同类型的自我意象：一是潜在的；二是理想化的；三是实在的。据此，霍妮提出，自我有三种基本的存在形态，即真实自我、理想自我和现实自我。真实自我指的是自身存在的、独特的、人格的中枢，是唯一能够而且希望成长的部分，推动着个体去实现自己的潜在素质，健康的过程都是朝向真实的自我的。理想化自我是个人心目中虚幻的完美的自我形象。当一个人的重心转到理想的自我时，他就会以一种错误的态度来看待他的真实自我，因为理想化自我是一种不可能的自我。在霍妮看来，"理想化"本身是一种病态的解决方法，具有强迫性的特征，是个体逃避内心冲突的一种方法。神经症的主要特征之一就是将精力由发展真实自我所具有的潜能转移到发展理想化的自我的虚假能

① 荷妮．我们时代的病态人格［M］．陈收，译．北京：国际文化出版公司，2001：13.

力上①。现实自我是个体此时此地身心存在的总和，它代表个体的现状。

在霍妮看来，现实自我和理想化自我的矛盾是神经症产生的一个主要原因，她甚至认为，一切神经症的形成过程的核心问题都是脱离自我。正常人的理想化自我和现实自我关联密切，他们把理想化自我作为目标，把现实自我作为自我发展的基础；而神经症患者的现实自我和理想化自我则存在着偏差和脱节，他们对现实自我的认知是扭曲的，其理想化自我也并非现实自我的适当延伸，但他们却总是把理想化自我当做是可以实现的，借以掩饰真实自我。人应该实事求是地正确认识自己，既不小看自己，也不夸大自己，并勇于承担自己的责任。

（四）心理治疗观

霍妮在临床实践中发现，心理疾病的根源在于社会环境，而不是生物本能，她提出了有别于传统精神分析的治疗原则和目标。由于霍妮认为社会环境的阻碍和人际关系的障碍是神经症的根源，所以在她看来，精神分析的治疗目标就应该是帮助病人认识自身的神经症倾向，协助他们与他人建立良好的关系，在现实自我和理想自我之间建立合理的、符合实际的关系，使病人放弃理想化的自我，接受现实的自我，使他们自身建设性的力量朝着实现真实自我的方面发展。霍妮认为，对于神经症的治疗，不仅要消除其症状，而且要尽力改变神经症患者的性格结构。

霍妮疗法的治疗过程包括以下几个阶段：提出问题、强调问题、澄清问题、引导患者发问、鼓励患者扩展所提问题、促成进一步的交往，最后由治疗者提供一定的帮助。其目的是使患者明白他所追求的理想自我的形象，而这个理想自我又是如何使他陷入恶性循环，损害他的成长与幸福，最终激发患者改变这种状况的强烈愿望。“病人只有在他愿意并能够了解自己，从而改变心态时，他才能康复。因此，如果病人的良好愿望没有与其有效的努力结合起来，那么治愈的希望就不会大。”②

她还认为，心理治疗必须帮助患者接受他们的“真实”自我所必须承担的责任，让个体能够用自己的力量去解决问题。因而霍妮在对神经症的治疗中非常强调激发患者自发的建设性力量。霍妮疗法就是要揭露病人心理内部的冲突，把压抑的东西带到意识层面上，以解除其基本焦虑。在实践中，霍妮疗法并没有一套统一的治疗技术，霍妮主要继承了传统精神分析的治疗方法，如梦的解析与自由联想法。霍妮疗法主要适用于各类神经症，尤其是强迫症。

霍妮疗法强调整体性，即要从所有的方面来看待病人，既要看到他们的病态行为，也要注意到其健康时的行为方式。她认为，社会环境决定了一个人是否会

---

① 荷妮．神经症与人的成长［M］．陈收，译．北京：国际文化出版公司，2001：161.

② 荷妮．神经症与人的成长［M］．陈收，译．北京：国际文化出版公司，2001：43.

产生心理问题及心理问题的类型。霍妮从根本上改变了弗洛伊德精神分析重视本能对人的行为具有决定作用的生物学研究取向，开启了精神分析的社会文化取向。霍妮还系统阐述了男权主义对女性和男性的伤害，因此，霍妮疗法更能够应对治疗中的性别问题。

四、评价

（一）贡献

1．批判了弗洛伊德精神分析的缺陷。霍妮反对弗洛伊德的本能说和泛性论，强调社会文化因素，提出了一种强调社会因素的人格理论，这对人格心理学的贡献是相当大的。在那个时代，霍妮能够提出与弗洛伊德不同的观点，的确需要勇气、智慧和创造性。

2．开创了精神分析的社会文化学派。霍妮作为精神分析文化学派干将的地位是不可动摇的。从霍妮开始，文化因素开始进入了精神分析的研究视野，精神分析也更为真实地接触人性。她的关于真实自我的思想极大地影响了人本主义心理学，马斯洛（Abraham H. Maslow，1908—1970）采纳了霍妮关于真实自我的概念，并据此提出了一整套自我实现理论①。可以说，霍妮也是人本主义心理学的主要策动者，为倡导健康的文化氛围、积极的人文关怀开创了理论先河。

3．完善了精神分析的神经症理论。在宏观层面，霍妮指出人的内心冲突是时代文化内在矛盾的表现，神经症是社会文化环境作用的结果；在中观层面，霍妮认为人际关系障碍是神经症的根源；而在微观层面，神经症起源于个体的基本焦虑和内心冲突。霍妮提出诊断神经症的双重标准的看法是很有见地的。霍妮对神经症的论述抛弃了弗洛伊德的生物本能论，从社会文化的视角提出了神经症是由基本焦虑引起的结论，其神经症理论丰富了精神病学和咨询理论，对于临床心理治疗有着重要的启示。

（二）局限

1．未能摆脱传统精神分析的根本缺陷。虽然霍妮开辟了精神分析发展的新方向，但她没有从根本上改变精神分析在方法论上的缺陷。实际上，霍妮并没有完全背弃弗洛伊德精神分析学说。霍妮的学说也是基于临床观察和治疗经验，其理论的科学证据不多，所以霍妮体系的科学性与合理性同样受到质疑。而且由于霍妮理论体系不够严谨、不很严密，所以她的理论没有激发后人进一步深入研究。

2．并没有真正把文化因素融入到精神分析。虽然霍妮认为个人受文化环境所制约，但她仍只停留在对亲子关系的分析上，而忽视了深厚的文化因素和广阔

---

① 丁建略．论霍妮神经症理论的人本主义倾向［J］．心理学探新，2008，1：21－24．

的社会环境。对于神经症的解释，霍妮也同样把内心冲突和对抗焦虑的防御机制看做是内在的动力过程。在治疗方面，霍妮更加重视分析和改变病人的内在心理，提高他们对环境的适应能力。

3. 仍然持心理决定论观点。霍妮并没有放弃弗洛伊德的动力学观点，与弗洛伊德一样，霍妮认为人的意识及行为背后都潜藏着潜意识的动机，这种潜意识动机决定着人们的行为。在她看来，人的意识无法为人自身的发展提供引导。霍妮坚信，人的发展是由天赋潜能的建设性力量自行引导的。

第三节　弗洛姆的人本主义精神分析

弗洛姆作为一个精神分析学家，有着深厚的哲学基础，以调和马克思主义与弗洛伊德的学说著称。他把精神分析引入社会历史领域，使精神分析和历史唯物主义相互补充，并对资本主义进行了无情的批判，进一步扩展了精神分析关于人的研究范畴。他从政治、经济、文化、社会等方面考察了人格的形成和发展。

一、生平

弗洛姆（Erich Fromm，1900—1980），犹太人，哲学家、精神分析家、人类学家和社会学家，人本主义心理学的先驱，法兰克福学派的代表人物之一。1900年3月23日出生于德国法兰克福的一个犹太家庭，他是家中独子，父亲是个商人，喜怒无常，母亲有间歇性抑郁症。童年生活的不愉快，是激发他以后研习哲学、心理学、社会学以探讨人性的主要原因。在他的一生中，弗洛姆写了几十种著述，学术活动的范围遍及哲学、伦理学、社会学、心理学、宗教学等领域，他作为一名精神分析医生开业达几十年之久。弗洛姆接受了马克思和弗洛伊德的思想，并以调和两者的学说著称。

1918年，弗洛姆进入法兰克福歌德大学学习法学，1919年暑假后进入海德堡大学改学社会学，1922年获海德堡大学哲学博士学位。1923年他到慕尼黑大学进修精神病学和心理学，1925年加入国际精神分析学会，并于1925—1930年在柏林精神分析研究所接受正规训练。在研究所期间，他曾同霍妮共事，且两人间发生过一段恋情。此后，弗洛姆到法兰克福精神分析研究所和社会研究所工作。

1933年应芝加哥精神分析学院的邀请赴美讲学。1934年为逃避纳粹迫害，他离开了德国，先去了瑞士的日内瓦，然后移居美国纽约，并在纽约开设私人诊所，从事心理治疗工作。在美国，他从事广泛的教学、理论研究和精神分析实践活动，先后在哥伦比亚大学（1934—1941）、贝林顿学院（1941）等大学任教。1944年他和格伦（Henny Gurland）举行了婚礼并成为美国公民。1950年转任墨西哥国立大学教授，并在该校创建精神医学系，两年后格伦因不适应当地气候而病逝，1953年他和弗里曼（Annis Freeman）结婚。1957—1961年弗洛姆回美国密歇根州立大学任教，1962 年任纽约大学精神病系教授。1965 年从墨西哥国立大学退休，1974 年移居瑞士，继续从事研究和著述，1980 年 3 月在瑞士洛迦诺因心脏病发作去世。早年，弗洛姆相信自由联想法是通向潜意识的重要途径。晚年，由于对宗教日益感兴趣，弗洛姆开始转向佛教，并借助东方的禅来说明进入潜意识的途径。

他的著述颇多，主要著作有：《论基督教的起源》（1931）、《逃避自由》（1941）、《为自己的人》（1947）、《健全的社会》（1955）、《爱的艺术》（1956）、《马克思关于人的概念》（1961）、《在幻想锁链的彼岸》（1963）等。

弗洛姆认为弗洛伊德开创的精神分析学代表了对“人性”研究的最高水平，而他又从“社会批判”的立场出发，批判地改造了弗洛伊德的精神分析理论，从而把精神分析从原先主要是一种“个体心理学”改造为一种“社会心理学”。因而，有学者把弗洛姆的精神分析学称为“社会精神分析学”。我们之所以把他的学说称为“人本主义精神分析”，是因为在弗洛姆看来，必须站在“人性”、“人道”这种最高、最普遍的立场上来看问题，而不能只站在自己“社会”的立场上来看问题。而且在弗洛姆看来，马克思主义在实质上是一种人道主义。

二、基本观点

弗洛姆认为，心理学的主要问题是个人与社会的一种特殊关系问题，而不是种种本能需要的满足或受挫问题①。弗洛姆认为，人的成长有两个方面的内容：一是处理好人与物关系的同化过程，二是处理好人与人关系的社会化过程。可以说，弗洛姆哲学思想的核心就是人的问题，也即人与社会的关系问题。弗洛姆在某种意义上继承了马克思历史唯物主义的观点，强调经济、政治、社会、文化等外在因素对人性的影响，企图把心理现象放到广阔的经济、政治和文化的社会环境中加以研究。弗洛姆认为，人的本质是心理因素和社会因素相互作用的产物，并强调，社会经济制度对人的性格结构的决定作用，特定的社会经济体系产生出特定的社会性格。

弗洛伊德用“生物学”的方法研究人性，把人的本性归于生物性，认为性的本能是人类一切行为的动力；而马克思主要是用一种“社会学”的方法来研究人性，从政治、经济方面来规定人性，强调人的社会性。然而，弗洛姆认为，研究人性问题的方法必须超越“社会学”和“生物学”的方法，从内外因素相互作用的视角对人性作出一种动态的解释。弗洛姆承认人性的历史性，强调社会文化因素对人格发展的影响。

弗洛姆认为，马克思和弗洛伊德关于人的学说和理论都是伟大的，弗洛伊德

---

① 叶浩生. 心理学通史［M］. 北京：北京师范大学出版社，2006：325.

理论解释个体的人格和困惑，而马克思理论解释了社会政治的影响，但又各有其局限性，只有把两人中那些有价值的思想综合起来，才可能形成一种更为完善的人性论。弗洛姆一生的目标就是力图在马克思和弗洛伊德之间形成某种“综合”和“互补”。因而，弗洛姆把精神分析学说和马克思理论作为自己批判和解救社会的重要武器。

弗洛姆抛弃了弗洛伊德的生物学决定论，反对人性决定于性冲动和个体潜意识的观点，强调人的性格是社会文化的产物。他在《逃避自由》这本著作中，从社会发展的过程这一角度去考察现代人人格的形成，深刻剖析了当时资本主义社会中“人性异化”的现象，并试图寻找一条克服人性异化、实现人性发展和社会健全的道路。弗洛姆还指出，虽然人性是历史演进的产物，但也具有某些独特的内在机制，而对这些机制的研究正是心理学的任务。他主张心理学应以对人的认识为出发点和基础，他的三部重要著作（《逃避自由》、《为自己的人》、《健全的社会》）就是按着这样的逻辑展开的：人存在的境遇——性格结构——社会变革。

弗洛姆从宏观上研究社会对人的影响，把精神分析引入社会历史的领域，提出了社会性格、社会潜意识等概念。他认为，只有使之成为激进的、批判的及人道主义的理论，才能继续创造性地发展精神分析。弗洛姆的心理学观点始终是与“社会批判”结合在一起的，力图致力于揭示“人的异化”，并以探讨“人的解放”、“人的自由”、“人的全面发展”作为自己研究的基本任务。弗洛姆认为，人的解放和全面发展是自人类文明以来孜孜以求的最终目标。

弗洛姆坚信，无论在理论上还是在治疗上，对人格的研究都不可省略伦理问题，“我们是根据价值判断来确定我们的行为的，而且，我们的精神健康和幸福也有赖于价值判断的这种正确性。”① 弗洛姆人本主义伦理学同样在学术界占有很高的地位，但在本节，我们只着重对其心理学思想进行介绍。

三、具体观点

（一）人性需要理论

弗洛姆作为一个精神分析学家，具有深厚的哲学基础。从广义上讲，弗洛姆的所谓“人本主义精神分析”同时又是一种社会哲学，更确切地说，首先是一种关于人的哲学。弗洛姆在《寻找自我》一书中着重论述的就是人性问题，他的目标就是要使人们认清自我、找回自我。在他看来，人的动机既不是“生物的”，也不是“社会的”，而是“人性的”。弗洛姆试图从人的需要来探究人性问题，他认为一切生命的本质在于维护和肯定自己的生存，人有一种天然追求健康

---

① 弗洛姆. 为自己的人［M］. 孙依依，译. 北京：生活·读书·新知三联书店，1988：20.

的倾向。

在弗洛姆看来，人除了吃、喝、性等这些基本的生理需要之外，还有归属的需要、超越的需要、认同的需要、寻根的需要、献身的需要、兴奋和刺激的需要等，正是这些需求把人与动物区别开来。归属的需要是指与他人发生关联的需要，也即爱人与被爱的需要，这是人生存的必要条件。超越性需要是指在精神上表现出具有创造性的人格品质的需要。认同的需要是指需要知道自己是个什么样的人，如何不同于别人，以及如何保持自己的独立性。寻根的需要是指渴望与自然世界、母亲、亲人和社会保持接触。献身的需要指个人需要一个努力奋斗的方向和目标，能为之献身，以寄托生命的价值和意义。另外，人们还需要能引导他们积极解释世界和融入生活的刺激，以激发自己朝生活目标而努力。

弗洛姆相信，这些对性格起作用并成为行为动力的人所固有的需要，正是源于人的本性。人既受本能的动物性需要的驱使，也受着真正的人的需要的驱使。弗洛姆认为，促进人心理健康的做法应该是社会根据个体的基本需要来适应他们，而不是个体去适应社会。弗洛姆把人看成是意识、活动和价值的主体，而体现这一主体性的正是具有生产性的性格结构。心理健康的人是以创造性、生产性的方式满足心理需要；心理不健康的人则是以非生产性方式满足心理需要。生产性方式以独立、自主、爱和创造力为特征。非生产性方式表现为依赖、多疑、吝啬、迂腐、投机、自私、破坏、毁灭等。

弗洛姆指出，人们能够获得安全的制度只有两种：一种是权威主义；另一种是人本主义。但是，前者最终还是会使人受到压抑、挫折，只有后者才是较好的解决途径。弗洛姆的精神分析理论之所以被称为人本主义精神分析，还在于他把精神分析和人本主义结合起来，主张通过精神分析解除人性的压抑，缓解心理冲突，促进人性的潜能和价值的实现。而在弗洛姆看来，资本主义社会成了一台为追求最大利润的“大机器”，而人就像是大机器中的一个齿轮一样，人不再是自己的主人。弗洛姆认为，现代人精神危机的重要表现就是自我疏离、自我异化和对自由的逃避。具有疏离感的人同自己的内在世界失去了联系，无法同自己交流，感觉自己只能顺从于命运，听命于他人，似乎自己像一个无生命的物体那样，受着外力的摆布①。正是由于资本主义社会的不健全才造成了人的异化，为此，弗洛姆提出，只有对社会、经济、政治、文化等方面进行改革，才能消除人的异化问题。

（二）社会性格学说

弗洛姆关于社会性格的论述集中于《为自己的人》、《健全的社会》等书中。他把人的性格分为个人性格和社会性格。个人性格是个体身上由于个人的经验以

---

① 叶浩生. 西方心理学理论与流派［M］. 广州：广东高等教育出版社，2004：341.

及成长的社会环境的不同而造成的差异，它受先天因素和社会环境的影响。所谓社会性格即指在某一文化中，大多数人所共同拥有的性格结构的核心①。其功能是使社会成员形成一种按社会规范来思考和行动的能力，它的存在有助于稳定社会的观念形态。弗洛姆认为，社会性格是个人心理结构与社会经济结构相互作用的结果，而人的行为主要由他的社会性格那一部分所决定。

人性最基本的特征就是生产性，据此，弗洛姆把人的性格结构分为“生产性”和“非生产性”两种。所谓“非生产性”性格结构是指人的潜能未能得到真正发挥的性格结构。在弗洛姆的理论体系中，非生产性人格结构又分为：1. 接受型。这种性格结构的人把一切需求的满足都视为来自外部，在人际关系方面表现为屈从外部权威。2. 剥削型。这种性格结构的人把自己需求的满足建立在强迫、诈骗和剥削别人的基础上，他们的人性是扭曲的，是邪恶的代表。3. 囤积型。这种性格结构的人对自己的力量缺乏信心，对外部世界持保守的态度，不思进取，只想保存自己现有的一切，尽量把自己的东西囤积起来。4. 市场型。这种性格结构的人看不到自己内在的本质和潜能，在他们看来，人的本质和潜能是由市场决定的，自己只是可供销售的商品。这四种人格都是异化了的人的本质，在弗洛姆看来，这个问题不能归咎于这四种人，他们也是由社会环境塑造的。

具有“生产性”性格结构的人，他们把培育和发展自己的所有潜力作为人生的主要目标，通过发挥自己的潜力，创造新的世界，并实现自己的“超越”。弗洛姆将生产性性格具体化为两个方面：一是生产型的爱，这种爱不是支配式或占有式的。在弗洛姆看来，爱是对人类生存问题的解答，真正的爱植根于生产性之中，它必须包含对所爱对象的关心、责任、尊重和理解。二是生产型思维，即用自身所具有的理性力量充分发挥自己的主动性和创造性。现实社会中的每一个人都是生产性性格和非生产性性格的混合体，当生产性性格占主导地位时，一个人的非生产性性格所具有的否定意义也会变成一种建设性的力量；而当一个人的非生产性性格占主导地位时，这个人的人格就是不健全的。

（三）社会潜意识理论

弗洛姆把潜意识的概念由个体转向社会，提出了“社会潜意识”这一概念，这是他对精神分析潜意识理论最大的贡献。“社会性格”和“社会潜意识”这两个概念的提出，表明了弗洛姆研究的重心从个体转向了社会。他指出，历史上大多数社会都是少数人统治并剥削多数人，因此统治者必然会想方设法不让大多数人意识到现存社会的不合理，并把人们的怨恨情绪压抑下去。而所谓社会潜意识就是一个社会的大多数成员共同存在的被压抑的领域，由社会不允许其成员表现出来的思想、认识、态度和情感构成。也就是说，社会潜意识是社会要求其成员

---

① 弗洛姆. 健全的社会［M］. 孙恺详，译. 贵阳：贵州人民出版社，1994：62.

压抑的心理结构。弗洛姆认为，要达到解除潜意识压抑的目的，就要研究社会潜意识。因为在他看来，个体潜意识主要是由社会潜意识决定的，深层潜意识的内容可以追溯到社会生活和历史文化之中。

社会潜意识规范和支配着社会成员的心理和行为，符合社会需要的那些思想感情存留于意识之内，而其他不符合社会需要的思想感情则统统排斥于意识之外。所以，通过社会潜意识的制约作用，社会成员的言行举止也就符合了社会文化的要求。因此，要彻底认识一个人的潜意识及其作用机制，不但要揭示个人的潜意识，还要进一步揭示其社会潜意识。

在弗洛姆看来，精神分析不仅要帮神经症患者适应其所在的社会，还要让他们认识到自己理想中的标准与他作为人类完满地实现自身的目标之间可能是有矛盾的。弗洛姆相信，心理治疗不仅可以把人类从他们的个人历史中解脱出来，而且还能向他们显示，对心理的、情感的和灵魂的自由的全面的运用如何能够让他们在世界上也获得自由①。

四、评价

（一）贡献

1. 把精神分析引入社会历史领域，使精神分析和马克思主义相互补充

弗洛姆的学说融合了当代哲学、社会学、人类学、心理学和宗教等学科的思想成果，无论在人格理论、心理治疗还是在伦理学、宗教等方面都有独到见解。他的思想综合了弗洛伊德的精神分析理论和马克思的人本主义观点，在精神分析社会文化学派中可谓独树一帜。在弗洛姆看来，心理学既不能与哲学和伦理学相分离，也不能与社会学、经济学相脱节。弗洛姆所说的社会文化因素也不只是如霍妮所强调的家庭环境，他也不像霍妮那样泛泛而谈文化因素对人的影响，而是把对人的心理行为的研究扩展到社会对个人产生影响的层面上。无疑，把人本主义理念同精神分析结合起来是弗洛姆对精神分析的最大贡献。

2. 对资本主义进行了无情的批判

作为法兰克福学派的创始人之一，他的思想始终贯穿着批判精神。弗洛姆站在人本主义的立场上，揭露了资本主义的丑恶现象，他认为19世纪的资本主义在本质上是竞争的、囤积的、剥削的，造成人的苦难，造成对人性尊严的不尊重，而20世纪的资本主义社会人的异化现象更为严重，人变成了机器人，人们缺乏精神上的稳定与健全②。显然，其社会性格理论显示出了鲜明的批判现实社

① 班克特. 谈话疗法：东西方心理治疗的历史［M］. 李宏昀，沈梦蝶，译. 上海：上海社会科学院出版社，2006：197.

② 王元明. 论弗洛姆对现代西方社会的批判［J］. 天津师范大学学报（社会科学版），2006，3：6－10.

会的精神。

3. 扩展了精神分析关于人的研究范畴

弗洛姆肯定了弗洛伊德的贡献和历史功绩，宣传了精神分析学，还丰富了精神分析的主要概念，使精神分析的研究对象回到了真正意义上的人。精神分析到了弗洛姆这里，实现了研究重点从个体到社会的转向，弗洛姆是精神分析社会文化学派的集大成者，他创立了社会潜意识理论，发展了“社会批判”的人类学理论。弗洛姆以人性为基础的性格结构理论，拓展了人的性格存在的意义，通过社会性格把人的心理与社会的意识形态联系起来。弗洛姆还为精神分析社会心理学奠定了基础。他提出的社会性格、社会潜意识的概念凸显了社会心理对人类历史发展和社会成员的作用，开辟了人类学、社会学研究的新视角。

（二）局限

1. “心理革命”的空想性

弗洛姆批判资本主义是病态的、不合理的社会，但他却企图从超阶级的人道主义立场出发，提出借助于“社会治疗”以建立和谐的“健康社会”的方案①。弗洛姆认为，消除异化并不需要彻底的社会变革，只需要用治疗心理疾病的方法治疗社会，即对政治、经济、文化进行一场“心理革命”即可。显然，他把人格结构看做是联系经济基础和上层意识形态的纽带，把心理革命和社会革命等同起来。通过社会性格的改造来建立一个健全的社会，这只不过是弗洛姆的一个美好理想，实际上并不具有现实可行性。

2. 宣扬超阶级的人性论

虽然弗洛姆也注重社会、经济、文化等因素对人的心理的影响，但他仍从思辨、抽象、直观的人性论出发，得出“人的本质是人的存在的固有矛盾”的论点，所以他的学说并不能真正地“医治”现代资本主义社会的弊端。我们知道，人处在社会关系网中，要真正实现社会进步和人的解放，就必须从经济、政治、文化等社会关系入手，使先进的生产力、先进的文化发展方向成为社会的主导力量。

3. 抽象化和简单化了社会性格理论

弗洛姆并没有对社会性格的概念作出一个十分系统的阐述，在论述非生产性性格时使用了诸多不同的提法和分类，这在一定程度上引起了混淆。而且，弗洛姆仅仅把个体的社会化归结为人的行为的类型统一化、标准化，在他看来，社会无非是人的本性对社会结构的动态适应的结果。

困扰弗洛姆10年之久的一件事

在他12岁时见到的一件事对弗洛姆以后一生从事精神分析事业产生了非常

---

① 徐世京. 心理学家传略［M］. 上海：上海人民出版社，1986：84.

大的影响。那时候，弗洛姆家有一位朋友。这位朋友是个年轻漂亮的女子，既有女性特有的高贵气质，而且还是个画家，才貌双全。这位女子曾经订过婚，可不久就解除了婚约。她几乎一直陪伴着她那其貌不扬、毫无魅力且令人厌恶的父亲。可能也正是她想一直陪伴在父亲身边才立志不嫁。

这位女子的这些可谓是大胆而引人注目的行为在当时却并没有引起他人应有的注意，更谈不上有谁会产生兴趣去进行分析。然而不久以后令人震惊的事情发生了：这位女子的父亲死了，而她也跟着自杀了，并且留下遗嘱，希望能跟她的父亲合葬在一起。这件事对弗洛姆的影响实在是太大了，他当时既未听说过恋母情结，也从未听说过与恋母情结性质相同的女儿与父亲之间的乱伦之恋。然而，他急切地想知道发生的这一切的原因。多年以后他仍激动地回忆："一位年轻漂亮的姑娘怎么可能爱恋着她的父亲，以致她宁愿和她的父亲合葬在一起，也不愿意活着享受人生和绘画的快乐呢?"

一个12岁的孩子无力回答这样的问题。但这些神秘莫测的人类行为的奥秘却呼唤着他向精神分析走去。解释这些人类行为的动机的冲动在他的头脑中愈加清晰。他在与精神分析从互不知道彼此的地方出发，终于在10年后，也即在他22岁时相遇。当他开始接触到弗洛伊德的精神分析学说后，他马上找到了困扰了他10年的那个问题的答案。精神分析的博大精深、对千奇百怪的人类行为的令人信服的解释让他激动不已。而精神分析对人类行为背后的动机的深刻洞见以及对精神疾病的成功治疗更让他对精神分析产生了无穷的信心。他突然发现：自己的经历和兴趣与精神分析具有一种缘分。也许他注定就要成为一个精神分析学家。

【建议参考资料】

1. 埃里克森. 同一性：青少年与危机［M］. 孙名之，译. 杭州：浙江教育出版社，1998.

2. 班克特. 谈话疗法：东西方心理治疗的历史［M］. 李宏昀，沈梦蝶，译. 上海：上海社会科学院出版社，2006.

3. 丁建略. 论霍妮神经症理论的人本主义倾向［J］. 心理学探新，2008，1.

4. 弗洛姆. 为自己的人［M］. 孙依依，译. 北京：生活. 读书. 新知三联书店，1988.

5. 弗洛姆. 健全的社会［M］. 孙恺详，译. 贵阳：贵州人民出版社，1994.

6. 郭本禹. 百年历程：精神分析运动的整合逻辑［J］. 南京师大学报（社会科学版），2007，5：91－96.

7. 荷妮. 我们时代的病态人格［M］. 陈收，译. 北京：国际文化出版公司，2001.

8. 荷妮. 神经症与人的成长［M］. 陈收，译. 北京：国际文化出版公司，2001.

9. 沈德灿. 精神分析心理学［M］. 杭州：浙江教育出版社，2005.

10. 王元明. 论弗洛姆对现代西方社会的批判［J］. 天津师范大学学报（社会科学版），2006，3：6－10.

11. 徐世京. 心理学家传略［M］. 上海：上海人民出版社，1986.
12. 叶浩生. 西方心理学理论与流派［M］. 广州：广东高等教育出版社，2004.
13. 叶浩生. 心理学通史［M］. 北京：北京师范大学出版社，2006.

【问题与思考】

1. 如何理解埃里克森的生命周期理论及其对心理治疗的意义?
2. 你如何看待霍妮神经症理论的创新之处?
3. 弗洛姆的学说对潜意识理论有什么扩展?
4. 你认为，从古典精神分析学家到新精神分析学家，他们关于潜意识理论的不同之处与各自所处的社会历史环境有何内在的关联?

第五章　从心理到行为（上）

【本章提要】

本章主要阐述以下内容：1. 华生的方法论行为主义心理学，包括：（1）华生的生平。介绍华生作为行为主义创始者以及商界巨子的传奇经历。（2）华生的心理学科学观与方法论。华生认为心理学是一门纯粹的自然科学，应该以客观行为为研究对象，并使用客观的研究方法。（3）华生的具体心理学观点。介绍华生关于本能的动作流理论、关于情绪的遗传模式反应理论、思维的内隐语言学说以及人格的环境决定论。（4）对华生的评价。华生是行为主义的创建者及传播者，他促进了客观心理学的发展，并扩展了心理学的研究范围和应用领域。但他拒绝对意识的研究、将人性物化、造成了心理学研究动物学化的趋势。2. 托尔曼的目的认知主义行为主义心理学，包括：（1）托尔曼的生平。介绍托尔曼的成长经历与学术生涯。（2）托尔曼的心理学基本观点，以整体行为作为心理学研究对象，在行为与环境因素之间存在中介变量。（3）介绍托尔曼的符号学习理论，包括期待、位置学习和潜伏学习等观点。（4）对托尔曼的评价。托尔曼突破了早期行为主义的局限，为行为主义心理学的发展带来了转机，促进了心理学研究由行为向认知的转变，丰富了学习心理学的理论。但他依然排斥对意识的研究，没有建立完整而严密的理论体系，并且他以动物实验推论人类行为的研究方法降低了其理论效度。3. 赫尔的逻辑行为主义心理学，包括：（1）赫尔的生平。介绍赫尔坎坷的成长经历、艰辛的求学生涯以及主要的学术成就。（2）赫尔的心理学基本观点。赫尔认为心理学应该以有机体对环境的适应性行为作为研究对象，以假设演绎法作为研究方法。（3）介绍赫尔的逻辑行为主义心理学体系，具体包括行为学习理论、行为动力理论以及行为消退和抑制理论。（4）对赫尔的评价。赫尔创立了完全客观化、数量化的逻辑行为主义体系，吸引了大批的追随者，繁荣了心理学的实验研究。但他的理论体系过于繁琐复杂，让人难以理解，此外他以动物实验推论人类行为的研究方法具有机械主义和还原论的倾向。

【学习重点】

1. 了解行为主义心理学对心理学学科性质、研究对象、研究任务、研究方法的看法。

2. 掌握华生关于本能的动作流理论、情绪的遗传模式反应理论、思维的内隐语言学说以及人格的环境决定论。

3. 掌握托尔曼的符号学习理论，以及他关于期待、位置学习、潜伏学习的观点。

4. 掌握赫尔的行为学习理论、行为动力理论以及行为消退和抑制理论。

5. 正确评价冯特、铁钦纳的是非功过。

【重要术语】

行为主义　环境决定论　中介变量　符号学习　认知地图　位置学习　潜伏学习　假设演绎法　刺激痕迹　一级强化　二级强化　内驱力　行为消退

第一节　华生的方法论行为主义

心理学独立后的初期，面临着派别纷争和实践无能这两大发展障碍。在学术问题上，先是内容与意动心理学之争，接着是构造主义和机能主义的对立。而在应用领域，面对很多急需解决的社会问题，身居学院的意识心理学基本束手无策。到了20世纪初，在美国，几乎整个心理学界都对意识心理学产生了深深的不满。意识心理学的危机必然导致心理学开始从研究意识走向研究行为，而当时社会风行的机械唯物主义、实证主义和实用主义等哲学思想也催化了这种转向。心理学内部正酝酿着一场行为主义的革命，而这场革命最初的引发者是华生。

作为机能主义心理学家安吉尔的学生，华生顺应了心理学发展的时代潮流，他剔除了机能主义心理学的思辨残余，放弃意识而改之以行为作为心理学的研究对象，拒绝内省法而替之以自然科学的客观方法作为心理学研究方法，并将心理学的学科任务定位为对行为的预测和控制。这种行为主义思想适应了美国社会生活和生产实践的需要，因而它迅速席卷美国，受到众多心理学家的欢迎和拥护，成为最具影响力的心理学流派。可以说，华生的行为主义心理学是20世纪20年代美国心理学界最鲜明的旗帜。

一、生平

在20世纪初的美国心理学界，华生无疑是一名站在时代风口浪尖上的标志性人物。无论是他辉煌而又短暂的学术生涯、引发争议的桃色绯闻，还是他在商界取得的巨大成就，都富有传奇般的色彩。

约翰·布罗德斯·华生（John Broadus Watson，1878—1958）出生于美国南卡罗来纳州的一个村庄。母亲是一名虔诚和蔼的教徒，而父亲却是一名性情暴躁、声名狼藉的农场主。在他13岁的时候，父亲竟然为了另一个女人弃家出走。受父亲的影响，华生青年时代具有严重的暴力倾向，他甚至曾因种族暴力事件而被逮捕。中学时，华生因为自己的生活习惯和同学格格不入，经常受到嘲笑，学习成绩很差。幸运的是，由于他在大学面试中表现出色，因而得以进入伏尔曼大学学习。在这里，华生对哲学和心理学产生了浓厚的学习兴趣。毕业后，他去往芝加哥大学攻读心理学研究生，师从杜威（John Dewey，1859—1952）、安吉尔（James Angell，1869—1949）等著名学者。这期间，华生萌发了自己最初的行为主义思想，并以论文《动物的教育：白鼠的心理发展》获得心理学博士学位。之后留校任教，在随后的几年里，华生建立了最早的动物心理实验室，并完成了大量同动物学习行为有关的实验，这些实验为他日后的行为主义观点奠定了坚实的基础。

1908 年，华生受聘为霍布金斯大学教授职位，由于拥有先进的实验仪器和充足的研究经费等有利条件，华生的聪明才智得以发挥。他在探索如何对心理学进行更加客观化地研究中，逐渐形成了他的行为主义心理学。1913 年，华生发表了著名的《行为主义者心目中的心理学》，这篇文章常常被人称为“行为主义者宣言”，它标志着行为主义心理学的诞生。从此，心理学研究进入了行为主义的时代。一年以后，华生出版专著《行为：比较心理学导论》，系统地阐述了行为主义心理学体系。1915 年，如日中天的华生顺利地登上了美国心理学会主席的宝座。他以极端、彻底、清晰和体系化的方式推广行为主义，迅速吸引了大量年轻学者加入到他的阵营。凭借华生天才般的宣传方式，行为主义在短短的几年时间内就扫平了美国心理学界派别纷争的局面，成为了在接下来 40 年占统治地位的研究范式。

“一战”爆发期间，华生为军方服务，暂时中断了他的专业研究。1918 年，华生回到霍布金斯大学，之后出版了《行为主义的心理学》，该著作全面完整地表述了他的行为主义思想的研究方法与原则。同时，华生开始了对婴儿行为的研究，其中就有心理学史上最为著名的小阿尔伯特条件性恐惧实验。通过这个研究，华生向世人证明，恐惧症的形成是一种刺激和反应的连接，而与弗洛伊德所谓的童年创伤无关。

就在华生的学术生涯一步步走向巅峰的时候，已婚的他却身陷与自己的女助手雷纳相恋的丑闻事件，这完全违背了当时学术界的伦理道德。声名扫地的华生无奈之下投身商界，没多久他就将自己的行为主义心理学知识和广告推销术结合起来，取得了非常成功的业绩。在他刚刚离开学术界的前几年，华生还积极利用各种途径，宣传自己的行为主义思想。自 1930 年起，华生彻底中断了与学界的联系。几年之后，他心爱的妻子雷纳由于身患重疾英年早逝，遭此打击后华生一蹶不振，终日以酒相伴。1945 年华生从商界退休，在农场中度过了自己的晚年。

1957 年，在被学术界流放了 40 年之后，华生获得了美国心理学会授予他的一枚金质奖章，并将他的成果誉为“构成现代心理学形式和实质的重要决定因素之一”①，这几乎是一种至高无上的赞誉。次年，华生逝世，享年80岁。斯金纳在《纽约时报》上专门为他发表了讣闻，高度赞扬华生为心理学科学化所作出的贡献。毫无疑问，华生是在近半个世纪的时间中美国心理学界最激进的环境论者，也是行为主义最为重要的代言人。

二、科学观

（一）研究对象

华生认为，心理学必须放弃研究主观的意识和心理，代之以可观察的客观行为。在他看来，以往的心理学研究几乎等同于虚渺无凭的宗教哲学，导致这种局面的原因是因为其研究对象的意识具有复杂性和主观性的特点，无法准确定义与测量。要想使心理学归入自然科学的队列，必须完成研究对象从意识到行为的转向。他指出，人和动物所有行为的共同要素是刺激—反应，心理学研究行为就是要确定刺激和反应之间连接的规律。刺激是指可以引起机体反应的外界环境或是机体内部的状态变化；反应则是这些刺激作用于有机体而引起的机体变化，如肌肉收缩和腺体分泌。简单的有机体生理反应组合在一起就构成了复杂的行为，任何行为其本质都是一些物理化学变化引起另一些物理化学变化。一定的刺激必然引起一定的反应，而一定的反应也必然来自一定的刺激。在这样严格的决定论的描述下，心理活动成为了一种纯粹的客观化活动。

明确心理学的研究对象后，华生又对行为反应作出了不同的分类。根据反应是否能够直接观察，将其划分为外显反应和内隐反应；根据反应的发生是否习得，将其划分为习惯反应和遗传反应。两种不同划分方式的结合则产生了四种反应类型：1. 外显的习惯反应，指后天习得且表现于外的反应，如踢足球、游泳；2. 内隐的习惯反应，指后天习得的且无法直接观察、必须借助仪器或实验帮助才可以观察到的反应活动，如思考、无声阅读、体内分泌等；3. 外显的遗传反应，指不需要学习即会且表现于外的反应，如眨眼、哭泣以及愤怒、恐惧等情绪的外在表现；4. 内隐遗传学习，指不学即会且无法直接观察到的内部反应，如个体内分泌系统和循环系统的活动等。

（二）学科性质

在华生的名作《行为主义者眼中的心理学》中，他坦率地指出：“在行为主义者看来，心理学是自然科学的一个纯客观的实验分支……是自然科学中把人的活动和行为作为它的研究的对象的部门。”② 因而，在华生看来心理学是一门纯粹的自然科学。华生对传统的意识心理学持严厉的批判态度，他认为正是由于传

---

① 墨顿·亨特. 心理学的故事［M］. 李斯，王月瑞，译. 海口：海南出版社，1999：336.

② 叶浩生. 现代西方心理学流派［M］. 南京：江苏教育出版社，1994：74.

统的内省的实验方法和以意识为研究对象的研究原则，导致心理学达不到实证科学的标准和要求。他主张以客观的研究方法和研究对象取代感觉、意向、欲望等带有主观概念色彩的术语，使心理学具有同生物学、物理学、化学等一样的自然科学的性质和地位。

华生还认为，在自然科学的阵营中，行为主义心理学同生理学的关系最为密切。虽然二者都研究肌肉收缩和腺体分泌，但在问题归类上具有不同点，生理学热衷于分析有机体各种器官和组织系统本身的功能与运动规律，而行为主义的固有兴趣却在于探究有机体行为反应的各种机制，关注的是对行为的预测和控制。

（三）学科任务

在华生看来，心理学无疑是一门应用科学，其学科任务在于对人们的行为进行预测和控制。华生强烈斥责以往的心理学研究只关注对精神现象的基础理解，忽视了应用与实践问题。他主张心理学研究者应该抛弃思辨的传统，发展实用主义性质的心理科学。同时，华生作为一名极端的环境决定论者，他否认本能和遗传，而强调社会环境对人的塑造作用。在这种思想的指导下，行为主义也必须具有实用性。华生本人的一段著名言论，可以认为是其对行为主义实用价值的最佳注解：

“给我十个健康的婴儿，形体良好，并在我自己独特的世界里让他们长大，我可以保证把他们其中的任何一个人，训练成我可能选择的领域的专家——医生、律师、艺术家、商场巨贾甚至乞丐和强盗，而不管他的天才、倾向、能力、职业和他祖辈的种族是什么。”①

华生的小阿尔伯特恐惧症习得实验对临床医学具有很大的启发，而他在广告业的一番作为也带动了行为主义在商界的应用发展。在他的影响下，心理学在美国的应用范围和领域迅速扩展，从工厂到医院、从军队到学校，到处都是行为主义者的影子，以实用为目的的心理学逐渐占据了主导地位。

三、方法论

（一）哲学基础

作为自然科学的拥护者，华生本人是非常反对哲学的，他否认任何哲学思想对自己理论的影响作用。然而实际上，他的行为主义是以笛卡尔的机械唯物论、实用主义以及实证主义作为哲学基础的。

笛卡尔把动物看做一台机器，它有如一台自动机，接受刺激而产生动作。但笛卡尔认为人不同于动物，人是受精神支配的。华生也秉持关于人身体机制机械论的思想，并将其推向极端，认为人也是机器，受刺激—反应规律的制约。

① 杨鑫辉．心理学通史［M］．济南：山东教育出版社，2000：263－264.

美国的官方哲学——实用主义，也促使了行为主义的产生。实用主义强调立足于现实生活，把获得有应用价值的效果作为最高目的。华生将行为简化为刺激—反应模式，并以预测和控制人的行为作为心理学的学科任务，这正是实用主义哲学的具体体现。

此外，对华生的行为主义产生更大影响的是实证主义哲学。实证主义是法国哲学家孔德（Auguste Comte，1798—1857）首创的一种科学哲学。他倡导的实证精神，摒弃一切虚妄、无用、不精确的东西。在孔德看来，一切科学知识都必须建立在可以客观观察或实验验证的基础上，科学的任务就在于描述可观察的事物，并以此为依据寻找规律，达到预测和控制自然的目的。根据这个标准，依赖于个体意识的内省法得来的知识是不可靠的、非科学的。华生正是根据这一原则，放弃了不可观察的意识而以可观察的行为作为心理学研究对象，抛弃主观的内省法而改之以自然科学的客观方法作为心理学研究方法。正如黎黑（Thomas Hardy Leahey）所评价的："整个行为主义精神是实证主义的，甚至可以说行为主义乃是实证主义的心理学。"①

（二）具体方法

在研究方法问题上，华生认为传统的内省法仅仅能对自己的私有意识经验进行内省，而绝无法对他人进行内省观察，内省只会给心理学带来分歧与混乱。因此他坚决反对内省法，主张心理学研究必须使用客观的研究方法。当然，早在心理学问世以来，客观方法已日益成为心理学研究的重要特征，因而，华生并不是首创客观研究法，他的贡献在于对客观研究方法的强调与扩充。华生主张的客观方法主要包括以下四种：

1. 观察法：华生认为，观察法是科学研究中最基本的方法，是其他一切客观方法的基础。根据是否需要借助仪器，观察法可分为无帮助的观察和借助仪器的观察。无帮助的观察是指科学家不需要仪器的控制，在自然状态下对特定现象进行考察，记录下研究结果，推导出研究结论，之后再采用新的观察进行验证和核对。而借助仪器的观察，则是指在研究中利用示波器、测谎仪等特殊而精密的仪器对实验进行有效的控制，进而进行观察。华生指出，无帮助的观察只是一种较为简便和粗糙的方法，心理学若想更加精确地研究行为，则必须不断地对实验仪器进行改良。

2. 条件反射法：华生将生理学的条件反射实验引入到心理学研究中。条件反射的关键在于，用一个条件刺激取代另一个无条件刺激或条件刺激形成条件反射。通过条件反射，可以把行为分解为最基本的单元，即刺激—反应，这样就可以通过分析纯粹的客观反应差异，对人的复杂行为进行客观化研究。条件反射法

---

① 杨鑫辉. 心理学通史［M］. 济南：山东教育出版社，2000：244.

是华生行为主义最为重要的一种研究方法。

3．言语报告法：指被研究者觉察到自己身体内部的变化并对其进行口头报告。华生指出，心理学尚未有可以观察他人内部变化的合适方法，因此在部分上，可以也必须需要他人报告自己的内部变化。华生还强调，言语报告的内容只是被试体内的变化，而不是心理和意识活动，不同于内省。并且语言的本质也是一种客观的行为，因此言语报告法并不违背他的客观化的研究原则。不过华生严格限定了言语报告法的使用范围，将之限定在能够加以证实的情境中。

4．测验法：华生认为，测验法也是心理学中的一种研究方法。与其他心理学家不同的是，华生主张的测验法是不需要外部语言的测验，是一种对行为的测量，而不是对心理品质的度量；测验的目的并非是度量智力或人格，而是度量被试对测验刺激情景所作出的反应。

四、具体观点

华生除了对心理学的科学观和方法论等最基本问题进行阐释外，还提出了很多具体的心理学观点，主要包括关于本能的动作流理论、情绪的遗传模式反应理论、思维的内隐语言学说以及人格的环境决定论。这些观点共同构成了他的行为主义心理学理论体系。

（一）本能理论

华生在其研究的早期并不排斥本能这一概念。然而在 1924 年后，华生却开始完全否认本能的存在，他认为，虽然人类天生具有特定的形式和构造，但这只是构造的遗传，并不代表心理特质和机能的遗传。人们所讲的本能行为都可以归到学习或条件作用之中，就连呼吸、心跳、打喷嚏这些天生的非习得的行为，也并不是心理学家所谓的本能，而是胎儿生活所提供的复杂刺激所塑造的结果。

在这样的基础上，华生提出了自己的动作流理论。他认为，一切复杂的行为都是在各种简单反应基础上发展而来的。行为的发展过程正如一条河流，在发源时极其简单，以后分支逐渐增多，内容日益复杂。人类的全部行为都是自受精卵开始，在最初的、最简单的非习得动作的基础上经过条件作用而形成各种复杂的动作系统。其中一些非习得动作在很短的时期内便消失，如吸吮、非习得的抓握动作等；有些则在特定的时期才出现并保持较长时间，如眨眼、月经和射精等。

由于华生彻底排斥本能，认为人的行为模式完全是由环境塑造的，因此，他宣扬环境决定论和教育万能论。在华生看来，只要通过条件作用控制好外界刺激，就能塑造出各种符合要求的复杂行为。人们的全部行为差异都可以从个体身体结构和早期教育上的差异来解释。虽然华生完全否认遗传和本能的观点在今天看来是错误的，但是他的这种环境决定论在当时反对种族歧视、重视教育起到了一定的积极意义。

（二）情绪理论

在华生看来，每当刺激出现时，情绪反应的各个细节总会表现出一定的规律性和顺序性。因而，情绪是一种遗传的模式行为反应，它涉及整个身体机制，特别是内脏和腺体系统的变化。情绪反应和其他大多数的行为模式一样，无条件反射是建立其他情绪类条件反射的起点。华生通过对新生儿进行观察和实验研究指出，人天生只有很少的原始情绪，其他复杂的情绪都是在恐惧、愤怒和爱这三种先天性情绪的基础上，通过建立条件反射而逐渐形成的。

此外，由条件反射形成的条件性情绪反应具有扩散和迁移的作用。例如，在小阿尔伯特恐惧习得的实验中，当小阿尔伯特对白鼠形成条件恐惧后，相似的刺激物如白兔、皮外衣和刷子等都可以引起恐惧反应。而在条件刺激精确化的情况下，条件性情绪反应又可形成分化性条件情绪反应，如果每次严格地只对条件刺激白鼠予以敲击声来强化，则扩散作用就会逐渐消失，而只保留对白鼠的恐惧反应。华生还认为，已形成的不良条件性情绪反应可通过再条件作用或解除条件作用来消除。

（三）思维理论

中枢思维论认为思维只涉及大脑，是在没有肌肉运动的情况下发生的，很难观察和捕捉到。华生反对这种观点，在他看来，思维和语言习惯一样，是一种习惯的感官运动行为，是一种内隐的语言。它既可以是语言形式的思维，又可以表现为非语言形式的身体反应活动。

华生认为，语言形式的思维和言语一样，也是一种语言习惯，两者只是在表现形式和性质上有所不同。言语是一种外显的语言习惯，是出声的思维，是社会性的；语言形式的思维则是一种内隐的语言习惯，是无声的谈话，是个人性的。而且，华生认为，内隐的语言习惯是由外显的语言习惯逐渐演化而来的。儿童在思维时是自言自语，以后在大人和社会的要求下转为低声自语，最后发展为可以完全无声的思维。

非语言形式的思维则是通过肢体动作来代替词的功能。例如，聋哑人在说话时都是用肢体的运动来代替字的，他们的言语和思维都是以同样的肢体反应进行的。甚至正常人也并非总是用词来进行思维的，当个体在思维的时候，他不仅发生着潜伏的语言活动，而且还在发生着潜伏的肢体活动和潜伏的内脏活动。当后面两种活动占优势时，就成为了没有语言形式的思维。

（四）人格理论

华生认为，人格乃是一切动作的总和，是各种习惯系统的最终产物。人格是在环境的影响下形成的，所有人的素质在出生时都是相同的，但由于生活环境和所受教育的不同，从而形成了各异的习惯系统，如宗教习惯系统、婚姻习惯系统、私人习惯系统等。根据一个人占优势的习惯系统，就可以明确划分一个人的人格类型和人格特征。

华生指出，人的一生中，幼年和少年时的生活环境对习惯系统的影响最大，是人格发展变化最快的时期。一般十三四岁以后，习惯系统就基本确立，除非遭受强烈的刺激，否则人格很难改变。重塑人格的唯一方法就是改变一个人的环境，使他在新的环境中不得不养成新的习惯系统，环境改变的程度越大，则人格改变的程度就越明显。

五、评价

（一）贡献

1. 华生建立并促进了客观心理学的发展

华生坚持心理学应使用客观化的研究方法，并坚决主张以可观察和可控制的人和动物的行为作为研究对象，使心理学完成了由主观范式到客观范式的转变。虽然在华生之前，就有冯特、韦伯等一些心理学家力主使心理学成为一门独立的学科，然而心理学在某种程度上依然是哲学的附庸。通过华生的努力，在心理学研究领域，客观的行为研究代替了主观的意识内省，哲学思辨式的玄想和神秘繁琐的唯心主义被清除出了心理学的阵营。以条件反射为主的客观化的研究方法，使得不同的科学家可以相互交流经验和验证研究结论，大大地加强了心理学的科学性，心理学开始在自然科学界占有一席之地。

2. 华生扩展了心理学的研究领域

行为主义促使动物心理学、儿童心理学、实验心理学和学习心理学获得了极大的发展，拓展了心理学基础研究的领域。对于动物心理学来说，由于行为主义将意识排除在心理学的研究领域之外，而将行为置于心理学的中心地位，因而，就将动物和人放在了同一个研究层面，使动物心理学在心理学中取得了应有的合法地位。对于儿童心理学同样如此，由于儿童理解与表达能力的局限性，主观的内省方法难以应用于对儿童的研究，而客观的行为观察和实验更适用于儿童心理的研究，在华生的影响下，儿童心理学得以迅速发展。同时，由于华生力主在心理学研究中保持客观性原则，以刺激—反应模式和条件反射来解释说明人的行为，因而对实验心理学和学习心理学的发展也作出了突出的贡献。

3. 华生的行为主义促进了心理学的社会应用与实践

传统的意识心理学并不重视心理学的应用问题。在构造心理学看来，心理学是一门纯科学，不涉及应用的问题，而机能主义虽然也强调应用，但是其理论局限限制了心理学的应用范围。而华生的行为主义则以预测和控制人的行为作为心理学的根本任务，他全面否认本能和遗传，强调社会环境对人行为的塑造作用。在华生的理论观点的影响下，行为矫正、行为治疗、学习心理学等应用学科获得了很快的发展，广告心理学、法律心理学、药物心理学等应用学科日益兴盛。心理学开始在学校、医院、军队、工厂和监狱等场所都获得广泛的应用，通过华生等行为主义者的努力，心理学和社会生活紧密联系起来，成为了一门实用学科。

（二）局限

1．华生的行为主义只研究行为而忽视心理，具有很大的狭隘性

华生鉴于传统意识心理学的种种弊端，竭力主张研究对象和研究方法客观性的原则。但是他矫枉过正，走上了完全否认排斥意识和心理的道路，这样的极端思想又限制了心理学的发展，犯了客观主义的错误。华生把意识和心理归结为可观察的行为，又把行为归结为刺激和反应，无论多么复杂的刺激和反应，最终都可以分析为物理和化学的变化，这种单一、低级的描述和解释，忽视了人类心理的复杂性，陷入了机械还原论的泥潭。同时，华生否认生理和遗传对心理的作用，在他看来，人就是一架被动的刺激—反应机器，只要给予适当的环境刺激就可以塑造出相应的行为。这种极端的环境决定论的思想，抹杀了人的主体性因素的作用，是一种严重的将人物化的错误倾向。心理学是关于心理现象的学科，行为主义却将意识、情感、意志这些心理过程排除在心理学的研究范围之外，成为了没有意识和心理的心理学。

2．行为主义具有严重的将人性动物学化的倾向

华生作为一个动物心理学家，动物心理学的研究方式和方法对他创立行为主义产生了重要的影响。他将动物心理研究中的吝啬律贯彻到行为主义心理学中，尽量使用刺激、反应、感应来描绘人的行为，而很少使用意识、心理解释人的心理。同时，他以对动物行为的研究取代了对人的行为研究，将动物实验中发现的活动规律推广至人类身上，忽视了人类的特殊性。之后的行为主义者也继承了这一特点，造就了心理学研究中动物学化的趋势。

3．华生强调实证而排斥理论，加重了心理学的分裂与破碎

华生的行为主义心理学以客观性作为研究原则，凡是不符合客观性标准的都予以排斥，因而，理论研究也被排斥在心理学之外。在行为主义者看来，理论研究具有很强的主观性色彩，他们所推崇的是实证研究。由于实证研究的局限性，每个从事实证研究的心理学家都沉溺在自己的狭小研究领域，得到一些破碎的关于心理现象的客观数据，然而，由于缺乏统一的理论框架，这些研究结果无法进行沟通、交流和整合。因而，行为主义的实证崇拜在很大程度上加重了西方心理学支离破碎的局面。

第二节　托尔曼的目的认知行为主义

行为主义自问世以来，受到众多心理学家的欢迎和拥护。然而，早期的行为主义观点具有粗糙、过激、极端的理论缺陷。进入20世纪30年代后，它的那种无视有机体内部因素、将复杂心理现象简单化的倾向开始受到心理学家的强烈批

评。一些行为主义者在试图坚持行为主义原则的基础上，对早期行为主义进行了改造和弥补，其具体表现就是新行为主义。托尔曼正是新行为主义阵营中最有代表性的一位，他提出了符号学习理论，主张对整体行为进行分析，他的理论和思想在一定程度上克服了早期行为主义的机械性。此外，他的观点对现代认知心理学产生了重要影响，被称为认知心理学的开山鼻祖。

一、生平

爱德华·柴斯·托尔曼（Edward Chase Tolman，1886—1959）出生于美国马萨诸塞州的牛顿城。由于家庭经济条件较好，托尔曼自幼就在上等学府接受了良好的教育，再加上他天资聪颖，中学毕业后，顺利考入了美国著名的麻省理工学院。在大学期间，托尔曼所学的专业为电子工程，但是他对电子技术其实并没有多大兴趣。后来，他偶然间阅读了詹姆士的名作《心理学原理》，被心理学所吸引，于是决定放弃理化而转向学习心理学与哲学。1911 年，托尔曼进入哈佛大学成为了一名心理系研究生。他的导师是工程心理学的创始人芒斯特伯格（Hugo Munsterberg，1863—1916）。受其影响，托尔曼也比较关注心理学的应用实践问题。他在学习实验心理学的过程中产生了很大的困惑，他发现，当时实验心理学所教授的内省实验法在心理学的研究中很少得到应用。托尔曼开始怀疑，内省法或许并非真的是心理学研究中必不可少的方法。恰在此时，他阅读了华生的著作《行为：比较心理学导论》，华生对内省法的批评及其行为主义的科学观震撼了托尔曼，他接受了华生的观点，认为行为主义才是心理学的正确道路，因而将自己的兴趣转向了行为主义心理学。

在攻读博士研究生期间，托尔曼曾赴德国留学，在那里，他接受了格式塔心理学家考夫卡（Kurt Koffka，1886—1941）的指导，格式塔心理学给托尔曼很深的印象，托尔曼后来承认他的理论观点在很多方面受到了格式塔心理学的影响。1915 年，托尔曼获得了博士学位，之后去西北大学任教，三年后，又转到加州大学伯克利分校任比较心理学教授。1922 年发表了《行为主义的新准则》这篇论文，首次提出了自己的心理学观点。1923 年，托尔曼再度去德国学习格式塔心理学，对拓扑心理学的创始人勒温的思想产生了浓厚的兴趣。1932 年，托尔曼出版了《动物和人类的目的性行为》，正式提出了其目的认知行为主义理论体系。1950 年，托尔曼赴哈佛大学任教，1953 年又转至芝加哥大学任教。1959 年去世，享年 73 岁。

托尔曼在 1937 年时曾担任美国心理学会主席，1953 年任该会普通心理学学会主席，1957 年获得美国心理学会杰出科学贡献奖，并曾任第 14 届国际心理科学联合会主席。其主要著作有：《目的与认知：动物学习的决定者》（1923）、《行为主义和目的》（1925）、《符号格式塔，还是反射?》（1933）、《战争的内驱力》（1942）、《需要的性质和机能作用》（1949）、《托尔曼自传》（1952）等。

二、哲学基础

在20世纪20年代末，早期行为主义由于自身存在的缺陷已走到了发展的尽头，只有修正和改良后的行为主义才有进一步发展的可能。与此同时，逻辑实证主义和操作主义哲学在美国盛行，这为新行为主义者们的理论构建提供了必要的思想基础。托尔曼的目的行为主义心理学之所以能得以创立，自然也受到了这种哲学风气的影响。

逻辑实证主义是实证主义的第三代，与早期的实证主义一样，逻辑实证主义也强调经验验证原则，即任何知识或概念只有能被经验证实才是有意义的。但是在对经验验证的理解上，逻辑实证主义者修改了早期实证主义的观点。他们认为，如果一个命题不能直接证实，但可以借助已获得证实的命题和逻辑推理进行间接证实，那么也是可以接受的。早期行为主义者就是以不能直接证实为借口，而放弃对有机体内部因素的研究。逻辑实证主义的观点则使新行为主义者研究介于刺激和反应间的“中介变量”变得更加合理化。

操作主义的兴起也是新行为主义产生的重要原因。操作主义以“操作”的方式定义概念（如长度的概念来自于距离的测量），任何无法以操作表达的概念都是无意义的，反之就具有科学价值。引申到心理学中，像意识、灵魂这种无法以操作表达的概念，就是虚假的、无意义的。而像期待、目的、智力这样的概念，虽然无法直接观察，但可以通过量表分数等方法以操作定义表达，因而在研究中是可以接受的。操作主义为新行为主义者研究有机体内部因素提供了一种合理的方式。托尔曼、赫尔以及他们之后的斯金纳等新行为主义者都不同程度地受到了这一思想的影响。

三、基本的心理学观点

（一）研究对象

托尔曼的目的认知行为主义也以行为作为研究对象。但他认为，早期行为主义者将行为看做是肌肉收缩和腺体反应的观点忽视了行为的整体特性，研究的只是分子行为，这种分子行为应该是生理学的研究对象。当心理学家研究行为时，其目的不在于了解行为的感觉神经、生理运动基础，而在于探究行为的本质特性。心理学应该研究具有目的性和认知性的整体行为，如白鼠跑迷宫、踢足球等。

托尔曼认为，整体行为具有三个特征：第一，整体行为总是指向或离开某一特定目标对象。例如，白鼠跑迷宫，其最重要的特点是它趋向食物，食物是白鼠跑迷宫的目标对象。再如，猫打开笼门的行为，它的特点就是离开笼子的禁闭，或者趋向笼外的自由。每一整体行为都有这一特性。

第二，为了实现一定的目标对象，整体行为总是选择特定的途径和方式作为达到目标的手段。例如，老鼠要逃脱迷宫，必须要选择某一通道。为了考入大学，学生总是要选择一定的学习内容，安排一定的学习计划。

第三，为了实现一定的目标对象，整体行为所选择的途径和方式会遵循最小努力原则，即总是选择较短的路途或较容易的手段。例如，白鼠在逃脱迷宫时有两条或者两条以上的途径可以选择时，它总是选择在时间和距离上都较短的途径。

上述三个特征说明行为是具有目的性的，并且，如果有机体对整个情境所充满的途径、方式和障碍缺乏一定的认知，它就不可能选择出最方便的路径。这就说明，整体行为还具有认知性。然而，类似于"认知"、"目的"这样的概念似乎违反行为主义心理学的研究原则。托尔曼对此作出了解释："行为中固有的目的和认知，在定义上是完全客观的，这些目的和认知是我们在观察行为时得到的特性和关系来确定其含义的"。① 因此，实际上托尔曼并不认为他所提出的目的和认知是主观的东西，恰恰相反，整体行为的目的性和认知性是完全客观的、符合行为主义原则的。

（二）中介变量

在确定以整体行为作为研究对象后，托尔曼还指出，华生所提出的关于行为的刺激—反应公式过于单一简单，无益于解释人类行为的复杂性，无法说明为什么相同的刺激会引发不同的反应。他认为，影响行为的因素，除了外在环境变量（如目标对象的适应性、刺激物的类型及反应方式等）和个体差异变量（如年龄、遗传特征、特定的生理状态等）外，还包括中介变量的存在。

所谓中介变量，是指介于环境变量和行为之间的各种因素。这些因素虽然不能被直接观察到，但却可以根据引起行为的先行条件及最终的行为结果推断出来。就某种意义上来说，个体差异变量也介于环境和行为之间，因此也可以称为中介变量。但是托尔曼并未把个体差异变量放入中介变量的范围，他认为，正是环境变量和个体差异变量之间的相互作用导致了中介变量的产生。例如，目标对象的适应性与个体差异变量的结合导致了有机体的某种欲望的产生，而欲望作为一种中介因素又影响了行为。不同的环境变量与人们的个体差异变量相结合，就产生了不同的中介变量，最终对行为产生影响。另外，托尔曼是以量化的要求给中介变量下定义的，如以动物被剥夺食物时间的长短来定义饥饿。因此，在他看来，中介变量也是符合行为主义客观性原则的。

---

① 叶浩生. 现代西方心理学理论与流派［M］. 广州：广东教育出版社，2004：176.

四、具体观点

托尔曼否定了早期行为主义关于行为学习的观点，认为学习不是有机体简单地在一定刺激作用下习得某种反应模式。他提出了符号学习理论来说明学习的过程。符号代表着周围环境，学习其实就是习得达到目的的符号及其意义。有机体通过学习，对周围环境和目标位置产生认识，并获得达到目标的手段和途径的知识，犹如获得一幅“认知地图”。为了证明自己的学习理论，托尔曼提出了期待、位置学习和潜伏学习等概念来进行说明。

（一）期待

期待是有机体对未来事件的假设或推测，是学习的准备阶段，有机体会通过学习形成对目标物意义的知识或信念。根据引发期待的情境和条件的不同，可以将期待分为三种类型：记忆性期待、感知性期待和推理性期待。

记忆性期待，指有机体因以往的经验而形成的对当前某一事件的预测或假设。托尔曼借助白鼠走迷津的实验来证明自己的观点。在实验的前期，实验者安排干渴的白鼠在迷津中寻找水源，当白鼠形成习惯后，又安排这些白鼠在饥饿的状态下走迷津，并将出口处的水换成食物，此时白鼠走迷津所用的时间又显著上升。这说明，白鼠在前期的学习中对“水”形成了记忆性期待，白鼠走迷津的行为在一定程度上是受这种期待调节的，当白鼠需要的是食物而不再是水源时，便与这种期待产生了矛盾，白鼠的行为就发生了紊乱。

感知性期待，指由当前目标物的直接刺激而引起的预测和假设。托尔曼引用猴子择食的实验来说明感知性期待。实验者首先在猴子的注视下将香蕉放进两个容器中的一个，过后再让猴子走进实验室，看它是否选择有食物的容器。在后续的实验中，实验者在猴子和容器之间设置屏障，并以其他食物来代替香蕉，结果猴子表现出行为紊乱。这说明当前的操作与期待不符，猴子在先前的实验中形成了对香蕉的感知性期待。

推理性期待，指利用现在的刺激和以往经验的综合而对未来事件进行的预测和假设。在动物学习实验中，当推测的结果与行为的现实结果不一致时，也会导致动物行为的紊乱。

对三种期待的研究都表明，动物在达到目标之前对于目标已有一种预测或信念。这种现象否定了简单的刺激—反应模式，证明了符号学习理论的正确性。

（二）位置学习

托尔曼认为学习在本质上是位置学习，有机体在学习过程中不仅习得目的物的意义，还能够获得刺激情境的意义，形成关于情境的认知地图。他设计了一个实验来证明这种观点。

如图 5 - 1 所示，他把白鼠分为反应学习组和位置学习组。反应学习组从 S_1 或 S_2 出发，但都得在 C 处向右转，才能到达食物所在的位置 F_1 或 F_2；而位置学

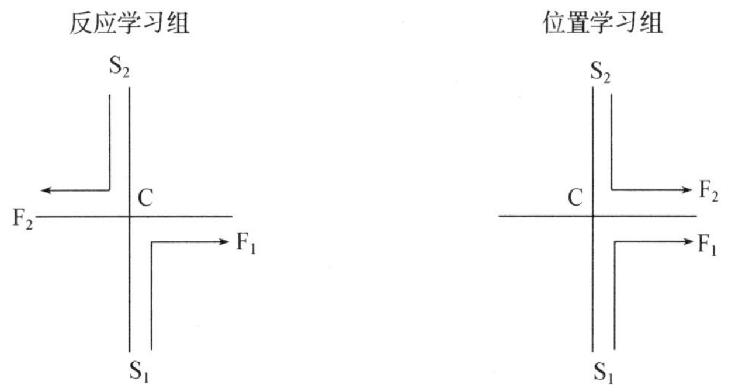

图 5-1 白鼠的位置学习实验的迷津设计

习组若从 S_1 出发，就必须在 C 处向右转，才能到达食物所在的位置 F_1；如果从 S_2 出发，则必须向左转，才能到达食物所在的位置 F_2。结果发现，位置学习组的老鼠在八次内全部学会怎样寻找食物，而反应学习组的老鼠大多数经过七十多次尝试也未能学会，说明位置学习比反应学习更为迅速且有效。托尔曼认为，实验证明了学习者并非通过尝试错误来学习，而是根据对情境的认知，在头脑中形成认知地图，了解目标物所在，从而改变其行为，以适应环境的要求。

（三）潜伏学习

潜伏学习是指未表现在外显行为上的学习。托尔曼认为，符号学习可以在没有强化的条件下进行，只不过在无强化的条件下，学习的效果并未明确显示，处于潜伏状态。一旦受到强化具备了行为动机，学习结果就可通过操作明显地表现出来。对此，托尔曼用实验予以说明。

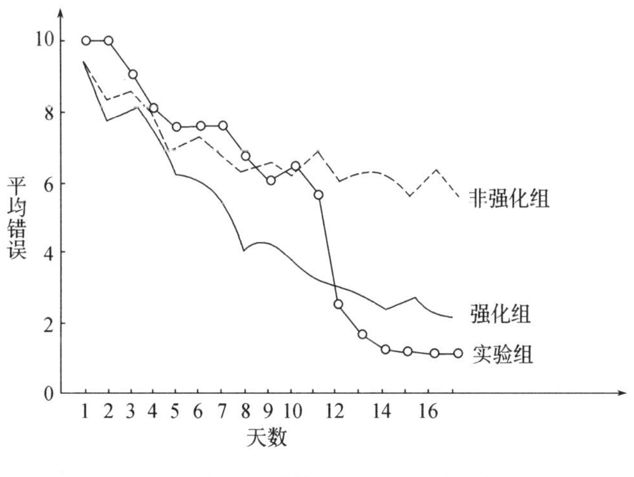

图 5-2 白鼠的潜伏学习实验的实验结果

如图 5 -2 所示，实验者将白鼠分成三组走迷津，一组为非强化组，这组白鼠无论在何种情况下都没有得到过食物的强化；另一组为强化组，这组白鼠总是得到强化；第三组为实验组，这组白鼠在前 10 天不给予强化，从第 11 天开始才受到强化。实验发现，在最初的 10 天，强化组白鼠走迷津的犯错率下降得最快，但从 11 天开始，实验组白鼠走迷津的犯错率开始快速降低，并很快达到了同强化组一样的水平。托尔曼分析认为，实验组白鼠在前 10 天没有受到食物强化时，依然学习了迷津的空间关系，形成了认知地图，只不过没有外在表现。一经过食物强化，就促使学习结果从潜伏状态表现出来。

五、评价

（一）贡献

1．促进了行为主义心理学的进一步发展

托尔曼在坚持行为主义基本原则和立场的基础上，又不拘泥于早期行为主义的限制。他强调对整体行为的研究，在一定程度上克服了早期行为主义的还原论倾向。另外他以“中介变量”的概念解释有机体内部的心理过程，填补了行为主义心理学研究中情境与行为之间的空白。在人们对早期行为主义日益不满的情况下，托尔曼的理论观点为同时代的心理学家广为接纳和吸收，为行为主义的发展提供了转机。

2．对认知心理学产生了重要影响

托尔曼的目的认知行为主义推动了心理学研究由行为主义向认知主义的发展和过渡，他以客观的方法探索内部的认知过程，开创了认知心理学研究的先河。其理论体系中关于认知的观点为现代认知心理学所吸收，人们将托尔曼看做是认知心理学的鼻祖。

3．丰富了学习心理学的研究手段和研究内容

托尔曼通过一系列设计精巧的动物实验为学习心理学的研究展示了新的方法；他对位置学习和潜伏学习的论证为学习心理研究带来了新的重要课题；同时，他对学习过程中知觉和动机作用的强调，也促进和加深了人们对学习的认识和理解。因而，托尔曼的符号学习理论对学习心理学的发展作出了重要贡献。

（二）局限

1．缺乏系统而严密的理论体系

托尔曼虽然提出了中介变量的概念，但他依然强烈反对把意识作为心理学的研究对象，因而本质上尚未摆脱客观主义和机械主义的错误倾向。此外，他对很多概念没有进行明确的定义，其理论过于凌乱和琐碎，没有发展成为一种完全整合的理论体系。正因为如此，他的理论很快即被赫尔的逻辑行为主义体系所取代，直到认知心理学开始兴起，人们才重新认识到他的理论的价值。

2. 理论的解释效度受到质疑

托尔曼虽然提出了有机体内部的认知问题，但没有把行为恰当地与有机体的内隐机能联系起来，因而无法对行为进行更为有效的解释。此外，他的学习理论全部是建立在白鼠实验的基础上，这种将动物实验的研究结论推广到人类的研究方式忽视了人和动物之间的本质差异，缺乏足够的科学性，因此受到人们的质疑。

第三节 赫尔的逻辑行为主义

与早期行为主义相比，新行为主义具有一大特色：它形成了各种不同类型的理论体系和学派，而没有一个中心的代表人物。尽管这些新体系在基本观点、概念体系、术语名称等方面各不相同，但其行为主义心理学的基本立场却是一致的：它们都以逻辑实证主义为共同的哲学基础，强调在刺激和反应之间存在某种中介变量，并且大都以学习过程为主要研究课题，发展出了各具特色的学习理论。在新行为主义的阵营中，除托尔曼外，赫尔也是一位很有影响力的学者，他以假设演绎的方法，试图创立完全客观化、数量化的心理学，他的逻辑行为主义心理学在20世纪40年代的心理学界风靡一时，占据了统治地位。

一、生平

克拉克·雷纳德·赫尔（Clark Leonard Hull，1884—1952）出生在美国纽约州阿克伦的农场中。童年时期赫尔生活十分艰辛，他就读于当地的乡村小学，由于家境贫困，每当农忙时不得不辍学回家帮忙做农活。再加上他体质很差，视力不好，所以几次中断正规教育。17岁时，赫尔开始在一所小学任教，不甘平凡的他于一年后弃职求学。经过努力，赫尔于1904年考入阿尔玛大学，此时他对数学表现出浓厚兴趣，曾试图运用几何学的方法去推论某些科学命题。大学毕业前夕，赫尔因食物中毒身体严重受损，持续的高烧使他得了健忘症，更加不幸的是他因为这次生病瘸了一条腿。面临众多困难和不幸，赫尔依然锲而不舍地追求学业，他在养病期间仍坚持对数学、物理、化学等课程的学习。

从阿尔玛大学毕业后，赫尔又进入了密西根大学。这期间他阅读了詹姆士的名著《心理学原理》，对心理学产生了研究兴趣。此外，由于心理学不涉及太重的体力活动，是他的身体状况可以承受的。因而，赫尔认为心理学比较符合他的事业定位，他决定选择心理学研究作为自己的生命之路。1914年，赫尔进入威斯康星大学攻读博士研究生。在这段时间，他潜心钻研，完成了大量实验，1918年，他以《关于概念演化的实验研究》的论文获得哲学博士学位。毕业后赫尔留校任教，在任教的10年期间，他的研究兴趣相当广泛，主要包括概念形成、性向测验、烟草对行为效应的影响、催眠与受暗示等问题，发表和出版了许多论文与专著。

赫尔学术生涯的转折点发生在1927年。此前，他曾接触了华生的行为主义心理学，但对其简单和武断表示不满，同时，他也听过格式塔心理学家考夫卡的讲学，却也不能同意他的观点。1927年，赫尔首次阅读了巴甫洛夫的《条件反射》一书，立即对学习行为和条件反射问题发生了浓厚的兴趣。他在华生之后，“逐渐转向一种新行为主义，一种主要从事确定数量法则和演绎体系的行为主义”①。

1929年，耶鲁大学人际关系研究所聘请赫尔担任研究教授，在赫尔申请攻读博士研究生时，耶鲁大学曾拒绝了他的申请，然而十几年后，赫尔凭借自己的不懈努力最终获得了耶鲁大学的垂青。在耶鲁期间，赫尔希望建立一个“理论心理学”，按照机械的定律来解释人类的目的性行为，他以前所未有的热情和精力全身心地投入到假设演绎行为主义心理学的研究中。在这里赫尔以自己的卓越成就和人格感召力吸引和培养了一大批同事、追随者和学生。著名心理学家彭斯、米勒、吉布森等人都是他的学生。1952年，赫尔去世，终年68岁。

纵观赫尔的一生，虽然充满坎坷、饱受折磨，但他凭着自己的勤奋和努力取得了巨大成就。20世纪40年代赫尔所在的耶鲁大学成为学习理论研究的中心。50年代期间，他的理论几乎统治了心理研究的文献。赫尔曾在1935年当选为美国心理学会主席，1945年获美国实验心理学协会的华伦奖章。他的主要论文和著作有《催眠与受暗示性》（1933）、《心理、机制和适应性行为》（1937）、《机械学习的数学演绎论：科学方法论研究》（1940）、《行为的原理：行为理论导论》（1943）、《行为纲要》（1951）、《一种行为系统：关于有机体的行为导论》（1952）等。

二、研究对象

赫尔认为，心理学应该研究有机体对环境的适应性行为。他指出，人类的大部分行为都是有机体与环境相互作用的结果。环境所提供的刺激变量和有机体所提供的行为反应都是客观的、可以直接观察测量的；而影响反应发生的有机体内部因素虽然无法直接观察和测量，但研究者可以设想一些中介变量，通过中介变量使这些内部因素与外界刺激变量和反应变量紧密相连，这样就能够以数量化和客观化的方法研究它们。正因为如此，心理学应该以有机体的适应性行为作为研究对象。

在赫尔看来，有机体适应行为的普遍规律包括两类不同性质的刺激—反应的联结。一类是神经组织中固有的、非习得性的刺激与反应的联结，如食物与唾液

---

① 张厚璨．行为主义心理学［M］．台北：东华书局，1997：242．

分泌之间的联系；另一类是自主获得的、通过学习而获得的刺激与反应之间的联结，如复杂的肢体动作。心理学主要是研究后一种通过学习而获得的联结。

三、方法论

赫尔以假设演绎法作为其心理学的方法论。他认为，以往心理学研究正是由于未能遵循最科学的方法论，因而无法得出有价值的、公认的科学结论。而假设演绎法则是“明白无误的拯救方法”①。以假设演绎法建立的科学理论体系具有三个主要特征：第一，必须有一套表述清晰的公设，并对所采用的重要术语和概念有具体明确的操作性定义；第二，从这些公设出发，用最严格的逻辑演绎出一系列相互联系的定理，这些定理要能够反映和解释有关领域重要的具体现象；第三，定理的表述必须在细节上与有关学科所观察到的已知事实相一致，这样才能证明该定理为真，否则此定理为伪，是没有科学意义的。

赫尔在构建逻辑行为主义体系原理时，正是遵循了这三个主要特征，从他的理论体系中可以看到假设演绎法的研究轨迹。他选择了一些最基本的理论命题作为公设，又定义了一些概念和术语，然后从中严格地演绎出一系列详细的定理，最后设计严格控制的实验来检验这些定理。如果有关定理不能被实验证实，那他就进行相应的修改，直至它被证实为止，否则就推翻该定理。

四、具体观点

在赫尔看来，心理学无疑是一门客观精确的自然科学。他以科学的客观性和数量化作为指导思想，以数学和逻辑演绎方法为工具，通过控制严密的实验来研究行为。为了对行为进行精确的数量化描述，赫尔提出了大量的假设和副律，整个逻辑行为主义体系是由十几条公设及由此推出的一百多条定义和副律组成的，因而赫尔的心理学体系具有庞大复杂的特点。此外，在他研究生涯的后期，赫尔又不断对这些定律进行修正，很多重要的理论都前后矛盾。在此，我们则选取赫尔关于行为的最重要的学说进行简要阐述。

（一）刺激痕迹

赫尔认为传统的刺激—反应公式太过于简单，他补充了刺激痕迹这一概念来说明行为产生的过程。所谓的刺激痕迹是指，当作用于有机体的外界刺激消失后，并不会马上停止，而是持续一段时间，正是这种持续作用导致了运动神经冲动，继而最终导致外在的行为。在这种理论的基础上，赫尔有了不同于传统行为公式 S—R 的另一种行为公式 S—s—r—R，S 为环境刺激，s 为刺激痕迹，r 为运动神经冲动，R 为外部反应。通过这样的修改和补充，赫尔为行为主义接纳和研

---

① 张厚璨．行为主义心理学［M］．台北：东华书局，1997：246.

究意识打开了一条通道。但是实际上刺激痕迹和运动神经冲动只是生理功能的一部分，仍然不能代表心理和意识的作用。

此外，赫尔还提出了刺激的复杂性。赫尔认为，引发行为的刺激极少是单个的，通常是多个刺激集合成一组刺激起综合作用。只有认识到刺激的复杂作用，才能更加精确地说明和预测行为。

（二）行为学习理论

赫尔学习理论的核心观点为：学习就是在强化的条件下刺激与反应的接近，接近和强化是行为建立的基本条件。赫尔认为，刺激与反应因接近而联结。如果刺激引发的反应可以导致有机体某种生物内驱力的降低，则可以增强刺激与反应之间的联结，这就是强化。在这基础上，赫尔又提出了习惯力量这一概念。所谓习惯力量是指刺激与反应之间联结的强度和持续性，也就是某一刺激能唤起的某一反应的趋向。习惯力量随强化而发展，强化次数越多，质量越高，刺激与反应之间的联结就会更加巩固。没有强化，行为不可能建立。赫尔还指出，早期的强化对学习的影响最大，以后的效果会越来越小，当达到一定限度后，强化对刺激—反应的联结将几乎不再有任何影响。

根据这一假设，赫尔又将强化分为两类：一级强化与二级强化。一级强化是指降低有机体生物内驱力的过程，相应的强化物被称为一级强化物，一般是一些和生物需要有直接关系的物质，如食品、水等，它们能迅速发生强化作用，满足有机体的生物需要。二级强化是指经由学习获得的强化作用的过程，相应的强化物被称为二级强化物，二级强化物本身是一些中性刺激，如灯光、铃声等，由于经常和一级强化物发生联系，因而具有了同一级强化物相同的强化作用，它们可以在一定范围和一定程度上降低内驱力。

（三）行为动力理论

相同的刺激并不一定会引发有机体完全相同的反应，对于有机体已经习得的反应，并非在刺激的作用下都会发生。在赫尔看来，之所以会存在这种现象，是因为不同情况下有机体内部生理状态会有所不同。他假定了在刺激与反应之间，存在内驱力这样一种中介变量，内驱力是一种有机体组织状态引起的刺激，与有机体在生物方面的缺乏和需要相联系。内驱力是产生行为的动力，不同类型的内驱力状态会驱使有机体产生不同的、有辨别的行为。例如，嘴唇、喉头的干燥伴随着干渴的内驱力，促使有机体产生饮水的行为；饥饿、肠胃蠕动伴随的是饥饿内驱力，激发有机体进食的行为。

赫尔又提出了反应潜能这一概念，反应潜能指的是在特定的时间里，一个已习得的反应在相应的刺激作用下发生的可能性。反应潜能的计算公式为：

$$sER = D \times sHR$$

其中，sER 表示反应潜能，D 表示内驱力的力量，sHR 表示习惯力量。也就是说，赫尔认为反应潜能取决于习惯力量和内驱力的共同作用。没有内驱力，有机体无做出反应的需要，在这种情况下，不管刺激和反应间的联结（习惯力量）多么强烈，反应都不会发生。而当仅有内驱力时，刺激和反应之间没有固定的联结，这时刺激引发的反应就是不适当的、紊乱的。例如，对于实验室中已经学会压杆取食的白鼠来说，当它们饥饿的时候，会被饥饿的内驱力激发压杆行为；而无饥饿感的白鼠就不会作出这种反应。

（四）行为的消退与抑制理论

一个已习得的反应，在其后的刺激条件下如果没有强化相伴随，刺激反应之间的习惯力量就会逐渐削弱以致消失，这就是行为消退现象。赫尔认为，行为消退的原因是抑制的作用。他将抑制分为反应性抑制和条件性抑制。在动物条件反射实验中，刺激物的持续作用使得机体不断重复地活动，因而产生机体的疲劳，而疲劳又最终使得动物的反应削弱或者消失，这就是反应性抑制（以符号 IR 来表示）。一旦反应消失，疲劳逐渐恢复，反应性抑制也就慢慢得到解除。与此同时，某些原本中性的刺激因为曾经与反应性抑制相伴随而发生作用，因而也获得了抑制力量，这就是条件性抑制（以符号 sIR 来表示）。由于这两种抑制都会削弱反应，抵制行为发生，在这基础上，反应潜能的计算公式可以改写为：

$$sER = D \times sHR - (IR + sIR)$$

此外，赫尔还假设了抑制性潜能的存在，它能抑制习得性反应的发生，由于其作用很不稳定，随时间而变化，因此赫尔称其为波动效应（用 sOR 来表示），将这种波动效应的抑制作用从反应潜能的计算公式中除去，就可以得到关于反应潜能的最终公式：

$$sER = D \times sHR - (IR + sIR) - sOR$$

通过波动效应的概念，赫尔解释了为什么在某一特定的时间很难对行为的发生作出肯定性预测，为人们行为的复杂性作出了说明。

五、评价

（一）贡献

1．赫尔构建了一个科学、系统化的逻辑行为主义心理学体系

华生通过对意识和内省的批评，摧毁了心理学旧有的研究体系。而赫尔在此基础上，通过假设演绎法和大量控制严密的实验，构建了一个完全客观化、数量化、系统而又庞大的逻辑行为主义体系，避免了心理学重新走上模糊、玄妙而深不可测的旧轨。他的一整套关于行为的精密理论，对心理学科学方法论的看法，以及他对内驱力、强化、消退、抑制等概念的系统化阐释为心理学家广为接纳和采用。逻辑行为主义成为 20 世纪 30 年代后几十年间最占优势、影响最大的学说之一，美国心理学界著名的耶鲁学派也受其影响而产生。

2．赫尔有力地推动了心理学的实验研究

赫尔在构建自己理论体系的过程中设计完成了一系列控制严密的实验，有力地促进了心理学实证领域的发展。而他的学生和追随者也从他的理论体系中获得启发，开展了众多有价值的研究课题。这些研究既为理论提供了令人信服的依据，也繁荣了心理学的实验研究，使心理学研究更加科学、精致。

（二）局限

1．赫尔的理论体系过于复杂庞大

赫尔的体系太过于繁琐精细，以至于使他人望而生畏，很难理解和使用，这就造成了他的理论在实验室外缺乏应用价值的缺陷。此外，赫尔的研究试图涵盖所有的行为，对每一种行为现象都进行精确的数量化的说明，但实际上他的学术观点仅仅建立在对白鼠的行为研究上，因此他庞大的理论体系缺乏坚实的基础和足够的概括性。在赫尔去世后没多久，逻辑行为主义在心理学的中心位置就被斯金纳等人的研究成果所取代。

2．赫尔的研究具有机械主义和还原论的错误倾向

尽管赫尔也注意到了人类学习与动物学习的差别，但他在研究中依然还是以低等动物的行为来解释和推论人类的复杂的学习行为。这种将人看成是机器，把人类高级认知活动贬低为刺激和反应的观点，忽视了人的根本特征，具有片面化与简单化的嫌疑以及机械主义与还原论的倾向，不免让人怀疑其理论的说服力与代表性。

【建议参考资料】

1．高觉敷．西方近代心理学史［M］．北京：人民教育出版社，1982.
2．黎黑．心理学史［M］．李维，译．杭州：浙江教育出版社，1998.
3．华生．行为主义［M］．李维，译．杭州：浙江教育出版社，1998.
4．舒尔茨．现代心理学史［M］．叶浩生，译．8 版．北京：人民教育出版社，2004.
5．托尔曼．动物和人的目的性行为［M］．李维，译．杭州：浙江教育出版社，1999.
6．叶浩生．西方心理学理论与流派［M］．广州：广东高等教育出版社，2004.
7．张厚粲．行为主义心理学［M］．杭州：浙江教育出版社，2003.

【问题与思考】

1．简述行为主义心理学的研究对象、学科性质和学科任务。
2．分析早期行为主义思想在推动心理学的发展上所作出的贡献。
3．简要概述和分析托尔曼与赫尔二人的学习理论。
4．你认为新行为主义在哪些方面对早期行为主义理论进行了修改与革新？
5．你如何看待行为主义心理学所固有的缺陷和不足？

第六章　从心理到行为（下）

【本章提要】

行为主义的发展历程按年代划分大致可以分为三代，以华生为主要代表的早期的行为主义是第一代，托尔曼与赫尔是新行为主义的代表人物，而斯金纳和班杜拉是第三代行为主义最重要的代表人物，他们试图在行为主义与认知心理学之间取一条折中道路。

斯金纳是继华生之后对行为主义研究立场最激进的坚持者，他坚持极端客观的行为主义立场，严格遵循科学的描述原则，提出了“及时强化”的概念以及强化作用的模式，明确了强化同惩罚的关系，发展了一套理解动物和人类行为的操作行为主义体系，形成了操作条件反射理论，并将它推广应用到教学和社会控制中。可以说，斯金纳的工作“极大地提高了我们预测和控制有机体行为的能力”①。

虽然同为第三代行为主义者的代表人物，班杜拉与斯金纳的心理学思想却截然不同。班杜拉在 1977 年提出的社会学习理论是他理论的精髓。他强调观察学习和自我调节在引发人的行为中的作用，重视人的行为和环境的相互作用。班杜拉着力于探讨个体的认知、行为与环境因素三者及其交互作用对人类行为的影响。同时，他主张要在自然的社会情境中而不是在实验室里研究人的行为。

【学习重点】

1. 斯金纳操作行为主义心理学的科学观与方法论，包括他对心理学的学科性质、研究对象、研究任务、研究方法等的看法。

2. 斯金纳操作行为主义心理学的具体观点，包括他对操作性行为的界定、操作性条件作用的规律、强化的种类及其行为原理的应用等内容。

3. 班杜拉对心理学学科性质、研究对象、研究方法等的看法。

4. 班杜拉的具体心理学观点，如三元交互决定论、观察学习理论、自我效能理论以及行为矫正论等内容。

【重要术语】

斯金纳箱　应答性行为　操作性行为　正强化　负强化　自我效能感　观察学习

---

① 舒尔茨．现代心理学史［M］．杨立能，沈德灿，译．北京：人民教育出版社，1981：280.

第一节 斯金纳的操作行为主义

在所有行为主义者中，斯金纳无疑是继华生之后对行为主义研究立场最激进的坚持者，他坚持极端客观的行为主义立场，严格遵循科学的描述原则，他长期致力于研究鸽子和老鼠的操作条件反射行为，提出了“及时强化”的概念以及强化作用的模式，明确了强化同惩罚的关系，发展了一套理解动物和人类行为的操作行为主义体系，形成了操作条件反射理论，并将它推广应用到教学和社会控制中。由于斯金纳的理论在社会实践领域具有重要的影响力，因而他在美国公众中的名声远比在心理学界的名声大得多，一位崇拜者写道：“（斯金纳）是一个神话中的著名人物……科学家英雄，普罗米修斯式的播火者，技艺高超的技术专家……敢于打破偶像的人，不畏权威的人，他解放了我们的思想，从而脱离了古代的局限。”

一、生平

作为当代最负盛名的心理学家之一，斯金纳（Burrhus Frederic Skinner，1904—1990）生于美国宾夕法尼亚州东北部的一个温暖、稳定、家教严厉的中产阶级家庭。小时候的斯金纳十分好学、好动、善思考、天资聪颖，同时也不乏偶尔来点恶作剧。他从小喜爱发明创造，富有冒险精神，在 15 岁时曾与几个小伙伴驾独木舟沿河而下，漂流 300 英里。他还尝试制作简易滑翔机、四轮马车、竹筏、飞机模型、雪橇、弹弓等各种器具，曾把一台废锅炉改造成一门蒸汽大炮，把土豆和萝卜当炮弹射到邻居的屋顶上。

斯金纳的父亲是个律师，希望儿子也走他的路。但斯金纳当时对文学比较感兴趣，有意当个作家。为此目的，1922 年斯金纳进入汉密尔顿学院主修英国文学并开始从事写作，但是那里的生活并没有带给他很多的快乐，他曾这样写道：

我从没有适应学生生活。我加入了博爱协会，但我对它根本不了解。我不擅长运动，害怕遭受痛苦……学院以那些不必要的苛求逼迫着我（如每天的唱诗），令我感到不满。几乎大部分学生都没有显示出学术兴趣。

1926 年，斯金纳获得文学学士，从汉密尔顿学院毕业。他花了好几年时间进行写作，但没有写出什么，因此他后来承认：“我没有什么要紧的东西可说。”缺乏成功令他感到极度压抑，甚至他曾经向精神病学家进行咨询以寻求帮助。而且来自爱情方面的失意（曾有六个姑娘拒绝了年轻的斯金纳）也让他感觉自己的人生好像很失败，因此他一度陷入生命的低谷。

幸运的是一个偶然的机会，斯金纳阅读了华生和巴甫洛夫关于条件反射的著作，这仿佛是黑暗中的一盏明灯，指明了他未来的道路，唤醒了他对动物和人类行为的浓厚兴趣，于是他决定转向对心理学的学习，并于 1928 年考入哈佛大学心理系。1929 年国际生理学会在哈佛大学医学院召开，巴甫洛夫应邀在会上发表演讲，这个讲座对斯金纳影响很大，更加让他坚定了研究行为的决心和信念。他感觉到他最终找到了自己的人生位置，并全身心地投入到学习中去。在哈佛大学学习期间，斯金纳为自己制订了一张极严格的日程表，从早晨 6 点至晚上 9 点的分分秒秒几乎都用来钻研心理学和生理学。他不看电影不看戏，谢绝一切约会。研究生阶段他选修了生物学、胚胎学和猫体解剖等课程。在生物学老师克罗泽尔的指导下，他进一步深入阅读了洛布的《脑生理学和比较心理学》、巴甫洛夫的《条件反射》等科学著作，还阅读了罗素的《哲学原理》、华生的《行为主义》。这些著作对他日后的学术成就产生了巨大影响。

功夫不负有心人，斯金纳于 1930 年获哈佛大学心理学硕士学位，1931 年又获心理学博士学位。此后他在该校研究院任研究员。1937—1945 年他在明尼苏达州立大学教心理学，1945—1947 年任印第安纳大学心理系主任。1947 年他重返哈佛大学，担任心理学系的终身教授，从事行为及其控制的实验研究。在哈佛工作期间，斯金纳迎来了自己学术生涯的高峰，他建立了著名的鸽子实验室，并以此为基地，发表了大量关于动物的操作性条件作用的研究和报告、论文和著作，最具有代表性的有《行为的实验分析对于作为整体研究的心理学的贡献》（1953）、《学习的科学与教学的艺术》（1954）、《科学与人类行为》（1953）、《自由与人类控制》（1955）、《言语行为》（1957）、《强化的程序》（1957）、《行为分析》（1961）、《五十年的行为主义》（1963）、《强化关联：理论分析》（1969）等。

1990 年，斯金纳与世长辞。《美国心理学家》杂志的主编称赞斯金纳是“我们科学的巨人之一，在心理学上留下了永恒的烙印”。直到今天，斯金纳的思想在心理学研究、教育和行为矫正治疗中仍然被广泛应用。

二、科学观

（一）研究对象

同其他行为主义者的观点一致，斯金纳把行为当做心理学的研究对象，将心理学看做是一门关于行为的科学。他认为心理学应该对行为进行直接的、描述性的研究，所以有时他会将心理学定义为行为科学。斯金纳的行为主义主要研究的是行为反应，他关注的是行为的描述，而不是行为解释，这里的行为仅仅是可以观察的外显行为。对于以往心理学家采用间接方式研究行为并且把行为的特性归因于不证自明的内部实体的做法，斯金纳很不以为然。在《有机体的行为：一种实验的分析》一书中，斯金纳已经对此作出了解释和回答。他明确提出心理学是一门关于行为的科学，应该对行为进行直接描述。

同时，斯金纳从心理学的纵向发展史上分析了把行为作为科学研究对象所经历的三个阶段：1. 达尔文的生物进化论，他认为低于人的动物也有心理官能，这从一个侧面证明了心理官能发展的总系连续性；2. 摩尔根提出的吝啬定律，否定了动物也有心理官能的说法，并成功说明了动物行为的特征；3. 华生用摩尔根的研究方法解释人类行为，为达尔文倡导的发展连续性提供了支持，进而建立了行为主义流派。斯金纳指出，华生的行为主义的研究焦点在于肌肉收缩和腺体分泌，有心理生理学化的倾向。他认为行为是有机体中用以作用于外界或与外界打交道的那部分机能。对行为的研究，我们可以使用描述的方法，但又不能仅限于观察，必须进一步研究以发现行为发生的规律，找出相应的函数关系，达到预测行为的目的。同其他新行为主义者如赫尔和托尔曼不同，斯金纳认为对介于刺激与反应之间或反应与奖励之间的东西的种种推测是多余的，对分析和描述行为本身无益，对控制和预测行为更无益。因为，要找到关于行为的答案，观察和研究行为本身就已足够。人们之所以无法把握行为的特征，只是因为他们没有找到合适的方法。

（二）学科性质

斯金纳成为一名行为主义者并不是偶然的，他深受实证主义哲学的影响，尤其是马赫的理论，他于 1967 年明确提出“行为主义是一种特殊科学的哲学，它首先是在马赫、彭家勒和布里奇曼的著作中产生的”①。对这种哲学思想的认同决定了斯金纳对心理学学科性质的定位，再加上华生和巴甫洛夫的影响，使得斯金纳的心理学研究带有深刻的实证主义烙印。

斯金纳反对把心理学看做是理论性质的做法，主张心理学应该是完全实证性质的实验研究，并把心理学看做是完全致力于行为研究的自然科学。同华生一样，斯金纳也把心理学看做是自然科学的一个分支学科。对行为预测和控制的强调是斯金纳整个心理思想体系的突出特点。因此，在具体的研究中，斯金纳只研究能够观察的外显行为，他对从理论上推论有机体内部的可能活动一点也不感冒。他认为，要研究行为，只需观察和研究行为本身，假设是多余的。因此，有人称他的行为主义为“没有机体”的行为主义或“直线”行为主义。

（三）学科任务

斯金纳强调指出，行为的研究必须圈定在自然科学的研究范围内，任务是在先行的、实验者控制的刺激条件和有机体行为反应间建立函数关系。他建立的行为公式为 $R=f(S)$。其中，R 表示行为反应，是因变量；S 表示刺激，是自变量。有机体的行为反应是刺激物作用的函数（f）。

后期，斯金纳认识到过去形成的某些条件（A）也可以改变 R 和 S 之间的关系，这些条件即所谓的“第三变量”。例如，饥饿这一条件直接影响了白鼠的操

① 高觉敷. 西方近代心理学史［M］. 北京：人民教育出版社，1982：302.

作行为，所以他的行为公式更改为：R = f（S，A）。

斯金纳的第三变量似乎等同于托尔曼的中间变量或赫尔的内驱力概念，但是他明确提出，二者的性质根本不同。前者既不是中介变量又非内驱力，本质上它是有机体的一种操作，是客观的。这从一个侧面也表现出斯金纳激进的行为主义立场。

三、方法论

（一）哲学基础

1. 实证主义

培根、孔德和马赫等实证主义者坚持只有那些可以直接观察的才是科学研究的对象。对实证主义者来说，应该主动避开所有关于抽象实体的思辨，他们只对事实和事实之间是怎样相互联系的感兴趣。培根主张科学家应该收集经验事实，进而推论出知识，避免形成理论，演绎现实。斯金纳经常承认他从培根那里受益匪浅。按照培根的后继者马赫的观点，科学家的任务是通过机能分析确定事实之间是怎样发生联系的，即 X 的出现怎样促使了 Y 的出现。但是，思考为何存在这样的联系将会面临进入形而上学领域的危险。科学的工作是去描述经验的联系，不是去解释它们。斯金纳显然是马赫的实证主义的追随者，他接受的是实证主义而不是逻辑实证主义。受马赫的科学实证主义哲学的影响，斯金纳明确提出研究行为同环境间的机能关系，将决定行为的认知和生理因素排除在外。

2. 操作主义

布里奇曼于 20 世纪 20 年代提出了心理学研究中的一个重要概念——操作主义，认为一个给定的科学发现或理论构想的科学性依赖于完成这一发现或构想时所使用的那些操作定义的科学性①。斯金纳虽然回避对理论的研究，但他却接受操作主义的思想。

斯金纳以操作主义作为理论根据，主要表现在：（1）他从操作主义出发，解析行为的工具性或操作性，创立操作行为主义的理论体系。（2）他把操作主义同巴甫洛夫的高级神经活动学说进行一定的整合，用操作主义观点为巴甫洛夫学说的概念下定义。（3）他认为一些新行为主义者提出的各种“中介变量”往往是在操作上规定的“逻辑结构”，它们的内容不是内省的材料，而是动物在一定实验条件下进行的具体操作。

总之，斯金纳深受实证主义哲学和巴甫洛夫条件反射学说的影响，把物理学的操作主义和生物学的进化论结合起来，构建一种与华生思想更为密切而不同于托尔曼认知行为主义、赫尔逻辑行为主义的理论体系，即以排除内在心理历程，

① 叶浩生. 心理学史［M］. 北京：高等教育出版社，2005：139.

只研究以可观察可测量的外显行为为特征的操作行为主义，又称描述行为主义、激进行为主义或彻底行为主义。

（二）具体方法

"描述行为一般有记叙和反射两种方法。"① 斯金纳认为，记叙法算不上科学，反对它使用肉眼或仪器观察和记录行为，随后对行为进行分类，并最终确定行为发生的相对频率的传统。科学研究"不能只限于观察，还得进一步研究函数关系。我们还得建立规律，借助规律来预测行为，要做到这一点，就必须求出一些变量，即以行为为其函数的变量"②。反射方法可以满足这样的标准。斯金纳认为反射的方法可以更好地研究行为。他提出："描述行为的一个步骤是指明以反射这个名称来表达的相互关系。这个步骤可以使我们有能力来预测和控制行为。"③ 对于反射行为，斯金纳有着不同于其他行为主义者的认识，因此也就不难理解他创造性地提出的研究方法——行为分析法。斯金纳行为分析的对象不是心理而是行为，不依赖于个案分析而依赖于实验研究，因此，他的行为分析又被称为"行为的实验分析"。

提到斯金纳的行为分析法，不能不提他的创造性研究工具——斯金纳箱（Skinner-Box）。"斯金纳箱"是斯金纳为了分析和研究动物的操作行为而专门设计的实验装置。

图 6－1　斯金纳箱

斯金纳将小白鼠放在箱内，并设有杠杆或键，箱子的构造尽可能排除一切外部刺激。在没有明显的无条件刺激的情况下，饥饿的小白鼠偶尔会踏上箱内的杠杆或触碰到键，这时，供丸装置会自动滑落一粒食物。在无数次尝试后，小白鼠会不断地尝试按压杠杆，直到吃饱为止。在这个过程中，小白鼠认识到按压杠杆同获得食物间的关系，形成了操作性条件反射行为。实验者通过观察和分析箱内

① 章益．新行为主义学习论［M］．济南：山东教育出版社，1983：271.

②③ 章益．新行为主义学习论［M］．济南：山东教育出版社，1983：270.

杠杆连接的记录器上记录的小白鼠按压杠杆的频率和强度，找到影响行为的现行条件和后继行为间的函数关系。

四、具体观点

（一）应答性行为与操作性行为

斯金纳在 1932 年将行为区分为应答性行为和操作性行为两种。巴甫洛夫的条件反射就是经典的应答性行为，这种行为是由先行刺激引发的，是一种被动的反应，要受刺激物的控制。与之相对的就是操作性行为，它是有机体操作的行为，是有机体对环境的主动适应。两种行为存在很大的差异。比如，在应答性行为中，可以找到明显的刺激物，正是在刺激物的作用下才引发了有机体的行为反应，即是刺激在前行为在后；在操作性行为中，找不到明显的外部刺激，有机体必须自动做出一定的行为才能得到相应的奖励，可见这种情况下是行为在前刺激在后。

斯金纳认为，人的很多行为都是操作性行为，如唱歌、绘画、散步、打球等。由于操作性行为在日常生活中具有代表性，因此，他认为研究操作性行为是研究行为科学的有效途径。

（二）操作性条件作用的规律

1. 操作性条件反射的建立

斯金纳认为，决定操作性条件反射形成的因素有两个，即操作和强化。他说："如果一个操作发生后，接着给予一个强化刺激，那么其强度就会增加。"① 这就是操作条件反射建立的规律。斯金纳强调，强化增加的不是某一具体的反应，而是反应发生的概率。比如，将一只饥饿的白鼠放在斯金纳箱中，开始白鼠会乱窜、尖叫。当它偶然碰到了箱中的杠杆时，就会有食物掉下来，这强化了白鼠按压杠杆的行为。经过多次的尝试和强化，白鼠最终建立了按压杠杆的操作条件反射。与此同时，其他的乱窜、尖叫的行为由于没有得到食物的强化而消退了。因此，操作行为及其相伴随的强化是操作条件反射形成的关键。

不但动物的行为如此，人的学习行为也是按照这种模式发展和形成的。斯金纳指出，人的各种生活技能的形成，诸如说话、走路、玩游戏、写字、驾驶、航行，甚至包括人格的形成、社会文化的延续等，都是操作条件作用的结果。举例来说，婴儿最初无意识叫声"妈妈"，母亲立即会心花怒放地微笑、亲吻，这实际上是对婴儿行为的一种强化。所以孩子一看到母亲就发出"妈妈"的声音，如此反复，孩子渐渐学会了叫"妈妈"。

---

① SKINNER B F. The behavior of organisms：an experimental analysis［M］. New York：Appleton-Century，1938：21.

从上面我们可以看到强化在操作条件反射原理中的重要作用，但斯金纳不同意桑代克以效果律来解释操作条件反射形成的观点，也不赞同巴甫洛夫关于强化增加条件反射强度的观点。他提出，强化增强的不是某一具体的条件反射本身，而是反射发生的概率或者反射发生的倾向性。斯金纳在《新行为主义学习理论》中说道："在操作条件反射中，我们加强的是操作，旨在使做出某一反应的可能性增加，实际上是说，使某一反应更为经常。在巴甫洛夫条件反射中，我们只是增加了由刺激条件所诱发的反应强度，缩短刺激与反应间的时间。"①

2. 操作条件反射的消退

强化促使了操作条件反射的形成，同时强化的终止会导致操作条件反射的消退。所谓的消退是指有这样一种现象，即在一个经过条件化增强的操作行为产生后，不给予强化刺激物，反应发生的频率就会渐渐降低，直至消失。当然，操作条件反射并不随强化的停止而骤然停止，而是保持一段时间，最终趋于停止，期间可能会受情绪的影响而表现出一定的行为波动。比如，一只白鼠在习得压杆反应后，一段时间内不再呈现强化物，白鼠会继续压杆 50—250 次之多，直到最终不再做出压杆行为。

另外，反应消退过程的时间长短与习得该反应时所接受的强化数量和方式有关。一般而言，强化的次数跟消退所需的时间成正比，次数越多，消退的过程越长；次数相同的情况下，间歇强化比连续强化更能增加消退的难度。这种现象在人类的行为中也有所表现，如孩子的助人行为若是偶然得到了强化，那么当强化停止时，他的行为的保持时间要比每次做出助人行为时都得到强化的时间长。

3. 操作条件反射的分化

运用渐进的方法强化动物操作条件反射的某一特征以使动物形成选择性反应的过程即为分化。强化不仅是操作条件反射形成和消退的关键，也是操作条件反射分化的关键。斯金纳曾经在训练白鼠按压杠杆的实验中，先对白鼠所有的压杆行为给予强化而不考虑白鼠的力量大小，随后，只有当白鼠压杆行为的力量符合一定的标准时才给予食物强化，其他的行为因未得到强化而消退。通过运用强化和消退的方式训练白鼠以不同的力量做出压杆行为，多次以后，白鼠学会了对特定的刺激作出选择性的反应，最初的条件反射也就形成了分化。后来，斯金纳用渐进的方法训练鸽子啄食某特定的红色圆盘，训练动物完成一系列精巧的动作行为。驯兽师训练动物学会表演也是一个实例。

操作条件反射的分化在人类身上也有所表现。人们根据分化原理而学会在特定的场合作出特定的反应，如在葬礼上表情凝重、话语低沉；在演唱会时，大声

① SKINNER B F. The behavior of organisms: an experimental analysis [M]. New York: Appleton-Century, 1938: 21.

鼓掌和喝彩等。

（三）强化原理

强化在斯金纳的行为理论中扮演着重要的角色，他主要探讨了强化的种类和强化的作用程式等。

1. 强化的种类

强化物一般分为两类，一类是指与反应相依随的刺激能增强该反应，此为积极强化物，如水、食物、奖赏等；一类是消极强化物，是指与反应相依随的刺激物从情境中被排除时，可增强该反应。积极强化物和消极强化物分别又被称为正强化物和负强化物，这两种强化物都可以增加行为发生的频率。例如，斯金纳常常将食物作为强化物来塑造白鼠的压杆行为，这种情况下，食物就是正强化物，它提高了行为发生的概率；换种方式也可以增加白鼠的压杆行为，如将白鼠放进一个特别的箱子中，给予白鼠电击直至白鼠按压杠杆。经过几次强化以后，白鼠很快习得了压杆行为，以逃避电击。这里，电击成为增强白鼠压杆反应的消极强化物，其他诸如强光、噪声、批评等厌恶性刺激皆属此类。

同时，斯金纳也阐述了强化同惩罚的关系。他提出，惩罚与负强化有着本质的差异，惩罚是指能够减弱或降低反应频率的刺激或事件，因此，它的作用在于降低行为发生的频率；相反，负强化的作用是增加行为发生的频率。在此基础上，斯金纳还区分了Ⅰ型惩罚和Ⅱ型惩罚：Ⅰ型惩罚是指通过呈现厌恶刺激来降低反应频率；Ⅱ型惩罚是指通过移除愉快刺激来降低反应频率①。对于强化和惩罚的区别，可以参见表6－1。

表6－1　强化与惩罚的种类

	行为被增强	行为被减弱
呈现刺激	正强化（呈现愉快刺激，如给以赞赏）	Ⅰ型惩罚（呈现厌恶刺激，如给以批评）
消除刺激	负强化（消除厌恶刺激，如免除杂物）	Ⅱ型惩罚（消除愉快刺激，如禁看电视）

另外，强化还可划分为一级强化和二级强化两类。一级强化满足人和动物的基本生理需要，又被称为原始强化物，如食物、水、安全、温暖、性等。二级强化是指任何一个中性刺激在一定条件下与一级强化反复联合，它就能获得自身的强化性质，这种强化物也称为条件强化物。例如，金钱，对婴儿它不是强化物，但当小孩知道钱能换糖时，它就能对儿童的行为产生效果。再如，分数，也是在受到教师的注意后才具有强化性质的。二级强化可分为社会强化（社会接纳、微笑）、信物（钱、级别、奖品等）和活动（自由地玩、听音乐、旅游等）。通常，条件强化物的强化力量同其与原始强化物匹配的次数是正比的关系。例如，灯光

① 郭本禹．西方心理学史［M］．北京：人民卫生出版社，2007：107.

同食物匹配的次数越多，灯光的强化作用就越强。

当一个条件强化物与一个以上的原始强化物形成联系时，这个条件强化物就会由于条件作用而具备了多方面的强化作用，成为一个概括强化物①。一般来说，二级强化多与概括强化物有关。其中最典型的概括强化物莫过于金钱了，因为金钱与人们的衣、食、住、行都息息相关，因此具有广泛的强化作用。概括强化物区别于一般的条件强化物，具体表现在，当一级强化物不存在时，概括强化物的作用依然存在。所以说，概括强化物在人类行为的习得与保持中，发挥着重要作用。

2. 强化作用的程式

斯金纳后来发现强化与行为间有着不同一般的关系。如果强化的时间和比率不同，强化作用的效果也会不同。所谓强化程式，即反应受到强化的预先安排形式。而且，斯金纳进一步区分了不同的强化程式。强化可以分成连续性强化和间歇性强化两种。连续性强化就是每次行为都受到强化，间歇性强化是只对部分行为给予强化。由于实际生活中的个体行为并不像实验情境中的动物行为一样，总是受到连续的强化，因此斯金纳将研究中心放在了对间歇性强化的研究上。

经过研究，斯金纳认为间歇性强化有四种程式：固定时距强化、变动时距强化、固定比率强化和变动比率强化。

固定时距强化指在固定的时距内给予强化，而不管有机体在这一时距内作出多少反应，也就是说强化是定期的，如计时工资。这种模式下，容易导致有机体在时距的开端反应较少，而在时距的终端反应较多。

变动时距强化是指用平均时距代替固定时距，换句话说，就是强化的时间间隔不固定，是变动的，如随时进行的奖励。这种形式的强化效率优于固定时距强化。

固定比率强化是指在有机体作出一定标准次数的反应后给予强化的方式，如营业提成。这种模式的效果与固定时间强化的效果类似，即接近强化时，反应突然增多，而在强化后的一段时间里，反应则会减少。

在变动比率强化中，需要保持强化比率的平均值不变，而在具体强化时，比率的范围却有相当大的变化，如彩票得奖、赌博输赢等。

上述四种强化模式对行为的影响作用有大有小，有长有短，但是在斯金纳看来，若要最大限度地提高行为效率，不能采用一种强化程式，而要联合多种强化程式。

（四）斯金纳行为原理的应用

斯金纳的行为原理在人类的许多实践领域中都得到了广泛的应用，诸如教

---

① 叶浩生. 心理学史［M］. 北京：高等教育出版社，2005：139.

育、言语行为、心理治疗、社会控制以及动物训练等。

1. 程序教学与教学机器

教学机器的产生可以说是一种偶然。某天，斯金纳参观了自己女儿所在班级的课堂教学后，对当时流行的课堂教学感到非常不满意，他希望通过一种更好的方式来提高教学的质量，教学机器就是他应用操作强化原理设计和制造的教学装置。

教学机器是一种外形像小盒子的装置，盒内装有精密的电子和机械仪器。它的构造包括输入、输出、贮存和控制四个部分。教学材料本质上是由几百甚至几千个问题框面组成的。每一个步子就是一个框面，这些框面遵循循序渐进的原则，学生正确回答了上一个框面的问题，才可以开始下一个框面的学习。如果答错了，用正确答案纠正后再过渡到下一个框面。框面的左侧标出前一框面的答案，成为对该框面问题的提示。一个程序学完了，再学下一个程序，这就是著名的程序教学过程，也是机器教学的一般模式。

教学机器在数学、音乐等领域都得到了广泛的应用，并取得了一定的成果。当然，教学机器也存在一些弊端，如它忽视了教师的人格教育活动，不利于学生良好个性的形成等。

2. 言语行为

斯金纳除了将操作行为原理应用于程序教学过程外，言语行为的研究也是他早期应用性研究的一项重要内容。斯金纳坚持用操作强化原理来解释人类语言的行为，他认为言语作为一种习得的行为，既服从强化的或然性原则，同样也遵从强化的持续性原则，因此它是可以预测和控制的。

斯金纳在其著作《言语行为》中对人类语言的分析曾引起了很大的争议，以乔姆斯基的反驳最为强烈。按照乔姆斯基的理论，儿童天生具有一种语言获得装置，语言可以生成也可以转化，而斯金纳的理论强调语言的形成依赖于外部强化。乔姆斯基批评斯金纳的言语理论不能很好地解释儿童语言发展的关键期、语言的创造性、语言表达形式的丰富性等重要语言现象。他认为，斯金纳用操作强化原理解释语言发展的做法过于简单，且还原色彩太浓。本质上讲，斯金纳和乔姆斯基的分歧主要在于，前者主张语言的外生论，后者坚持语言的内源性。

3. 心理治疗

斯金纳的行为分析在心理治疗领域也得到了一定的应用。心理治疗者受到斯金纳的影响，将他的相关行为控制技术移植过来，进而推动了心理治疗技术的发展。斯金纳坚持人类的社会行为会由于控制不良而产生一些副作用，如逃避、反抗、消极抵制等。而且，通过惩罚的控制也会对操作行为产生意想不到的影响，如药瘾、精力过分充沛的行为、过分抑制的行为、有缺陷的刺激控制、厌恶性自我刺激等。斯金纳指出异常行为的产生主要是由于控制不当、强化不当，尤其是控制不良造成的，所以他认为问题行为的产生主要受外部因素的影响。而在治疗观上，斯金纳认为心理治疗是不良行为产生的逆过程，要纠正一种特定的行为状态，必须对行为产生的过程进行分析。所以，治疗本质上是一种控制和强化的过程，是使行为朝向积极方向转变的过程。

五、评价

（一）贡献

1. 斯金纳建立了客观、完善的操作行为主义体系。斯金纳以操作条件作用为核心，借助高度精确的实验技术，精心建立并完善了自己的理论体系，使行为主义成为一门真正的行为科学。他坚持极端客观的行为立场，严格遵循科学的描述法则，凭借严谨而富有生气的观察和行为分析方法，抛弃了一切可能的心灵主义概念，竭力坚持用操作强化原理解释人们无法回避的语言、思维、情绪、人格、爱好、动机、习惯等现象。无可否认，他“极大地提高了我们预测和控制有机体行为的能力”。①

2. 斯金纳的理论推动了心理学的应用研究。斯金纳对心理学的重要贡献不仅表现在他的操作行为主义理论上，而且在处理社会事务和社会实际生活事件中也有重要体现。例如，他的程序教学思想、机器教学模式都被广泛应用于实际教育领域；他的行为控制技术在行为矫正中也产生了深远影响。而且，斯金纳所做的“强化程序”的实验研究既深入，又具体，且系统性又很强，它不但是驯兽师的必修课，对人类的行为管理和学生学习过程的控制和激励也有重要的参考价值。

（二）局限

1. 斯金纳忽视对理论的研究。外界对斯金纳最激烈的批评是斯金纳坚持自己的心理学不需要理论，他同传统行为主义者犯有同样的错误，即只注重描述行为，不注重解释行为；只注重外部反应和外部行为结果，而不探讨内部心理机制。斯金纳的体系是非理论的，但是也有人辩论说，坚持行为描述而不是解释行为本身也是一种理论倾向。

2. 斯金纳的极端环境论忽视了影响行为的认知因素。斯金纳一生都坚持自己的行为主义观点，反对认知心理学的研究，反对给予学习过程和行为塑造过程认知层面的解释。坚持只有能够予以客观观察和实验证实的东西才可以进行研究，这将很多的心理现象都摒弃在心理学研究的大门之外。同时，他对有机体的状态和个体能动性的忽视，是与现实相矛盾的。

第二节　班杜拉的社会行为主义

虽然同为第三代行为主义者的代表人物，班杜拉与斯金纳的心理学思想却截

---

① 舒尔茨. 现代心理学史［M］. 杨立能，沈德灿，译. 北京：人民教育出版社，1981：280.

然不同。班杜拉在 1977 年提出的社会学习理论是他理论的精髓。他强调观察学习和自我调节在引发人的行为中的作用，重视人的行为和环境的相互作用。班杜拉着力于探讨个体的认知、行为与环境因素三者及其交互作用对人类行为的影响。按照他的观点，以往的学习理论家一般都忽视了社会变量对人类行为的制约作用，他们通常采用物理的方法对动物进行实验，并以此来建构相应的理论体系，这对于研究生活于社会之中的人的行为来说，是不具有科学说服力的，因而班杜拉主张要在自然的社会情境中而不是在实验室里研究人的行为。苏联心理学家安德列耶娃指出："由于班杜拉的工作，新行为主义把从用动物作被试转到用人作被试的实验上。"对此，我们持赞同态度，由于班杜拉的这一努力，使得行为主义阵营内部开始专注人类学习不同于动物学习的特殊方面，这无疑为行为主义的科学发展提供了动力，拓展了研究的领域。

一、生平

阿尔伯特·班杜拉（Albert Bandura，1925— ）是美国心理学家，社会学习理论的创始人。他生于 1925 年 12 月 4 日，他的出生给其家族带来了许多的欢乐和憧憬，因为老班杜拉夫妇一直期盼着上帝能赐给他们一个儿子来继承祖业，为班氏家族带来荣耀，他的出生完全满足了父母的期望。班杜拉上面有五个姐姐，姐姐们对他十分关心。因此，班杜拉的幼年是在家庭的温暖中度过的。但是，他的家乡是一个人烟稀少，偏远落后的地方，这对他的教育是一个极为不利的因素，就是这样极其有限的教育条件，告诉班杜拉他只能依靠勤奋和努力来弥补学校教学条件的不足。这种自我能力的发展改变了环境的性质，使学校的不利因素转化成他内在的自我动力，进而成为他学习的有利因素。

高中毕业后，班杜拉考入了位于加拿大西海岸温哥华市的大不列颠哥伦比亚大学。刚上大学初期，班杜拉选修了一门心理学课，当时开设这门心理学课的老师的姓名是什么，他已经记不清了，但这位老师的精彩演讲使他深深迷恋上心理学，特别是心理学的临床治疗方向。正是这次偶然的机会，改变了班杜拉的专业志趣，也决定了他终生的职业生涯。1949 年，通过三年的苦读，班杜拉完成了大学阶段的学习，顺利从大不列颠哥伦比亚大学毕业，并获得了该校为优秀毕业生设立的贝娄肯心理学奖。大学毕业后，班杜拉决定接受更高层次的研究生教育，专攻临床心理学，当时的心理学虽然学派林立，但占主导地位的有两大学派，即精神分析学派和行为主义心理学派。在一位老师的建议下，班杜拉来到美国衣阿华大学，师从著名的心理病理学家本顿（Arthur L Benton）教授，攻读临床心理学，并分别于 1951 年和 1952 年获得硕士和博士学位。

1953 年，他到维基台的堪萨斯指导中心，担任博士后临床实习医生，同年在斯坦福大学心理学系执教，1964 年升任正教授。在这期间，受赫尔派学习理论家米勒（N. Miller）、多拉德（J. Dollard）和西尔斯（R. R. Sears）的影响，他把学习理论运用于社会行为的研究中。此后，除了 1969 年任行为科学高级研究中心研究员一年外，一直在该校任教。在这期间，他还担任过美国退伍军人管理局、美国海军医疗所、美国健康研究所等机构的顾问，以及多种心理学杂志的编辑。

班杜拉一生获得许多荣誉和奖励。1972 年，从美国心理学会获得杰出成就奖，从加利福尼亚州心理学会获得科学家奖。1974 年，班杜拉被选为美国心理学会会长。1977 年，他被命名为认知理论之父。1980 年他被选为西方心理学会会长。1989 年，他又在国家科学院医学研究所任职。

在其一生中，班杜拉撰写了一些文章和书籍，在心理学研究中被广泛引用。1959 年班杜拉与理查德·沃尔特斯合作了第一部书《青春期的攻击行为》；1973 年，他写了《攻击行为：社会学习分析》；四年后，他出版了他最优秀的著作《社会学习理论》。这些书和文章多数涉及决定攻击和非行的心理学研究。1946 年，多拉德和米勒出版了《社会学习与模仿》一书，班杜拉认为该书对他提出建模理论作出了贡献。

二、基本的心理学观点

（一）研究对象

班杜拉作为社会认知行为主义的代表人物之一，他也大胆地使用认知、思维、意识等传统行为主义坚决摒弃的概念。但是不管他的理论研究在多大程度上重视了内部认知因素，他的研究仍然是以可以观察的行为为目标的。班杜拉最重视对观察学习的研究，即便如此，他仍将观察学习定位成继经典条件反射、操作条件反射两种学习模式之后的第三种学习模式。因此，班杜拉的理论仍然是以可观察的行为为心理学根本的研究对象。此外，班杜拉不同于传统行为主义者，他注重以人为被试的情景实验研究。

（二）学科性质

班杜拉作为新行为主义的代表人物之一，同其他行为主义者一样也坚持心理学的自然科学性质，这是他对心理学研究的基本论调。但与此同时，他还将影响行为的社会因素纳入到研究当中，这也说明班杜拉本身并非完全排斥心理学的人文性质。综合来说，心理学是一门兼具自然科学和人文科学性质的学科。

三、具体观点

（一）三元交互决定论

在心理学领域，不同理论家对于人性及其行为的因果决定模式有不同的见解。有的是个人决定论，认为个体内部的本能、特质和需要是行为的决定因素，如精神分析、特质理论等；有的是环境决定论，主张人的行为是外部环境的产物，如激进的行为主义；有的是互动论，坚持个人和环境是彼此独立的因素，二者有相互作用。班杜拉不同意以上的观点，提出了三元交互决定论，认为环境、行为及其表现为思维、认知等主观因素的人这三者之间，任何两者之间都有相互关系，从而构成三元交互系统，如图 6－2。

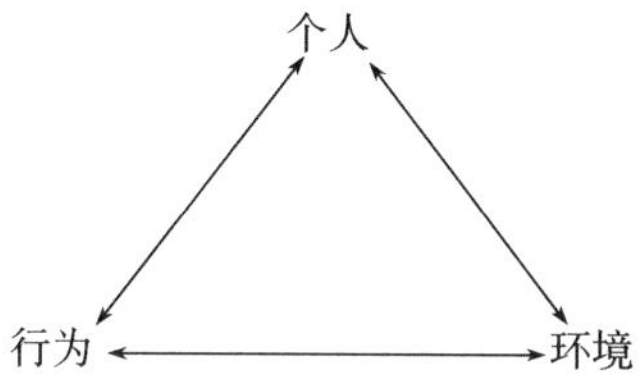

图 6－2 个人、行为和环境三者的交互决定

在三元交互系统中涉及三对双向交互决定的过程。首先，个体与行为之间的相互决定性。个人不同的动机、观念和认识使人表现出不同的行为，而行为的结果又反过来使人的动机、观念和认识发生改变。其次，个体与环境也相互依赖。个人可以通过自己的性格、气质上的特征激活不同的社会环境反应，不同的环境反应对行为也具有决定作用，影响个人的自我评价。再次，行为和环境间的关系也是如此。行为作为个体改造环境的手段，受到环境条件的制约或决定，对于个体而言，环境是否与个体发生关系取决于行为是否激活了环境。

通常情况下，三元交互作用的发展和激活是密切联系、高度相关的。以看电视为例。个体的兴趣爱好决定了他在什么时间选择收看什么样的电视节目。尽管从理论上来说，对于所有的观众潜在的电视环境是相同的，但是实际的电视环境取决于他自己选择什么节目观看。他们对电视节目的选择，本身影响了电视环境的性质。因为出于对生产代价和商业价值的考虑，电视台会根据收视率来调整节目的播放情况，这又反过来影响了观众在所提供的选择范围内敲定自己的目标节目。这里，观众的兴趣爱好、节目选择行为和电视频道节目三者彼此相互影响。换句话说，个体所看到的东西会作用于他们的喜好、思想和行为。

三元交互决定并不意味着构成交互决定系统的三个因素具有同等的交互影响效果，而且三者间的交互作用模式也不是固定不变的。有时环境的影响对行为具有决定作用，有时行为是三元交互决定因素中的重要成分，有时认知等个体因素的作用更大些。不过，班杜拉尤其重视的是人的因素，他把人的因素进一步概括为自我系统、符号化能力、替代学习能力、预见能力、自我反省能力，它们在行为的形成和环境的知觉中有重要作用。

三元交互理论映射了班杜拉对人性的理解方式，即一方面人是自己命运的主人，另一方面人要受到外部环境条件的制约，不是无限自由的。这种对人性的认识和理解不仅决定了班杜拉的研究方法，同时也决定了他的研究内容。经典的行为主义者认为人性及其行为输出是环境的产物，他们不会研究人的自我指导能力，而班杜拉却会将研究焦点定位到自我调节能力、自我效能感、自我反省能力等方面。

（二）观察学习理论

观察学习理论是班杜拉社会学习理论体系中最具特色的理论之一，也是他对心理学贡献最大的一个理论。班杜拉认为不同于直接经验的学习，观察学习是一种更普遍、更有效的学习方式，因此他将研究的重点转移到观察学习上。

班杜拉对观察学习的界定是："一人通过观察他人的行为及其强化结果而习得某些新的反应，或使他对已经具有的某些示范反应作出实际的外显操作。"① 观察学习又被称为替代性学习或无尝试学习，即学习者不需要直接作出反应，也不必亲身体验强化，只要观察他人在一定环境中的行为，并观察他人接受的强化就可以达到学习的目的。

观察学习是一种示范作用过程，它具有以下几个特点：1. 观察学习不一定有外显的行为表现。班杜拉提出，个体能够通过观察别人的示范行为，在自己尚未表现出相应的行为之前就习得此行为，而他并不一定具有明显的外在表现。2. 观察学习不依赖于直接强化。也就是说，观察者不需要亲身接受强化就可以完成学习过程。3. 观察学习是认知过程。在观察学习过程中，个体可以利用内部的行为表象来指导自己的行为。4. 观察学习不是简单模仿。观察学习过程除了包括模仿的阶段外，也有创作的成分，涉及对他人行为后果的认知过程。而且，班杜拉区分的两种独具特色的观察学习（抽象的观察学习和创造性的观察学习）也说明了观察学习同模仿间的区别。

在班杜拉看来，观察学习是一种信息加工活动，他将观察学习分成四个相互关联的子过程：注意过程、保持过程、产出过程和动机过程。如图 6－3 所示，不同的过程涉及不同的要求和事件。

注意过程决定了个体在丰富的示范环境中选择什么样的行为作为观察的对象，也就是对榜样的知觉过程。影响注意过程的因素主要有四个：示范活动的显著性和复杂性；观察者的知识经验、认知能力、知觉定势；榜样的年龄、性别、职业、地位、声望和权力；个体的人际关系的结构特征。

保持过程指观察者将在观察活动中获得的有关示范行为的信息用符号表征的方式储存在记忆之中以备后用的过程。保持过程涉及三种重要的内部机制：第一，即示范信息的符号转换。它是将外部的示范信息进行编码并转换为内部信息

---

① 班杜拉．思想和行动的社会基础——社会认知论［M］．林颖，王小明，胡谊，等，译．上海：华东师范大学出版社，2001：549.

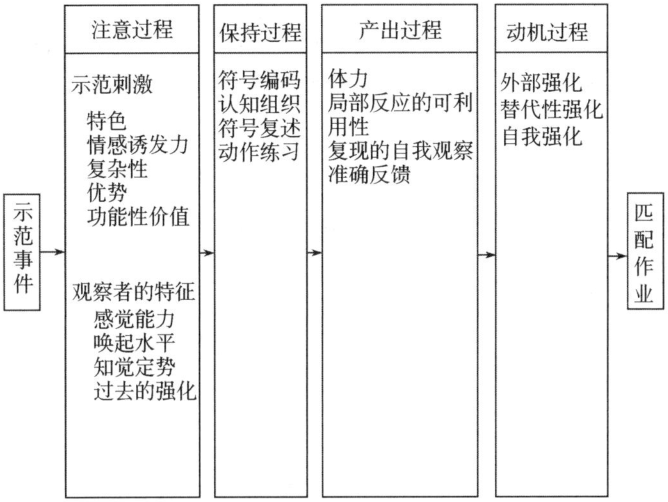

图 6－3　观察学习过程框图

符号，是观察者把某种具有非时间的、相对稳定的工具作为承载示范信息的载体，并将信息承载于此的过程。第二，示范信息的认知表征。就是说，观察者将示范行为的符号信息通过语义或形象表征的方式保存在大脑中。第三，演习和保持。对示范信息的编码和表征会在感觉记忆或短时记忆转化成长时记忆的过程中发挥作用，对于长时记忆信息来说，更重要的是演习，无论是物理操作演习还是认知训练演习。

产出过程是一个将在注意和保持基础上形成的关于示范行为的内部符号表征转化为外显行为的过程。这个过程的完成需要以内部形象为指导，将原有行为组合成新的模式，并将内部表征同外部行为进行一定的匹配。它涉及到反应的整合、概念—匹配过程和产出过程的熟练因素等问题。班杜拉指出，若要完成重现示范行为并形成最佳的行为模式，观察者必须具备一定的运动能力。

动机过程是指观察者在特定的条件下由于某种诱因的激发而表现出示范行为的过程，即它决定了哪种经由观察习得的行为最终得以表现。班杜拉认为，决定观察者行为表现的诱因主要有三类。第一，直接的诱因，是示范行为的执行直接导致的各种内外结果，如物质奖励、社会赞许等。第二，替代的诱因，是示范行为的执行对观察对象的影响，而且观察者与观察对象越相似，替代诱因的效果越明显。第三，自我生成的诱因，是观察者对示范行为及其结果的自我反应或自我评价。

（三）自我效能理论

自我效能理论是班杜拉社会学习理论体系的重要组成部分。自我效能是指个体对自己能否在一定水平上完成某一活动所具有的能力、信念或主体自我的把握与感受。也就是个体在面临某一任务活动时的胜任感及其自信、自尊等方面的感受。自我效能也可称做“自我效能感”、“自我信念”、“自我效能期待”等。它是个体对成功完成某种活动所需能力的预期、感知和信念判断，而不是行为或能力本身。

班杜拉指出：“效能预期不只影响活动和场合的选择，也对努力程度产生影响。被知觉到的效能预期是人们遇到应激情况时选择什么活动、花费多大力气、支持多长时间的努力的主要决定者。”① 班杜拉对自我效能的形成条件及其对行为的影响进行了大量的研究，指出自我效能的形成主要受五种因素的影响，包括行为的成败经验、替代性经验、言语劝导、情绪和生理的唤起、情景条件。

第一，行为的成败经验指经由操作所获得的信息或直接经验，这种亲历的掌握性经验对自我效能感的影响最大。成功的经验可以提高自我效能感，使个体对自己的能力充满信心；反之，多次的失败会降低对自己能力的评估，使人丧失信心。

第二，替代性经验指个体通过观察与自己能力等人格特征相近的他人行为及其成就水平，进而获得有关自我可能性的认识。它使观察者相信，自己处于类似情境中也会获得同样的成就水平。

第三，言语劝导包括他人的暗示、说服性告诫、建议、劝告以及自我规劝，也就是个体接受别人认为自己具有执行某一任务能力的言语鼓励而相信自己的技能。但是言语劝导的效果取决于它是否符合实际情况，不符合的话会适得其反。

第四，情绪和生理的唤起也影响自我效能的形成。在充满紧张、危险的场合或负荷较大的情况下，情绪易于唤起，高度的情绪唤起和紧张的生理状态会降低个体对成功的预期水准和自我能力的评估。

第五，情景条件对自我效能的形成也有一定的影响，某些情境比其他情境更难以适应与控制。当个体进入一个陌生而易引起焦虑的情境中时，会降低自我效能的水平与强度。

班杜拉主张自我效能感主要借助四种中介机制对个体产生影响，即认知过程、动机过程、情感过程和选择过程。而且，自我效能感并非一个静态的固有属性，它会随着个体的生理、心理和社会性的发展而变化，随着对个体与环境相互作用的信息的获得而变化。在人的毕生发展过程中，个体每一阶段的自我效能会因前一阶段的社会化和当前活动结果的不同而表现出不同年龄阶段的发展特征。

自我效能感作为一个极具影响力的主观信念，对人的思维模式和情绪反应都有重大影响，如它可以影响人们对行为的选择和输出，影响人们对完成任务时实

① 班杜拉．思想和行动的社会基础——社会认知论［M］．林颖，王小明，胡谊，等，译．上海：华东师范大学出版社，2001：551．

际付出的努力程度，影响人们在面临挑战时的意志坚韧性，影响人们对当下任务的情绪体验或自信或焦虑，影响人们任务完成后的成功体验。在一定程度上可以说，自我效能感是主体自我系统的核心动力因素之一。个体的潜能能否发挥或多大程度上得以发挥，部分取决于个体的自我效能感与其实际的知识和技能储备间的协调。一般来说，男性的自我效能感要高于女性，而且男性和女性在中年时的自我效能感达到顶峰，60 岁以后开始下降①。

最后，自我效能理论在很多的领域都得到了广泛的应用，如医学心理学、健康心理学、体育心理学、学校教育、职业指导、组织管理等。而且，在未来发展趋势中，它的应用性也必将得到更好的推广。

（四）行为矫正论

行为矫正论是班杜拉的社会学习理论在临床心理中的一个应用。班杜拉的行为主义社会认知方法在改变或矫正那些被认为是变态的和不理想行为中有明显的效果。班杜拉认为，如果能够通过观察他人、模仿他人行为进而习得行为，那么也可以通过同样的方式来改变或矫正不良行为。对班杜拉来说，症状的治疗就等同于失调行为的治疗。班杜拉在《行为矫正原理》中阐述了示范模仿疗法的具体内容。示范模仿疗法是指个体通过观察榜样及其示范行为，进而增加或获得良好行为，减少或消除不良行为的一种行为矫正方法。

观察者学习的榜样可以是现实生活中的人或事，可以是电影、电视、照片、卡通人物，也可以是身边的人，而且他可以只是单纯的观察，也可以是边观察边模仿。依据不同的情况，班杜拉将示范行为划分成真实性示范模仿、符号性示范模仿、参与性示范模范、想象性示范模仿四种形式。无论何种示范模式，其理论依据就是观察者通过观察一个榜样在能够引起他本身焦虑的情境中的行为反应来减轻焦虑。举例来说，班杜拉在实验中以对蛇恐惧的成年人为治疗对象，将他们随机分成四组并接受不同的治疗方式。第一组为符号性示范模仿组，让被试观看青少年或成人与蛇互动的影片，每次都保证被试在一种不太焦虑的情况下重复看影片，直到被试不再焦虑为止。第二组为参与性示范模仿组，让被试观察榜样者玩蛇，之后引导被试去触摸蛇，最后达到没有榜样的协助也能自己玩蛇为止。第三组为想象性示范模仿组，就是单纯的系统脱敏疗法。第四组为对照组，不接受任何治疗。研究发现，所有的示范模仿疗法都能有效地降低当事人对蛇的恐惧。

班杜拉的行为治疗理念被广泛应用于商业、临床、教学课题等领域，在消除对蛇、封闭空间、开阔空间和恐高等症状方面疗效显著，在治疗强迫症、性功能紊乱和焦虑症等方面也非常有效。班杜拉这一方面的理论也被应用到对某些社会问题的解决上来，如提高文化素质、控制艾滋病等。与其他行为矫正方法相比，

---

① 叶浩生．现代心理学史［M］．南京：江苏教育出版社，2005：290.

示范模仿疗法的独特性表现在它能训练社交技能的培养①。

四、评价

班杜拉的社会学习理论是在前人研究的基础上，特别是行为主义学习理论研究的基础上发展起来的，但他突破了旧的理论框架，把行为主义、认知心理学和人本主义思想加以融合，以信息加工和强化相结合的观点阐述了学习的过程和机制，并把社会因素引入到研究中。他所建立的社会学习理论开创了心理学研究的新领域。

（一）贡献

1．班杜拉将认知的元素纳入到行为主义研究范式。班杜拉将认知心理学的研究成果纳入到自己的研究体系中，把强化理论与信息加工理论有机地结合起来。用认知的术语阐述观察学习的过程和作用，本质上这是一种行为理论体系，但他对认知过程的引入，超出了传统行为主义的范畴，形成了“认知—行为主义”，有别于直接的、机械的行为模仿学习，使解释人的行为的参照体系发生了重要的转变，填补了传统行为主义的漏洞。

2．班杜拉的理论更加重视社会因素的作用。班杜拉在社会学习理论研究中，注重社会因素的影响，把学习心理学同社会心理学的研究有机地结合在一起，提出了观察学习、间接经验、自我调节等概念，改变了传统学习理论重个体轻社会的倾向，促进了学习心理学的发展。

3．班杜拉的研究对象由动物转向人。班杜拉强调学习过程中的社会因素和认知过程的重要作用，因此他的实验一般以人为研究对象，这就避免了行为主义以动物为实验对象，把由动物实验得出的结论推广到人当中的错误倾向，保证研究结论更加具有说服力。

（二）局限

1．班杜拉的理论体系不完善。班杜拉的社会学习理论由于具有开放性特征，因此它缺乏内在统一的理论框架。该理论的各个部分较分散，如何将彼此关联起来，构成一个有内在逻辑的体系，是其尚待解决的问题。

2．班杜拉对认知因素的重视度不足。班杜拉虽然强调了人的认知能力对行为的影响，但其研究的重心仍然是行为分析，对人的内在动机、内心冲突、建构方式等因素没做研究，表明其理论本身仍然有较大的局限性。

3．班杜拉理论忽视了发展变量的影响性。班杜拉提出观察学习的理论本质上是一种主动的学习过程，他忽视了对儿童独立学习能力的考察，忽视了儿童自身的发展阶段对观察学习的接受能力。同时，班杜拉的实验存在一定的伦理问

---

① 叶浩生．心理学史［M］．北京：高等教育出版社，2005：139.

题。因为他给儿童观看一些暴力或攻击视频，无疑唆使儿童使用攻击的方式处理问题，这对儿童的健康成长具有不利影响。

快乐加油站：班杜拉社会认知论的应用故事[①]

航空公司的客机劫持事件生动地说明了侵犯手段的迅速蔓延及其衰落。在一架大型客机于 1961 年被劫持到哈瓦那之前，美国还无人知道空中劫持这一概念。在这之前，曾有古巴人劫持客机到迈阿密。这些事件之后，在美国和其他国家出现了一次劫机的浪潮，最后竟波及 70 多个国家。后来，劫机事件在美国虽有所减少，但仍继续向其他国家蔓延。这样，国际上的空中劫持就变得很普遍了（Bandura，1979）。一名有创意的劫机者，库珀（D. B. Cooper）创造了一种新的要挟方式。他索要一个降落伞和一笔相当可观的赎金以赎取机上的乘客（旧金山编年史，1971），然后他从机上跳伞，降落到了某个偏远地区。受其成功的启发，其他人也开始仿效。于是这一新闻又暂时复活了已在美国衰落下去的劫机现象。在几个月内，共发生 18 起使用降落伞的劫机事件。对逮捕劫机犯的宣传，又促进了这一劫机手段的创新性改进，于是又需要新的对策。一旦某项能立即带来巨额财富的聪明的技术被很多人知道以后，就难以制止其滥用，除非它从公众的意识中消失。几年后，美国及其他国家的空中劫持事件迅速减少，其原因随后再讨论。有时，是媒体播放的虚构的故事提供了醒目的样例，传播了有侵犯性的行为方式。电视剧《末日飞行》因其所示范的新颖的劫机手段，对此作了很好的说明。在该剧中，一名劫机犯威胁航空公司官员，一架执行洲际飞行的客机，如果在 5 000 英尺以下着陆，安放在机上的一枚气压炸弹就会爆炸。最后，飞行员选择了一个高于临界高度的机场着陆，从而以智慧战胜了劫机犯。在该剧播映后的两个月内，使用同样气压炸弹的劫机企图迅速上升（Bandura，1973）。而且，该剧在美国及其他国家的不同城市重播 1—2 天后，航空公司受到了劫机犯更多的勒索。他们要求航空公司支付巨额费用，而后才会指出涉嫌安置在飞行中的客机上对高度敏感的炸弹位置。飞机于是返回海拔较高的机场，航空公司官员满足了劫机者的无理要求，而所学到的只是机上并没有炸弹。该剧在安克雷奇重播后，使得一名阿拉斯加州的观众成为拥有 25 000 美元的富翁。在悉尼的重播，则使一名澳大利亚人从奎塔斯航空公司勒索到 560 000 美元，从而立即暴富。他把该公司官员引到机场的一个存衣柜旁，在那里，他事先放置了一枚他制造的气压炸弹的样本，这样就大大增加了他威胁的分量。

---

① 班杜拉．思想和行动的社会基础——社会认知论［M］．林颖，王小明，胡谊，等，译．上海：华东师范大学出版社，2001：239－240．

【建议参考资料】

1. 舒尔茨. 现代心理学史［M］. 杨立能，沈德灿，译. 北京：人民教育出版社，1981.

2. 高觉敷. 西方近代心理学史［M］. 北京：人民教育出版社，1982.

3. 叶浩生. 心理学史［M］. 北京：高等教育出版社，2005.

4. 章益. 新行为主义学习论［M］. 济南：山东教育出版社，1983.

5. 燕国材. 中国心理学史［M］. 杭州：浙江教育出版社，1998.

6. 郭本禹. 西方心理学史［M］. 北京：人民卫生出版社，2007.

7. 班杜拉. 思想和行动的社会基础——社会认知论［M］. 林颖，王小明，胡谊，等，译. 上海：华东师范大学出版社，2001.

8. 舒尔兹 D P，舒尔兹 S E. 现代心理学史［M］. 叶浩生，译. 南京：江苏教育出版社，2005.

9. 黎黑. 心理学史：心理学思想的主要趋势［M］. 刘恩久，译. 上海：上海译文出版社，1990.

10. 赫根汉. 心理学史导论［M］. 郭本禹，译. 4 版. 上海：华东师范大学出版社，2004.

【问题与思考】

1. 斯金纳怎样区别应答性行为和操作性行为的？

2. 对斯金纳来说，什么构成了强化物？斯金纳为何主张应该用积极的强化依随而不是惩罚来控制行为？

3. 简述并评价班杜拉的三元交互理论。

4. 试述班杜拉的观察学习理论。

5. 论述班杜拉自我效能理论的主要观点及其应用。

6. 阐明斯金纳在行为矫正中所追寻的一般规则。举例说明怎样能把这种规则应用到对行为失调的治疗中。

第七章　从元素到整体

【本章提要】

从内容和构造主义心理学，到意动和机能心理学，都一直试图模仿自然科学，对心理内容和心理活动进行分门别类，试图将其还原为少量元素。但无穷无尽的心理现象，耗尽了心理学家的聪明才智。行为主义干脆回避了不可捉摸的心理内容与活动，力图把外显行为的形成机制还原为少量元素。但所有这些学院派研究，也都是在心理活动表面徘徊。从精神分析开始，弗洛伊德在对意识底层奥秘的窥探中，超越了内容和意动、结构和机能、心理和行为的纷争，但只是分析的对象转向了心理的发展过程和动力机制，仍旧是一种元素分析的逻辑。

元素分析视野下的心理学是支离破碎的，本章将要介绍的格式塔心理学，以及勒温的拓扑心理学和皮亚杰的发生认识论，都以其独特的整体观点，超越了元素主义，向我们呈现了完全不同的更为完整的心理画面。

在似动现象的启发下，韦特海默和苛勒、考夫卡创立了格式塔心理学派。该学派在先验论、现象学、形质学说和场论基础上，以现象学方法，对人类以及高级灵长类动物的经验、行为及其环境进行整体分析，系统整理了知觉现象的主要原则，并以其顿悟学习、迁移和创造性思维学说丰富了学习理论。

勒温的拓扑心理学使用更为严格的实验方法，使用拓扑学和向量学手段，将研究对象扩展到了动机、人格和社会心理学领域，并把研究和实践相结合，展示了以整体为特色的心理学在社会实践中的强大力量。

格式塔心理学虽然超越了元素主义，但把整体作为一种先验结构，忽略了结构的发展。勒温虽然论及了心理发展的拓扑心理学表达，但由于坚持同时性原则，有意忽略历时的发生过程，其整体观同样不够彻底。同样主张整体论的皮亚杰，则结合了生物学、逻辑学、数学和心理学等多个学科的成就，在吸收格式塔心理学整体观基础上，提出了发生认识论思想。发生认识论把整体结构和发生发展结合起来，既探讨儿童认知的内部结构，又探讨这种结构的后天发生和发展过程。这一方面避免了格式塔心理学静态整体论对发生的忽视，另一方面也避免了行为主义后天经验零碎积累对整体结构的忽视。

【学习重点】

1. 明确似动现象对格式塔心理学建立的意义。

2. 掌握格式塔心理学知觉的重要原则及其学习理论的主要内容。

3. 掌握勒温的生活空间和心理张力系统的概念和场论原理，并理解人格动力理论和团体动力学思想。

4. 理解皮亚杰发生认识论的主要观点，掌握格式与图式、同化与顺应、平衡化与自我调节、外化建构与内化建构等概念的含义。

【重要术语】

似动现象　顿悟学习　心理场论　生活空间　蔡加尼克效应　格式与图式　同化与顺应　平衡化与自我调节

第一节　格式塔心理学

一、代表人物及生平

格式塔心理学的主要代表人物是韦特海默、苛勒和考夫卡，与其所主张的整体观念相一致，他们形成了一个稳定的三角形学术团队。其中韦特海默是“智力之父，思想家和革新者”，考夫卡是“这个小组的销售者”，而苛勒就是“内部人士，是干实事的人”①。他们在学术上团结一致，从没有任何公开的争论，这在其他学派是少有的。

（一）韦特海默

韦特海默（M. Wertheimer，1880—1943）是布拉格的一位犹太人。他是首批从纳粹德国逃亡美国的难民学者，1933 年到达纽约，加入了社会研究新院。此后，他一直在那里从事研究工作，直到 10 年后逝世。

韦特海默思想灵活，口才很好，是位极富煽动力的雄辩家。由于研究似动现象，促使了格式塔心理学的诞生，由此被公认为格式塔心理学派的创始人。

（二）苛勒

苛勒（W. Kohler，1887—1967）出生于波罗的海，1909 年在柏林大学获得哲学博士学位，与韦特海默、考夫卡共同从事研究工作，是格式塔心理学的创始人之一。

1913 年，苛勒到非洲西北海岸的特纳利夫岛进行黑猩猩研究。“一战”爆发使他在此滞留 7 年之久，得以潜心研究黑猩猩。1917 年出版的《猿的智慧》一书，被认为是格式塔心理学的经典之作。在此基础上，苛勒提出了著名的顿悟学习理论，使苛勒一举成名，成为灵长类行为实验研究的先驱。

1935 年，苛勒离开纳粹德国移居美国，他开始主编格式塔心理学的《心理学研究》杂志。其主要著作还有《价值在事实世界中的地位》（1938）、《心理学

---

① 叶浩生. 心理学史［M］. 上海：华东师范大学出版社，2009：204.

中的动力学》(1940)、《图形后效》(1944)等。1956 年，他获得美国心理学会的杰出科学贡献奖，1959 年被推选为美国心理学会主席。

（三）考夫卡

考夫卡（K. Koffka，1886—1941），出生于德国柏林，1909 年获柏林大学哲学博士学位。自 1910 年起，他同韦特海默和苛勒在德国法兰克福开始了长期的创造性合作。1927 年担任美国史密斯学院心理学教授，从事知觉实验，一直工作到 1941 年去世。

考夫卡善于写作，1921 年出版了一本儿童发展心理学著作《心之成长》，在德国和美国都获得了成功。1932 年，为了研究中亚人，曾随一个探险队进行调查，并开始写作《格式塔心理学原理》，该书于 1935 年出版，成为格式塔心理学集大成之作。

二、科学观

格式塔心理学既研究经验，也研究行为，面对的是心理现象的整体。因此，构造主义的直接经验和行为主义探讨的行为，都成为格式塔心理学的研究对象。

格式塔心理学研究直接经验，并非构造主义者眼中支离破碎的经验。苛勒认为，就是主体感受到或体验到的一切，仍是一个有意义的整体。直接经验有两类：一类是客观经验，这是可共证的，彼此可取得一致的经验；另一类是主观经验，如个人的思维过程、情感过程等。格式塔心理学既研究主观经验，也研究客观经验。

格式塔心理学也研究行为，但并非行为主义眼中被分解的分子行为。格式塔心理学研究的是有意义的整体行为，这些行为具有目的性，如学生听课、教师讲学等，产生于环境之内，是由环境所决定的。

格式塔心理学家还关注环境，但不同于普通意义上的环境。在他们看来，环境有两种：一种是地理环境，指外界实际存在的环境；另一种是行为环境，指个人心目中的环境。人的行为主要是受行为环境所决定的。

心理物理场含有自我和环境，它们又各有结构。而任何一种人的行为，都必然深受其行为环境的影响和制约。格式塔心理学研究行为与心理物理场的因果关系，试图以场论发现心理与物理现象的更为本质的联系。

三、方法论

（一）哲学基础

1．康德的先验论。康德（I. Kant，1724—1804）认为，人的经验是一种整体的现象，不能分析为简单的各种元素，心理对材料的知觉是在赋予材料一定形式的基础之上并以组织的方式来进行的。康德的这一思想成为格式塔心理学的核心源思想，也成为格式塔心理学理论建构和发展的主要依据。

2. 胡塞尔的现象学。胡塞尔（E. E. Husserl，1859—1938）的现象学方法，就是要观察者摆脱一切预先的假设，借助于直觉，尽可能对直接经验作朴素的和完整的描述，从而使观察对象的本质展现出来。格式塔心理学将现象学作为自己的方法论，并对现象学的方法进行了改造，主张采用直观的方法去研究直接经验。

3. 厄棱费尔（C. von Ehrenfels，1859—1932）的形质学说。形质是独立于感觉元素之外的一种形式。例如，一个正方形由四条直线组成，对四条直线的感觉是正方形知觉的基本成分，但是正方形的知觉并不依赖于这四个感觉成分的任何一个。只有这四条直线以一定的关系形式组织起来后，正方形的知觉才能出现。这个关系形式就是形质。厄棱费尔的形质学说是格式塔心理学的直接先驱。

4. 物理学中的场论。19 世纪末 20 世纪初，物理学界抛弃了机械论，提出了场的概念。场不是个别物质分子引力和斥力的总和，而是一个全新的结构。格式塔心理学家试图用场论解释心理现象及其机制问题。

（二）具体方法

1. 强调现象学方法。现象学强调对意识的如实描述，不附带任何前提和假设。把这一观点应用到心理学的研究中，格式塔心理学家认为心理学应该研究日常生活的完整经验，不对经验进行任何的人为分析，保持经验的自然和完整特点。

2. 强调整体分析。格式塔心理学通过似动现象的研究，指出心理现象的整体特性，认为一切心理现象和心理过程都是有机的整体，不可以分析为元素。

3. 强调质的分析先于量的分析。过度强调量化方法，会导致心理学研究范围的狭隘。对量化方法的过度强调限制了心理学的合法研究范围。

4. 在具体研究方法上，格式塔心理学持开放态度，认为方法的选择应依据研究对象的性质。格式塔心理学的特色方法是现象学方法，但是格式塔心理学并不反对其他方法的使用。

四、具体观点

（一）似动现象与格式塔心理学的建立

似动现象非常常见，影视的静态画面一帧帧呈现，我们却感到是在运动，霓虹灯泡并没有移动，我们却感到它们在流动。这种简单的心理现象，是一种运动知觉。它对早期元素心理学来说，几乎是一场灾难，因为仅仅用感觉的组合，难以给出令人信服的合理解释。

1910 年，韦特海默在火车上的旅途中，突然想到了一种研究视觉的运动知觉的方法。他请了考夫卡和苛勒作被试，开始了似动现象的实验研究。

他们使用速示器，把两条角度不同的亮光直线投到黑色背景上，并可以控制不同的呈现时间间隔。他们发现，如果时间间隔为小于 30 毫秒，被试看到的是两条同时出现的直线，没有运动感觉的出现；如果时间间隔超过 200 毫秒，被试则看到两条相继出现的直线，也没有运动感觉的出现；但如果时间间隔为 60 毫秒左右，被试就会看到一条运动的光线，从一个角度转向另一个角度，这就是光线的似动现象，见图 7－1。

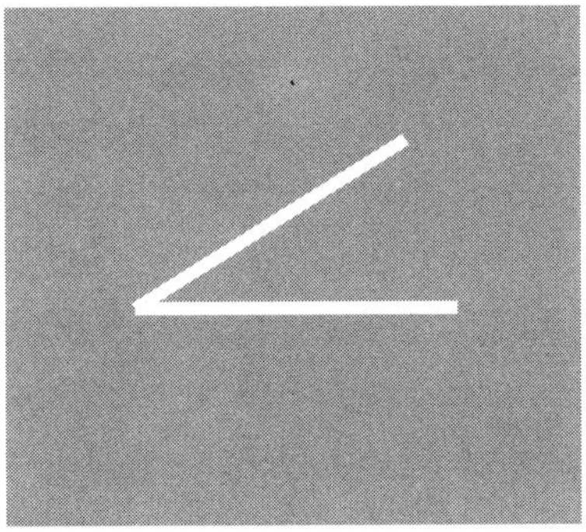

图 7－1　相继呈现的两条光线

似动现象是人所周知的事实，但是怎样解释这一现象却存在着争论。一种解释认为，似动现象是眼球运动造成的，但韦特海默发现眼球运动所需的时间约需 120 毫秒，因此在 60 毫秒的时间内不可能产生眼球运动。另一种解释认为，似动现象是由于推理的作用而产生的。也就是说，被试先看到一条线，又看到一条线，于是产生了无意识的想象，导致了动的错觉。但是韦特海默认为，为什么仅在 60 毫秒的间隔时间条件下，被试才有这种想象呢？

韦特海默的回答让人吃惊的简单：似动现象不需要解释，它就像你知觉到它那样存在着，不能被还原为任何更简单的元素。他把这个现象称之为“似动现象”或“Φ 现象”（phi phenomenon）。韦特海默认为，似动现象是一个整体，不是以孤立的二线可以解释的。换句话说，它是一个格式塔。格式塔所具有的性质不存在于它的部分之中，而存在于整体中。

从似动现象出发，韦特海默认为一切心理现象都具有整体的性质。整体不是元素的总和，不可以分析为元素。整体的性质并不存在于它的部分之中。格式塔心理学的整体说便以此为出发点。有关似动现象的研究报告《关于运动知觉的实验研究》发表于 1912 年，它是格式塔心理学建立的标志。

（二）同型论

同型论是韦特海默为了进一步产生似动现象而提出来的观点。他声称：“我们发现许多过程，从其动力形式看，不管它们的元素材料的特性如何变化，都是相同的。当一个人胆怯、害怕或精神饱满、高兴或悲伤时，时常表示出他的身体过程的进程和这些心理过程所进行的进程是完全相同的格式塔。”①

在似动现象中，被试在事实上无运动的情境里觉察到明显的运动，说明两个刺激引起了相互交迭的两个脑场，使之产生类似于真动的似动感觉。而真动和似动具有相同的格式塔特征，即二者同型。同型论是为了说明心和物都具有同样格式塔的性质，都是一个相关的有组织的整体，它不是部分之和，而部分也不含有整体的特性。

（三）格式塔心理学的知觉研究

根据似动研究的成果，形成了格式塔心理学的核心内容：知觉研究。与其他流派不同的是，格式塔知觉研究强调知觉的主动性和组织性，认为知觉总是用尽可能简单的方式，从整体上去认识外界事物。

1923 年，韦特海默发表了一篇论文，提出了格式塔心理学派的知觉组织原则。此后通过大量实验，格式塔心理学家提出了许多知觉的组织原则。这些原则描述了我们如何组织、构建或解释所看到的刺激。其中的许多原则，在今天仍然是知觉心理学中的重要原则，主要可以概括为以下八条：

1．图形与背景的关系

我们看东西时，总是只有部分内容凸现出来，这一部分就形成图形，而另外一些方面则退居到衬托的地位，形成背景。图形与背景的区分，主要取决于图形与背景的差别。差别越大，越容易辨别；差别越小，越不容易。这就是军事上的迷彩伪装的原理。另外，由于主体经验或注意力指向不同，图形与背景也可能出现互换，如图 7－2 中，当你注意白色部分时，可能看做是花瓶；当你注视黑色部分时，又会把它看成两个人的侧脸。

图 7－2　图形与背景

① 舒尔茨．现代心理学史［M］．杨立能，沈德灿，译．北京：人民教育出版社，1981：301．

2. 邻近原则。在空间或时间上比较接近或邻近的两个对象，容易被感知为一个整体。如图 7－3，间隙较小的五角星更像是一个整体，组成四条竖线。同样，当我们生活中听到敲锣打鼓时，我们也会根据锣鼓声之间的时间间隔长短来进行听觉组合，形成有层次的复杂的音群。

图 7－3　邻近原则

3. 相似原则。形状、大小、颜色、结构等方面相似的部分容易组成整体。如图 7－4，圆圈和黑点容易被分别知觉，排成了五条横线。

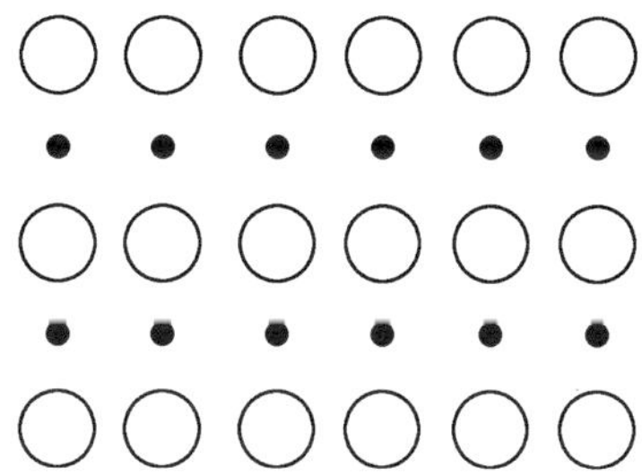

图 7－4　相似原则

4. 闭合原则。人们的知觉对不完满的图形或残缺的图形，有一种使其完满的倾向，即填补缺口的倾向。如图 7－5 的五角形虽不封闭，然而人们在知觉时，倾向于把它组合成一个封闭的完形。

图 7－5　闭合原则

5. 完形原则。知觉的组织原则，使人们尽可能地把图形看做是一个“完好”图形的趋向，即把不完全的图形视为完全的图形，无意义的图形看做有意义的图形，一个“完好”的图形是匀称、简单、稳定、可理解的。见图 7－6。

图 7－6　完形原则

6. 共向原则。一个整体中的部分，如果向共同的方向移动，那么这些共同移动的部分易被感知为一个新的整体，而未动的部分组成另一个整体。如图 7－7，在这个图形中我们看到的不是由黑点组合成的四列竖线，而是比较容易把前两列和后两列分别看做是一个整体。

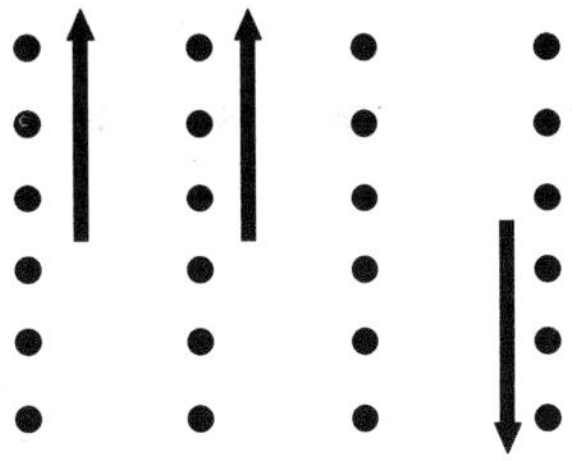

图 7－7　共向原则

7. 简单原则。人们对一个复杂对象进行知觉时，只要没有特定的要求，就会常常倾向于把对象看做是有组织的简单的规则图形。如图 7－8，简单性原则就很容易使我们将它看做一个三角形里面镶嵌了一个圆，而不会把它视为一个圆的周围有三个角。

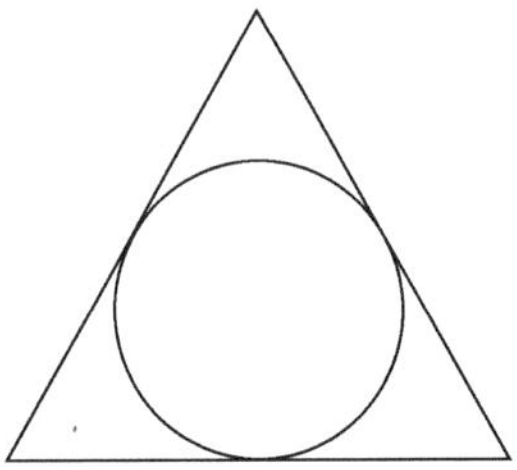

图 7－8　简单原则

8. 连续原则。如果一个图形的某些部分可以被看做是连接在一起的，那么这些部分就相对容易被我们知觉为一个整体。如图 7 - 9，人们总是将这个图形看成是一条直线与一条曲线的多次相交而成，一般不会把它看成是由多个不连续的弧形与一条横直线的组合而成。

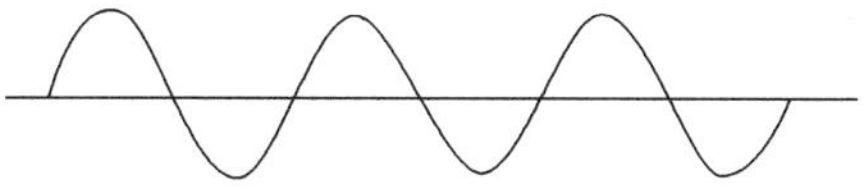

图 7 - 9　连续原则

上述原则多数并非格式塔首创，但格式塔心理学家却将它们系统、有效地组织起来，从而使其成为了格式塔知觉理论的特色。

（四）学习理论

1. 顿悟学习

在 1913—1920 年间，苛勒在特纳利夫岛对黑猩猩进行了很多研究，1917 年出版了《人猿的智慧》，格式塔研究也因此由知觉领域深入到了学习领域。下面以几个例子简单介绍他的实验。

（1）迂回实验。把香蕉从很高的窗户扔到室外，黑猩猩能顺利地从门走向场地，获得香蕉。苛勒用狗做类似的实验，发现狗也能顺利解决问题。

（2）利用现成工具的实验。把猩猩关进栅栏内，目的物放在笼外猩猩够不到的地方，但靠近栅栏处放着几根手杖。几乎所有的猩猩都能借助手杖获得目的物，也就是说它们把本来无关的物体（手杖）与情境联系起来了。

（3）制造工具的实验。同上一实验，但没有手杖，却有一棵砍倒的树。大多数猩猩面对此情境显得束手无策，少数较聪明者经过一番踌躇后，能径直走向枯树，折下一根细长的枝条，奔向栅栏，取得目的物。最聪明的一个叫苏丹的黑猩猩，还能连接两根短竹竿成长竹竿，取得一根竹竿无法取得的目的物，见图 7 - 10。

图 7 - 10　制造工具的苏丹

（4）建筑实验。例如，叠木箱实验，要求猩猩不仅利用现成的木箱，还要把两个或两个以上的木箱叠起来以增加高度，取得高高悬挂的目的物。此实验要求猩猩理解建立两箱的稳固结构与获得目的物之间的关系。实验表明只有几只猩猩在实验者的多次帮助下，才解决了这一难题，而且解决得不甚理想。

苛勒根据整个情境和刺激之间的相互关系来解释这些动物实验结果，其解释与知觉的格式塔观点是一致的。他认为问题解决的关键是对情景和刺激之间整体关系的顿悟。

在上述实验中，黑猩猩的问题解决表现出几个特点：

（1）在问题解决过程中，黑猩猩经常表现出迟疑不决，出现长时间的停顿。

（2）停顿往往成为前后行动的转折点，停顿前盲目行动、犹豫和困惑，停顿后似乎目的明确，行为按部就班，形成了一个连续的整体，并顺利达成目的。

这说明停顿之后动物在认识上有了一个飞跃，对情境中各种事物的关系有了一个整体的理解，了解自己的行为与目的物之间的关系，也就是形成一个新的格式塔。

顿悟说和桑代克的试误说显然是对立的。桑代克的试误说否认学习过程中理解、领会、思维等认知活动的参与，认为学习过程究竟是渐进的、连续的量变过程，而顿悟说则与之相反。实际上，学习过程中尝试错误和顿悟过程是互为补充的。在学习的最初阶段往往出现试误的过程，并在试误的过程中产生顿悟。因此，两者不能割裂开来。

2. 迁移

格式塔学派认为，由顿悟学到的方法既能长久保持，又利于适应新情境、解决新问题，也就是说，顿悟可以高度迁移。

在迁移问题上，格式塔心理学家和桑代克也有明显的分歧。桑代克认为，只有当两个或两个以上的情境存在着共同要素时，学习者从某一个情境中获得的心理机能的改进才能影响到其他情境中的心理机能的改进，这是一种迁移的共同要素说。格式塔心理学家则认为，迁移不是由于两个学习情境具有共同成分、原理或规则而自动产生的，而是由于学习者顿悟了两个学习经验之间存在关系的结果，后人把这种迁移理论称为关系转换说。

为了证明格式塔的迁移理论，苛勒做了一个著名的迁移实验，见图 7－11。将两张深浅不同的灰色纸片放在动物面前，在较深灰色的纸片下放置有食物，较浅灰色的纸片下是空的，通过不断移动两张纸片的位置反复训练，这样动物就学会了只对较深灰色的纸片作出反应而获得食物。以后变换实验情境，保留原来较深灰色的纸片，用黑色纸片代替较浅灰色的纸片，食物则放置在黑色的纸片下。在这个变换了的情境中，先前经过训练的动物都会立即对黑色纸片作出反应，而不对原来和食物紧密相联系的较深灰色的纸片作出反应而获取食物（较深灰色的纸片在这两个情境中是共同要素），这说明迁移是结构、关系的迁移而不是共同要素的迁移。

图7－11　迁移实验

3．创造性思维

韦特海默运用顿悟学习原理，对思维问题进行了系统研究，特别是儿童的创造性思维。韦特海默称，创造性思维对儿童来说应该是思维的自然方式，但往往由于盲目的思维习惯和学校的错误训练，创造性思维反而变得越来越缺乏。传统的教育制度中，学生总是被迫根据逻辑定义、命题、推论和三段论演绎来分析，这使学生的思维变得贫乏、烦琐而没有创造性，这种思维经常只是一些机械思维程序的盲目重复，当问题变化时，学生就不会解答了。要改变这种状况，韦特海默认为必须引导学生学会创造性思维。

创造性思维的核心，是关注问题的整体。要让问题的整体来决定或支配部分，同时要深刻理解整体与部分之间的关系。在他的遗作《创造性思维》中，韦特海默列举了大量的有关创造性思维的例子。通过这些例子及相关内容，可以概括出创造性思维的四个要点：

（1）理解课题的内在结构关系，将各个部分看做为一个动态的整体。

（2）任何问题必须根据课题的结构统一性来理解和处置，并力图寻求更适当的完形。

（3）必须区分问题的主次方面，重组问题的层次关系。

（4）创造性思维不是一种纯智力活动，它受一个人的动机、情感、先前的训练等因素的影响。韦特海默的这些理论观点对近年来兴起的创造学的发展起了很大的作用。

五、评价

（一）贡献

1．超越元素主义，开辟整理心理研究。格式塔心理学家称构造主义心理学为砖泥心理学，也即元素是砖，由联想（泥）粘在一起，格式塔学派大胆地冲破了元素主义的束缚，并取得了一系列引人注目的成果，形成了心理学一大流派。

2．促进了认知心理学的发展。格式塔以知觉研究起家，提出了知觉的许多重要原则，并将整体观延伸到学习领域，提出了顿悟学说，极大丰富了知觉和学习心理学。此外，信息加工认知心理学强调从整体上对信息的输入、加工和输出进行模拟研究，也可以说是深受格式塔心理学的影响。

3．促进了人本心理学的发展。韦特海默是人本主义心理学的创建人马斯洛最崇敬的两位老师之一，他和罗杰斯、罗洛·梅等人的整体论研究方法，都受了格式塔学派的重要影响。

（二）局限

1．实验不够严谨，客观性不足。格式塔学派过分依赖现象学的方法，他们的一些实验结果受人为因素的影响较大，别人很难进行重复性的验证，这就使得许多人对其实验结果的正确性和合理性产生怀疑。

2．许多理论观点的概念不够明确。格式塔学派在自己的理论中大量采用了数理概念，而且不加以特别说明，许多概念有被滥用的倾向，使人难以理解，这一点是格式塔学派的致命弱点。

3．对其他学派的批评过于苛刻。格式塔心理学以批判元素论而闻名，对构造主义和行为主义进行了近乎苛刻的批评，但自己并没有建立起完整的理论体系。在完整理论体系的建构上，同样强调整体观的勒温和皮亚杰则走得更远。

第二节　勒温的拓扑心理学

一、生平

库尔特·勒温（Kurt Z. Lewin，1890—1947），犹太人，1890 年出生于普鲁士波森省的乡村小镇。1914 年博士毕业前夕，德国卷入“一战”。勒温应征入伍，残酷的战争让勒温发现，所有东西、所有言语都改变了意义。战争中所有人都被限制了自由和权利，国家决定了对一个团体的爱与恨。这些观察和思考促使他心理“场论”思想逐步形成。勒温 1916 年获得博士学位，1929 年赴美国，参加第 9 届国际心理学大会，一举成名。希特勒上台后，勒温被迫移居美国，先后在康乃尔、爱荷华大学任教，训练了一大批著名的社会心理学家。1947 年因心脏病突发在马萨诸塞州去世。

二、科学观

（一）研究对象

勒温的拓扑心理学更体现整体思想，其研究对象不仅包括心理的内容与结构、行为及其动力，更注重包含整个物理和社会环境在内的人类心理现象，并运用“拓扑学”概念和方法加以陈述，成为格式塔心理学的一个特殊分支。

（二）学科性质

正如斯宾诺莎的哲学被称为一种实践的哲学，深受其影响的勒温也把心理学作为一门实践的科学。这一点与冯特以追求纯科学而不主张应用的传统有很大差异。

（三）学科任务

心理学的一个基本任务就是找到一些科学构念，以便用恰当的组合表征真实心理现象，并推导出个体的行为。勒温心理场论的目的，是最终发现一种能整合一切观点于一体的统一的原理。

三、方法论

（一）哲学基础

1. 斯宾诺莎的一元论哲学

斯宾诺莎（B. de Spinoza，1632—1677）的一元论哲学对现代思想有深远影响，他认为宇宙间只有一种实体，即作为整体的宇宙本身，上帝和宇宙就是一回事。他把物质与精神看做是同一过程的两个方面，并归之于一个统一的实体。他认为，动力是一种人类共有的常德，其背后有各种自谋生存的力量，它左右着人的观念和行为。这种观点是弗洛伊德的“力比多冲动”的动力原型，也是勒温动力思想的原型。

2. 卡西尔的科学哲学

卡西尔（E. Cassirer，1874—1945）最早对科学家们的科学概念、方法和成就，进行了深入的哲学分析和研究。他主张哲学主要不是研究认识对象，而是认识方式。勒温认为，自己特别受惠于卡西尔哲学的两个方面：其一是科学研究的比较法，使人看到不同科学之间的相同性，以及同一种科学之中的不同问题。其二是科学发现观，科学发现必须超越方法论上的种种限制和忌讳，以开放的态度对待所有新课题，而不以“非科学”来拒绝任何研究的可能性。有了卡西尔哲学思想的武装，勒温打破了科学的禁忌，对上述现象进行了卓越的研究，成就了自己的心理学体系。

3. 弗洛伊德的心理动力学

勒温对动机的研究，实际上就是对弗洛伊德（S. Freud，1856—1939）的动机学说进行科学的改造，主要表现在勒温及其学生所进行的系列实验研究中。

4．物理学的场论

勒温和格式塔心理学的奠基者，都与爱因斯坦（A. Einstein，1879—1955）和普朗克（E. L. Planck，1858—1947）等新物理学的代表有着友好的交往。他们都有着整体论和相互作用的思想，勒温曾直接引用爱因斯坦对场论的定义，为其心理学场论进行解释。

（二）具体方法

1．拓扑学分析。勒温借用大量的拓扑学和向量学概念，阐述他对生活空间的理解，并用于解释人格、动机、学习等各种心理现象，形成了独特的拓扑心理学。

2．实验方法。勒温使用更为严密的实验方法，尤其是社会心理学实验。

3．行动研究。勒温的团体心理学研究非常重视实践，他曾说，没有实践不研究，没有研究不实践。

四、具体观点

勒温的拓扑心理学，是在心理场论基础上，结合了拓扑学和向量学的方法，描述人格结构和人格动力。

（一）心理的结构与动力

1．心理的结构：生活空间

勒温把生活空间描述为“可能事件的总体”，是以拓扑学和向量学手段，以空间形式表示心理内容的结构和关系，包括了行为的所有影响因素。勒温强调“可能”一词，因为不可能的事件，对个体来说没有意义；另外也暗含着，如果个体面临情境发生变化，事件的可能性也会随之变化。

生活空间中包括不同的区域，区域可大可小，小至个体内心的生理、心理结构，如决心、意向、愿望等，人本身也常作为一个区域；大至整个生活空间。区域的分化与整合是个体心理发展的一个重要表现。

不同区域间存在边界。边界的明确性对于个体或社会的内部结构和行为有重要影响，不同文化中边界的明确性可能会有差异。区域之间按存在移动和沟通关系，前者如身份、地位、权利的变化，或新知识的学习、新观念的了悟等；后者如心理咨询师与来访者之间的交流。

对心理移动产生阻力的边界称为障碍。不同部位，可能有不同障碍特征。比如，“奥数”题目大多需要创造性思维解决，也就是要找到窍门。利用一般的解题思路，可能费时费力，甚至无法解决。

勒温认为，对个体产生影响的，不是纯客观事实，而是对个体有影响的准事实。生活空间中包括三类准事实：

（1）准物理事实，如同一块饼干，物理事实相同；但在饿时和饱时，准物理事实不同。

（2）准社会事实，如说“再哭叫警察抓你”，能吓住孩子，但吓唬不了孩子他爸。

（3）准概念事实，同样的一道数学题目，涉及的数学概念结构是客观的，但不同学生有着不同的理解。

人们之间之所以存在误解，大都是因为他们空间中的这些准事实有所不同，或者说各自的准事实与其客观现实符合程度不同。对生活空间的描述要使用拓扑学和向量学的手段，实际上也就涉及了心理的动力——心理张力系统。

2. 心理的动力：心理张力系统

行为主义心理学对行为动力的解释是联想动力说，勒温以一个极其简单的生活现象，批评了联想学说的荒谬：一个人写好了一封信，要去邮寄。走到路上，当他看到第一个邮筒时，就将信投放了进去。当这个人再见到第二个邮筒的时候，按照联想的动力观念，或刺激强化说，就会有一种更强的投信的冲动，但是这种推论明显与事实相违。

勒温在其《意志过程受阻时的心理活动与联想的根本法则》一文中认为，“某些心理的能量，亦即产生于意志或需求压力的心理张力系统，才是心理事件发生的必需条件”①。也就是说，由需求所引起的心理张力系统，是人的行为和心理活动的根本动力。

勒温的学生蔡加尼克（B. W. Zeigarnik）从1924年开始，首次进行了一项以检验心理张力系统概念为目的的实验。随后的两年中，共对164名被试进行了实验。以其中一个实验为例，大致程序是：要求被试做18—20项简单题目，如完成拼图、从55倒数到17、演算数学题、把一些颜色和形状不同的珠子按一定的模式用线穿起来等。在实验过程中，蔡加尼克让被试者只顺利完成其中的一些工作，而另一些工作被中途停止，继续去做别的工作。然后，在实验结束后，蔡加尼克让被试者回忆所做过的工作的名称。

结果发现，绝大多数被试者首先回忆到的是那些被中止而未完成的工作名称，平均占68%，而对已完成的回忆量平均为43%。对被中止而未完成的工作，被试者不仅回忆得快，而且也回忆得又多又准确。结果完全证实了“心理张力系统”的理论设想。

蔡加尼克对该实验的解释是：“当被试接受一项工作时，内心便产生一种完成这项工作的准需求，完成工作便意味着解除心理张力，或使准需求得到满足；如果未完成工作，紧张状态继续存在，准需求有待实现。中途受阻而未完成工作

---

① LEWIN K. A dynamic theory of personality [M]. New York: Mcgraw-Hill Book company, Inc., 1935.

的被试，之所以在回忆工作时占优势，一定与这些继续存在的准需求有关……所以，回忆便可作为鉴定张力系统存在的一种指标。”① 这就是心理学史上著名的“蔡加尼克效应（Zeigarnik Effect）”，简言之就是，未完成的任务会让人产生完成它的动机和欲望，从而使人对任务念念不忘。

蔡加尼克效应在生活中到处存在，人们也总是有意无意地在利用着这种心理规律，如课堂教学中，许多老师很擅长“留白”的技巧，评述连续广播或电视剧也总是在最有悬念的地方中断，让你“且听下回分解”。

（二）心理场论

1917 年，勒温写成了两篇论文，分别提出了“心理张力系统”与“生活空间”的概念，形成了他心理学思想的两大主题——动力与结构。他将两个概念结合起来，形成了他的场论。

勒温的场是借用爱因斯坦的定义：“场是相互依存事实的整体。”勒温把场作为一种分析关系起因和建立科学体系的方法，基本主张是：任何一种行为，都产生于各种相互依存事实的整体，而且这些相互依存的事实具有一种动力场的特征②。因此，行为就是个体及其情境的函数，可以表达为：

$$B=f\ (P,\ E)$$

其中，B 代表行为，P 为具有某种特征的个体，E 为个体所处情境，f 表示函数关系。

勒温的场，不仅指知觉到的内外部环境中的某些事件（即被知觉到的物质环境），也包括个人的信念、感情和目的等。简言之，就是认知场、知觉场和信念场。我们这里简要介绍场论的主要原则：

1．方法上使用建构法而不是分类法

建构法的要点是用少数几个“建构元素”表征个案。在场论中，勒温提出了一些建构元素，如位置、力、移动等不同维度的建构元素。心理学的规律，就是这些建构元素间的关系特征。根据这些规律，可以建构无穷的组合，每个组合都对应着特定时间的某个个案。

2．注重事件的动力方面

在心理结构的基础上，勒温更强调结构的变化。结构变化的推手就是动力，结构的变化会影响到其动力特征，动力的变化也影响结构。比如，情绪激动到极点，会导致个体能力系统崩溃。

3．从情境整体开始分析

---

① 申荷永．充满张力的生活空间——勒温的动力心理学［M］．武汉：湖北教育出版社，1999：34.

② LEWIN K. Field theory in social science［M］. New York：Harper & Brother Publishers，1951：25.

场论的分析，从一开始就是把情境作为一个整体。在第一次逼近（approximation）后，再对情境的各个部分和各个方面做越来越具体细致的分析。显然，这种方法是最安全的，不会被一两个孤立元素误导入歧途。

4．同时性原则

勒温主张的是同时性原则，认为行为是其发生时的场的函数。弗洛伊德是从过去历史找现在行为的原因，而勒温认为，行为不能从过去来推导，过去事件现在已经没有了，不可能再有影响。过去对现在的影响是间接的，过去的心理场是当前心理场的来源，当前心理场才是影响行为的真正因素。

5．场的数学表达

数学并不必然是量化，几何学也是数学。勒温采用了心理路径的概念，发明了“轨迹几何学”，用以表示心理力的方向和大小，也就是把拓扑学和向量学结合起来，既能够分析，概念又精确，还能进行推导。在勒温看来，这种方法比任何方法都适合于心理学的所有问题。图 7－12 显示了学习中认知结构变化的场论表达。一个人（P）来到一个陌生的小镇（U 表示未分化的区域），他站在站台（St）上觉得很茫然，这个情境可以用图 7－12a 表示。图 7－12b 中，他打了一辆的士（D），就在驶往宾馆的路上，他的心理开始结构化了。图 7－12c 表示，在随后的几天里，他逐渐熟悉了这里的地理和社会状况（W 为工作地点）。

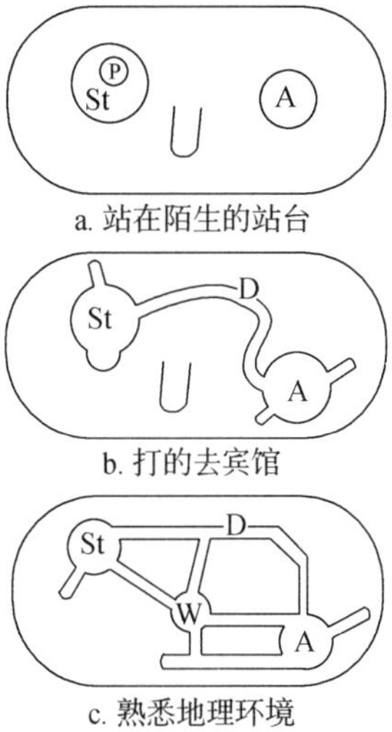

a. 站在陌生的站台

b. 打的去宾馆

c. 熟悉地理环境

图 7－12　学习：无结构区域的分化

（三）人格动力理论

勒温认为，弗洛伊德的动力心理学最接近人性，但其研究方法缺乏周密性，结果得不到实验验证，长期以来多受怀疑。勒温根据场论方法，运用实验技术，对弗洛伊德的一些基本概念，如代替满足、倒退、挫折等，进行了验证，取得了引人注目的成果。勒温对人格的场论研究，集中体现在他的前两部专著中。

《拓扑心理学》对人格的结构特征做了清晰的整理。在图 7－13 中，人格结构包括三个区域：外部环境 E、人格内部区 I 及二者之间的运动知觉区 M。

运动知觉区可分化为不同层次，包括语言、姿态、微笑、手势等工具，被称为“执行官”，可表达需求等状态，并以此影响环境。环境变化若要引起人格区域的变化，也必须通过知觉区域，包括人的视觉、听觉等构成的知觉系统。

人格内部又可分为核心层 C 和边缘层 P，核心层比较难以表露在外，而边缘层则很容易表现出来。外界对人格的影响中，核心层不太容易变化，边缘层则首

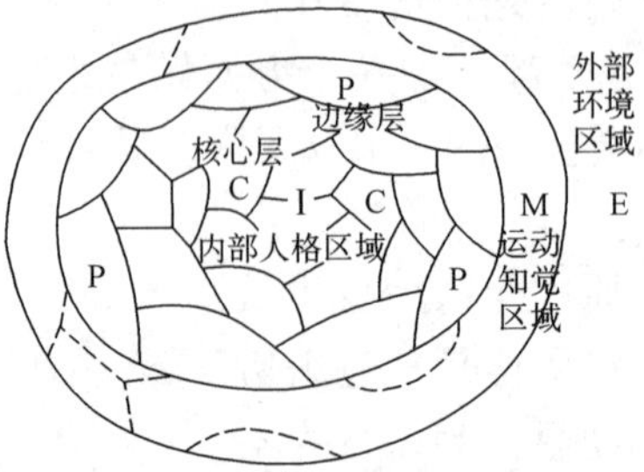

图 7－13　人格的拓扑结构

当其冲。一个人的边缘区域几乎常常门户敞开，但他真正的内心区域却难以接触。这也就是所谓的人心隔肚皮，知面不知心。人格结构正如一个有多种道路所组成的地图，但它不能解决人们最终选择哪一道路的问题，道路的选择是由人格动力所决定的①。

《人格动力论》主要述及人格的动力特征和人格发展观。人格内部各区域间不存在动力的依存关系，一个区域状态的改变，会引起相关区域的变化。比如，人的一个欲望得到了满足后，他整个的行为就会随之发生变化。

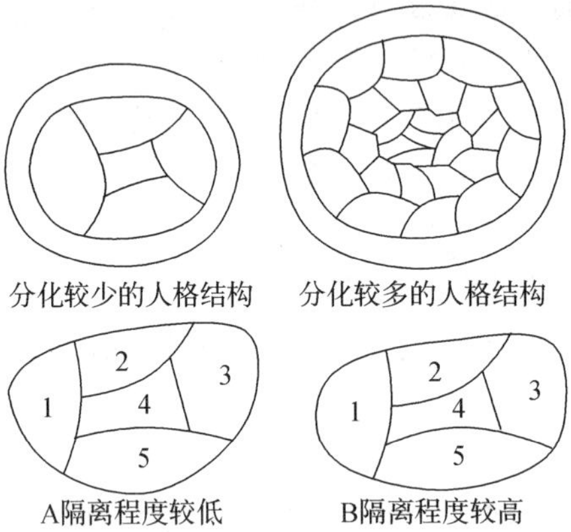

图 7－14　人格的差异与变化

人格差异表现在诸多方面，如区域的结构和分化程度、区域间的关联和动力隔离程度等等。分化程度差异如图 7－14 上面两图所示，随着年龄增长，心理和行为的多样化程度在增加，活动、情感、需要、社会联系在增加，这种分化程度的增加是人格变化的一个重要方面。相邻区域的动力隔离程度也存在差异（图 7－14 下图），A 虽然与 B 有相同的结构和分化程度，但各部分间的隔离程度不同

① 郑希付．现代西方人格心理学史［M］．广州：广东教育出版社，2007：365．

（边界以较粗线条表示）。例如，问题儿童的心理系统各分区隔离程度极低，中心区域的状态很容易表露出来，喜怒形于色，毫无控制。对于智障儿童，各区域间一方面分化程度和结构效率较低，另外，各分区间的隔离程度过大，流动性差，比较僵化。

人格发展可用胚胎的行为发展来比拟，受精卵细胞不断分裂成更多的细胞，它们在结构和功能上也逐渐分化，在受到外界刺激时各部分的行为反应也逐渐分化。但如果遇到意外，如母亲的血液供应被断开，或受刺激过度而疲劳时，行为反应会退回到较原始阶段的反应。儿童人格和行为的发展也很类似。勒温认为，新生儿的心灵是一个未分化的整体，只须用一个简单的圆形的轮廓来表示，由于儿童日益认识四周的外物，便在圆形的轮廓中增加了认知成分，同时动作的成分和习惯的行为也渐次出现。于是，儿童的人格不断分化，逐渐发展成为一个有记忆、幻想、价值及目的的内心世界。见图 7－15。

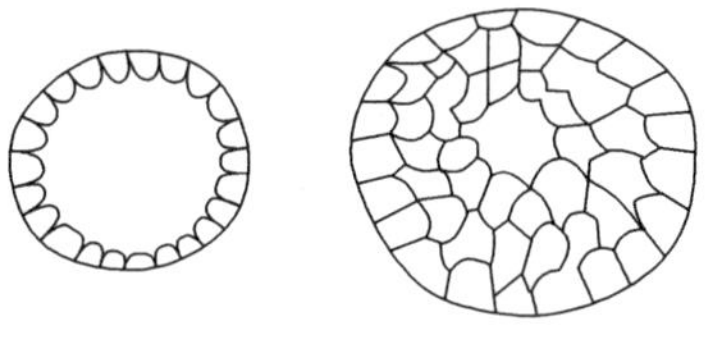

图 7－15 儿童人格的分化

（四）团体动力学

勒温在 1939 年发表了“社会空间实验”一文，首次使用了“团体动力学”一词，标志着他已经开始研究团体心理现象，如团体中各种动力的交互作用、团体对个体行为的影响和团体成员间的相互依存关系等。勒温因而被称为团体心理学之父、实验社会心理学之父。

1. 场论在团体心理研究中的应用

（1）把团体作为一个整体，而团体本身又存在于更大的社会场中；

（2）团体的各成员或各部分相互依存；

（3）每个成员都存在于这个社会场中，即使成员自己的问题也都受团体成员身份影响。

2. 团体动力学的基本概念

除了个体研究时使用的场论概念，团体动力学还提出了一些新的概念：

（1）团体心理。勒温把团体理解为一种具有心理学意义的动力整体。1937 至 1938 年，勒温与利皮特和怀特一起做了著名的关于“领导方式”的实验，验证了团体气氛、团体目标和团体内聚力等团体性质的心理学意义，肯定了民主领导方式的优越性。

（2）团体与个体。团体具有较强的整体性，对个体具有很大的支配力。因而，一般来说，要改变个体应先使其所属团体发生变化，这要比直接改变个体来得容易。勒温在1943年做的关于“改变食物习惯”的研究，完全证实了这种观点。

（3）团体结构特征。包括分化程度、分层程度、组织类型和团结程度。分化程度指的是团体由多少成员或子团体构成。分层程度指的是成员或子团体如何排列。组织类型是特定的分层类型，在政策制定上有重要作用。团结程度是指团体成员间相互依存的程度。

（4）团体动力特征。包括团体目标、团体观念和生活方式等方面。如果没有共同因素，就不会有团体存在。任何一个团体都多少有一种类似于理想目标的观念，它决定了成员的价值观和总体上的目标。生活方式就是朝向目标行动时，大家公认的思维方式和行动方式。

（5）团体在更大社会场中的位置。对于一个团体成员来说，他处于许多团体相互交叠之中，具有许多相互依存的区域。

3. 团体动力学的技术方法

（1）行动研究。行动研究就是带有社会实践性的研究，是对各种社会行动的条件和效果进行对比研究，并由此指导社会行动。行动研究包括一系列计划、行动和对行动真实结果的反馈，最基本的流程为：明确初始想法→勘察事实→指定计划→第一步行动→评估→修正计划→第二步行动→评估（循环）。

按照这种方法，就能让社会实践保持“正确”，而不是写到纸上的“好看”。行动研究在风行10多年后，因被激进的政治行动利用而遭到反对，一度衰落后又再度兴起，主要应用于小规模社团领域分享式的行动研究，目的是提高参与者社会实践的理性和公正性。

行动研究体现了勒温学术生涯的指导思想：心理学不能只求对行动的解释，还要努力改变人们的行为，使人们生活得更好。他为我们留下了一句名言：“没有研究不行动，没有行动不研究。”

（2）敏感性训练。这是一种具体的训练技术，又称T小组，是行动研究的一个特例，其目的是训练人们的社会敏感性、提高适应团体生活的基本能力。基本做法是，在团体训练中，让被研究者也参与研究，心理学家通过观察定期作出报告。把心理学家的观察与当事者的自我感受结合起来，在坦诚的团体气氛中，让人们学习如何与人相处，学习对自己以及对他人的“敏感性”。在训练中，要学会的技能之一，是帮助个体起到一种“变革代理人”的角色。变革代理人就是能促进沟通和有效反馈的一种角色，他必须理解团体动力学，清楚变革的需要，能够诊断出问题所在，能够做出并执行变革计划，并评价结果。后来发展的T小组训练中，人们明确了它所包含的四个要点：

①反馈：根据结果或效果来调整过程。

②解冻：个人先前信念系统产生松动的过程。

③参与观察：投入地参与到小组中，并客观观察自己和小组的言行举止。

④认知帮助：这是后来补充的，一般是通过一些简介性讲座、材料或视频，提供一些范例，目的是促进成员的学习。

在勒温发明敏感性训练方法后，美国陆续出现了许多类似的团体辅导与训练课程，诸如人际关系小组、个人成长团体、人类潜能开发小组等，罗杰斯把这些机构统称为“交心小组”。但正如所有强大的工具一样，敏感性训练如果被误用，也会造成不可估量的恶果。20 世纪 60 年代，团体运动因涉嫌和嬉皮士有关，而受到了批评。70 年代以后，由于重返社会技能训练和生活技能训练，团体心理咨询重新得到承认。

五、评价

（一）贡献

1. 创造了一种社会心理学研究的场论新方法。场论是格式塔流派引入心理学的一个概念，但勒温对场论的运用达到了其他格式塔心理学家远不能及的程度，勒温对个体人格、动机、学习等高级心理现象的解释和实验，以及对团体心理学的解释和实验，都是立足于场论这一基点。

2. 引入了一系列有价值的新的概念。勒温用拓扑和向量来阐述他的拓扑心理学概念，提出的概念包括：与生活空间有关的概念（区域、移动、力的冲突等）；关于社会关系的概念（群体成员与社会权力）；以及那些通过人们的理解而派生出来的概念，如替代、蔡加尼克效应、抱负水平、挫折、满意、社会知觉、价值、决策、权威、社会影响、合作以及竞争等①。

3. 开创了团体动力学。勒温把他的场论思想应用于研究社会问题，从而开创了团体动力学。团体动力学对实验社会心理学的产生起了极大的推动作用。

4. 极大地影响了社会心理学研究，并为社会心理学培养了大批著名心理学家。根据凯瑟琳·麦凯恩（K. W. McCain）的分析，在 ISI 索引中，勒温的作品在 1972—2001 年间曾被引用约 6 000 次，其中提到“勒温式的（Lewinian）”这一新造词的就有 215 条记录。勒温仍然是《社会问题杂志》和《人群关系杂志》两本杂志引用率最高的作者，因而仍是社会心理学理论和方法上的重要来源②。勒温的学生海德、费斯廷格等都是在勒温的影响下才建立了社会认知心理学。

（二）局限

勒温非常受人尊敬，甚至很少见到对他的尖锐批评，常见的评价大都是崇敬

---

① 萨哈金. 社会心理学的历史与体系［M］. 周晓虹，译. 贵阳：贵州人民出版社. 1991：488.

② MARION L S. Of tribes and totems：author cocitation context analysis of Kurt Lewin's influence in social science journals［D］. PhD dissertation. Philadelphia：Drexel University，2004.

和赞扬之辞。有人曾对他提出了四点批评：1. 拓扑和向量表示法并未揭示出有关行为的新奥秘；2. 忽视客观环境；3. 没有考虑到个体历史；4. 滥用物理和数学概念。但随后萨哈金（W. S. Sahakian，1922—1986）认为，这种缺乏深度的批评很容易把人们引入歧途，不是过于苛刻，就是存在误解。

作为勒温的学生，多伊奇（M. Deutsch，1920—）的评价比较中肯：勒温是一位发明家，他由于多方面的贡献给人们留下了深刻的印象。不过，就像许多开路先锋那样，他所开出的路还只是一个毛坯，还有许多未竟之业有待后人去完成①。

另外，勒温虽然并不反对历时性研究，但由于过于强调同时性原则，只能对心理的结构及其发展作出描述，并没有对心理的发生给出合理的解释。同样坚持整体论观点的皮亚杰，则将心理的整体结构及其发生结合了起来，提出了著名的发生认识论，可以看做是心理整体研究的又一进步。

第三节　皮亚杰的发生认识论

一、生平

让·皮亚杰（Jean Piaget，1896—1980）出生于瑞士南部依山傍水的秀丽小城纳沙特尔。受其父母的影响，早在童年时代，皮亚杰就养成了独立的思考习惯和科学的探索精神。皮亚杰天资聪慧，从小对生物学感兴趣，11 岁就发表一篇《患白血病的麻雀》的调查报告，到中学毕业时已发表 20 余篇论文。1915 年，19 岁的皮亚杰获生物学学士学位，1918 年获生物学和哲学博士学位。

在攻读双博士学位期间，皮亚杰开始对心理学产生兴趣。1918 年后，皮亚杰前往苏黎世大学，在荣格的指导下从事精神分析研究。1920 年，皮亚杰到巴黎担任西蒙的助手，在比奈测验中心研究儿童智力测验，他对测验本身没有太多的关注，而是对儿童在测验中一些看似可笑和错误的回答颇感兴趣，这促使他开始学习和研究儿童心理学问题。1921 年，时年 25 岁的皮亚杰从巴黎回到日内瓦，担任日内瓦大学卢梭研究所的主任，自日内瓦大学任职起，皮亚杰以独特的临床谈话法开始探索儿童智力发展或儿童的认识及思维形成和发展的规律，这些研究为创立发生认识论奠定基础。其相关的著作包括《儿童的判断和推理》（1924）、《儿童的道德判断》（1932）、《儿童智慧的起源》（1936）、《智慧心理学》（1947）等。

在 20 世纪 50 年代之后，皮亚杰开始转向发生认识论的研究，其中《发生认识论导论》（1970）标志着皮亚杰发生认识论走向成熟。他集中一些著名的心理

---

① DEUTSCH M. Field theory in social psychology [M] //LINDZEY G. The handbook of social psychology. New York: Addison-Wesley Pub. Co, 1968. 1: 219.

学家、逻辑学家、哲学家、语言学家、控制论专家、数学家、物理学家和教育家等在日内瓦大学建立国际发生认识论研究中心，并担任该中心主任直到逝世为止。此外，皮亚杰先后当选过瑞士心理学会、法语国家心理科学联合会主席，1954 年他被推选为第 14 届国际心理学联合会主席。鉴于皮亚杰对国际心理学作出的巨大贡献，1968 年美国心理学会授予他“卓著科学贡献奖”，1977 年国际心理学会授予他“桑代克奖”，1972 年他还在荷兰获得相当于诺贝尔奖的“伊拉斯姆士奖”。

1980 年，皮亚杰在瑞士去世，享年 84 岁。皮亚杰一生探索不止，创作不息，著作等身，留给后人 60 多部专著，500 多篇论文。皮亚杰一生研究的课题可以概括为四个方面：智力结构，知觉理论，各种科学概念的个体起源，发生认识论。儿童心理学和发生认识论是皮亚杰两个主要研究领域，尤其是发生认识论倾注其毕生精力。

二、科学观

（一）研究对象

皮亚杰大半生以儿童为师，从事儿童心理的发生研究，他以儿童智力为切入点，以儿童心理的发展机制为研究对象。经过长期对儿童认知领域的临床研究，皮亚杰创立了以智力发展阶段理论为核心的儿童认知发展理论。

皮亚杰借用生物学的适应概念来揭示儿童智力的本质。智力的本质就是适应，这种适应不是主体被动地适应环境，而是主体和客体在活动中的相互适应。所以，儿童的智力既不是起源于先天的成熟，也不是起源于后天的经验，而是起源于动作。这种动作的本质是儿童对客体的适应，它是儿童智力发展的真正原因。

影响儿童心理发展有四个因素：生理成熟、物理环境、社会环境和平衡过程。成熟是指由遗传决定的生理过程，包括机体的成长，特别是神经系统和内分泌系统的成熟。皮亚杰指出，成熟是儿童智力发展的生理基础，但是对儿童智力发展起着更重要的影响因素来自儿童后天的物理经验和社会环境。皮亚杰认为，生理成熟、物理经验和社会环境对于儿童智力发展都是重要的，但任何一个因素本身都不足以说明问题，其中每一个因素都包含一个平衡化因素。这种平衡化是儿童智力发展的决定因素。

根据儿童智力发展的主要特征和变化规律，皮亚杰把儿童智力发展划分为四个发展阶段：即感知运动阶段，前运算阶段，具体运算阶段和形式运算阶段。感知运动阶段的智力活动是以感知和运动反射为主要形式，表现为动作思维的特点；前运算阶段的智力活动的特点表现为以表象思维为主、自我中心主义、中心片面化、不可逆性和非变换性；具体运算阶段的智力活动的特点表现为守恒性和可逆性；形式运算阶段智力活动的特点表现为假设演绎性、组合分析和四元变换群。总之，经过以上四个阶段的发展，儿童的运算能力臻于完善，基本达到成人逻辑思维水平。

（二）学科性质

皮亚杰的发生认识论是涉及多学科的独特的理论体系，它除了扬弃哲学上传统认识论之外，还融合了生物学、逻辑学、心理学等跨学科知识。皮亚杰的发生认识论具有创造性和整体性特点，整合了哲学、生物学、逻辑学、心理学等诸学科知识。这一理论既承认了先天的影响，又强调了后天经验的重要性；既有经验论的色彩，又有认知建构论的特征。

皮亚杰早年对生物学就有深入研究，他的发生认识论合理地吸收了生物学的重要思想，如皮亚杰用同化和顺应来说明主客体之间的相互作用，用平衡和自动调节来解释发展，用外在和内在的双向建构来揭示认识发生的机制。这些概念都源于生物学，形成皮亚杰独具特色的理论体系。

皮亚杰不仅从生物学中汲取有益成分，而且从数理逻辑等学科中寻找研究工具。他使用符号逻辑来研究儿童的智力活动，借以说明儿童逻辑的、数学的、物理的概念，运用数理逻辑中的运算、对称、可逆等概念来研究儿童思维的发展特征。

在心理学方面，一方面，皮亚杰吸收格式塔心理学的整体性思想，但不同意格式塔心理学的先验结构，而是强调结构的发生和发展。另一方面，皮亚杰批判行为主义心理学的后天经验论观点，认为行为主义只强调后天经验的积累，不考虑内部结构的因素。所以，格式塔心理学是一种“没有发生的结构”，行为主义则是一种“没有结构的发生”①。皮亚杰要把结构和发生结合起来，既探讨儿童认知的内部结构，又探讨这种结构的后天发生和发展过程。

（三）学科任务

皮亚杰虽然以儿童智力发展为研究对象，但其目的是为了探究人类认识的发生学，最终创立发生认识论。皮亚杰的创造性在于将传统哲学认识论问题引入到实证科学，他明确指出人类的认知是发生的而非先验的，它起源于主客体相互作用的活动。发生认识论就是用发生学的方法来研究认识论，其研究对象是人类认知的心理起源和过程结构，试图揭示人类认知发展的心理机制。发生认识论有两个显著特点：一是用发生学观点研究个体认知的发生和发展机制，二是结合生物学、逻辑学、数学、心理学等学科，成为一门跨学科的研究领域。

皮亚杰的发生认识论是一种结构主义，但不是简单的结构主义，而是一种发生学的结构主义，是一种建构主义的结构主义，即建构的结构论。皮亚杰认为，

---

① 叶浩生. 西方心理学理论与流派［M］. 广州：广东高等教育出版社，2004：363.

认知结构既不是对客体的机械反映，也不是主体预先构成的，而是通过主客体之间的相互作用而逐步建构起来的。任何一个认知结构都具有三种特征：即整体性、转换性和自我调节性。所谓整体性是指认知结构具有内部的融合性结构的组成成分服从一定的内部规律，它们之间是有机联系的，而不是孤立分离的。转换性是指结构并不是一种静止的组织，而是受内在规律控制的动态发展，转换的结果使得一种旧的结构转化为新的结构。自我调节性是指结构是一种封闭系统，它不必借助于外部因素，就可以在自身内部规律的支配下而自动调节。在认知结构的建构中，皮亚杰特别强调通过自我调节所实现的平衡化。他认为，建构是一个双向过程，包括主客体之间相互作用中的动作内化和格式外化的不断构成和重新组织的过程，认知结构在双向建构中不断地从简单到复杂、从低级到高级发展。

三、方法论

（一）哲学基础

康德的先验论是皮亚杰的发生认识论直接的思想来源。康德的先验论的基本特色是调和唯理论和经验论，把先天形式与后天经验材料结合起来，认为感性时空和知性范畴是经验知识的可能性条件，只有将经验材料与先天的知性范畴相结合，才能产生普遍必然性知识。皮亚杰吸收了康德的先验范畴理论，把先验范畴改造为遗传的图式即格式。皮亚杰曾明确指出，他的发生认识论是建立在康德理论基础上的，是他把康德范畴的全部问题重新审查了一番，从而形成了一门新学科，这就是他的发生认识论。但是，康德的知性范畴是先天的、预成的，而皮亚杰的图式是渐成的，先天的图式在认识发展过程中仅仅是一个起点，图式主要是在儿童后天活动中逐渐形成的。这一点使他的发生认识论与康德的先验论具有根本区别。

结构主义是皮亚杰发生认识论的另一个哲学基础。皮亚杰的发生认识论与结构主义具有密切关系，其实，皮亚杰本人就是一个结构主义者，他曾著有《结构主义》一书。结构主义强调内在结构的研究，反对外部现象的描述。依据结构主义，外部现象是杂乱无章，内在结构决定着事物的性质和发展方向。皮亚杰深受结构主义影响，运用结构发生方法，探讨认知结构问题。但皮亚杰反对一般结构主义所持的先天论观点，而是把先天的结构因素仅仅看做是认识发生的起点，试图通过儿童后天的活动探究认知结构的发生和发展。

（二）具体方法

皮亚杰早期深受精神分析、比奈的智力测验和格式塔学派等研究方法的影响，综合了观察法、询问法、测试法和实验法的一些特点独创出一种临床谈话法。临床谈话法是指主试与儿童在半自然情境中向儿童提出活动任务，让他们看一些实物或向他们提出一些特定问题，来收集资料的一种方法。皮亚杰的临床谈话法是以操作实物为主，以口头提问为辅，将操作实物、灵活谈话、直接观察与数理逻辑分析相结合的一种方法。它虽然不是一种客观精确的研究方法，但是，皮亚杰通过其敏锐的洞察力，运用这种方法取得了大量的第一手资料，提出独创性观点，建立一套儿童认知发展理论。

临床谈话法具有五个方面的特点：1. 采取参与和自然观察的方式进行研究，不限制儿童的反应，强调在儿童自然情境下观察儿童、研究儿童；2. 设计丰富多彩的小实验；3. 安排合理灵活的谈话；4. 运用数理逻辑的分析工具来探究儿童思维或智力的发展水平；5. 研究对象的数量相对较少，有时只有一两个人。

四、具体观点

（一）格式与图式

格式是皮亚杰心理学理论中的一个关键概念。格式就是动作的组织或结构，这些组织或结构具有概括性、稳定性和可重复性。格式既可被看成是有机体认知结构中的一个子结构，又可被看成是认知结构中的一个元素。认知结构就是协调了的格式的整体形式。

皮亚杰本人在 20 世纪 60 年代后，对格式与图式（schema，schemata）两个概念作了区分。格式指操作活动，代表动作中能重复和概括的东西，它可从一种情境迁移到另外一种情境。换句话说，格式就是在同一活动中保持共同的那个东西，如在婴儿出生时的“吮吸的格式”。而图式并不涉及到操作，它只是指思想的图像方面，是一种简化了的意象，如一个玩具的粗略形象等。

格式或图式的种类的多寡和质量的高低是随年龄和经验的增长而变化的。新生儿只有极少数较为笼统的格式或图式，如吮吸、抓握、哭叫等。随着婴儿的成长，格式或图式的种类逐渐增加，其内容也变得更加丰富。至成年时，人就形成了复杂的格式或图式系统，从而构成了人的认知结构。

（二）同化与顺应

同化与顺应是皮亚杰从生物学借用的术语。同化是指个体将外界刺激有效地整合于已有的格式或图式之中。也就是说，同化是个体以其已有的格式或图式为基础去吸收新经验的过程。在这一过程中，个人的同化过程是受他已有的格式或图式所限制的。同化的直接结果是促进格式范围的扩大，但是同化本身并不能促使格式种类的发展，它只引起格式量的变化，而不能导致质的改变。

顺应就是认知结构受被同化刺激的影响而发生改变。也就是说，顺应是改变原有的认知结构或建立一个新的认知结构以容纳一个新刺激的过程。顺应包括两个方面：一是把原有的格式加以改造，使其可以接纳新的事物；二是创造一个新的格式，即增加一个新类别的格式，以接纳新事物。顺应过程使格式产生质的变化，导致认知结构的变化与发展。

皮亚杰认为，一切认识都离不开认知结构的同化与顺应机能，它们是“同化于己”与“顺应于物”这两个对立统一过程的产物。这两种过程都是人类认识发展所必需的，任何一方的过度发展都会造成认识的失衡，导致认识能力的畸形发展。每个人的认识过程都涉及同化与顺应两个方面。对于那些与个体原有格式一致的刺激或事物，个体就同化之；对于那些与个体原有格式不一致或不能以现有格式去处理的刺激或事物，个体就采用顺应的方式去处理。

（三）平衡化与自动调节

平衡化是一种动态的平衡，其目标是达于更好的平衡状态。平衡化是指通过多重的去平衡与再平衡，导致从接近平衡的状态向质上存在差异的平衡状态递进发展。平衡状态是相对的，平衡化的过程却是绝对的。我们可以把平衡状态理解为认知结构固定的系统，而平衡化才是认知结构的真正构成阶段，是平衡状态的形成过程。同化和顺应每获得一次平衡，认知结构就会随之更新。随着同化和顺应之平衡—打破平衡—再平衡……的发展，认知结构也不断地由低级向高级发展。

自动调节也是皮亚杰从生物学中引进的概念。在生物学中，自动调节是指生物体在内外环境条件的变化中保持形态和生理状态的稳定以维持生存的现象。皮亚杰用自动调节的机制对从平衡到再平衡的过程加以说明。自动调节是介于同化与顺应之间的第三者，对同化与顺应进行调整以达到两者的平衡。当同化大于顺应时，通过自动调节可以加强顺应的作用，同时抑制同化的作用；当顺应大干同化时，通过自动调节可以强化同化作用。在主体和客体相互作用的过程中，自动调节随处发挥自己的功能以保证同化和顺应正常地进行，从而促进平衡化不断发展。

（四）内化建构与外化建构

内化建构是指认识主体对动作进行分解、归类、排列、组合等各种协调，从而形成动作格式，或者对已有动作格式进行再协调或再建构，从而形成更高级更复杂的格式。也就是说，内化建构是把动作或动作格式按照新的方式、在新的水平上组织起来。按照发展顺序，内化建构首先是对外部感知运动动作的协调，然后是对表象水平的精神动作进行协调，最后才是对逻辑运算水平的精神动作的协调。

外化建构是运用动作格式把客体或客体经验组织起来，从而建立客体的关系与变化结构。与内化建构次序相反，外化首先是在主体头脑中把物理经验组织在格式之中，形成有关客体的物理知识，然后根据这些知识把主体实际动作组织起来以作用于客体，使客体以新的方式发生相互作用，从而改造转变客体。主体认知结构逐步外化到实际客体，人类技术发明往往就是格式外化的产物。

五、评价

（一）贡献

1．皮亚杰的发生认识论在哲学上的贡献

皮亚杰的发生认识论填补了传统认识论中的空白。传统认识论是不完全的，它只关注认识的结果，不关注认识的发生过程；只研究成人的认识，不研究儿童的认识；只关注认识的高级过程，而忽视认识的初始起源。皮亚杰发生认识论不仅系统地探究了人类认识的起源、发生、发展机制，而且确立了研究认识论的新方向，即结构主义和建构主义相结合。皮亚杰发生认识论超越了传统的认识反映论。他指出，认识既不产生于主体，也不产生于客体，而是产生于主客体相互作用的活动中。这种观点揭示了主客体之间的互动整合性和认识发生的辩证运动规律，使认识论研究取得突破性进展。皮亚杰的发生认识论对传统认识论中的经验论和唯理论进行合理的扬弃。一方面，皮亚杰肯定经验论承认认识的后天获得是合理的，但反对它否认主体在认识中的能动作用而陷入机械反映论；另一方面，皮亚杰肯定唯理论强调主体的能动性和认知结构的思想，但反对它的先验论和天赋论倾向，指出所有范畴和认知结构都是后天动作的产物。

2．皮亚杰的发生认识论在认知心理学上的贡献

皮亚杰以结构和功能为分析单元来研究认识的发生和发展，开创了认知研究的先例，为现代认知心理学奠定了重要的理论基础。由此，皮亚杰的发生认识论成为广义的认知心理学的重要组成部分。在皮亚杰创建其学说时，正是主张刺激—反应机制的行为主义和探索潜意识的精神分析支配心理学界，皮亚杰不为这两种主流倾向所影响，应用多学科的知识，探讨儿童认识能力的起源和发展变化，探究认知结构的功能和特点。

3．皮亚杰的发生认识论在儿童发展心理学上的贡献

皮亚杰系统探讨了影响儿童心理发展的四个要素，即生物成熟、物理环境、社会环境和平衡。其中，平衡过程是最重要的决定性因素，是整合其他三个因素的核心。皮亚杰提出儿童心理发展的阶段论，将儿童心理发展划分为四个阶段：感知运动阶段，前运算阶段，具体运算阶段和形式运算阶段，并指出儿童心理发展阶段具有连续性、交叉性、顺序性等特点。皮亚杰运用独创的临床谈话法来探究儿童心理发展机制，积累了大量的第一手资料，形成一套儿童心理发展理论。

4．强调动态整体性研究

皮亚杰在吸收格式塔心理学和勒温的拓扑学心理学的整体观基础上，提出了发生认识论思想。发生认识论把整体结构和发生发展结合起来，既探讨儿童认知的内部结构，又探讨这种结构的后天发生和发展过程。这种动态的整体论一方面克服了构造心理学、行为主义心理学等元素主义对整体结构的忽视，另一方面避免了格式塔心理学和勒温的拓扑心理学等静态整体论对发生的忽视。

（二）局限

1. 存在明显的生物学化倾向

皮亚杰把生物学类比视为发生认识论的一种基本方法，以生物学原理类比心理发展机制，把智慧的本质归结为生物的适应，把同化、顺应、平衡等生物学概念引入到发生认识论研究中。这种生物学化倾向表现在他重图式、轻反映，忽视人的社会实践活动。皮亚杰认为，认知发展有其自身的规律和节奏，认知发展遵循固定顺序的平衡—不平衡—新的平衡的建构过程，外部社会文化因素和教育措施对认知发展的促进和障碍作用很有限。这种重生物学化、轻社会文化的观点使皮亚杰受到许多批评。

2. 重视逻辑思维，忽视具体情境研究

皮亚杰深受康德先验范畴论的影响，关注认知发展的普遍规律，对个体差异研究不感兴趣，认为思维和逻辑的普遍规律可以独立于具体情境和内容，逻辑运算可以脱离语言而产生，心理结构的根源可以追溯到一个简单的平衡调节机制。所以，心理学家的任务就是去揭示这些普遍的认知发展规律，而不必考虑具体认知情境。可见，皮亚杰在研究中重视逻辑结构的分析，而忽视非逻辑结构的研究，重视心理发展中的认知作用，而忽视道德情感的动力功能。

3. 皮亚杰的心理发展阶段理论存在一定的局限性

尽管早期有许多验证性研究支持皮亚杰的心理发展阶段理论，但近年来的一些研究发现，这一理论是不完备的，充满例外，主要表现为：（1）皮亚杰低估了学前儿童的思维发展水平，前运算阶段的儿童并不像皮亚杰所认为的那样缺乏逻辑和自我中心倾向；（2）同一发展阶段中，儿童的思维能力并不一样。一些研究表明，认知发展是一个复杂的过程，儿童在不同领域中分别获得不同水平的认知技能，在有些领域中认知发展是有阶段之分，而有些领域则没有阶段之分，像皮亚杰所描述的那种横贯所有领域的、普遍的认知发展阶段是不存在的。

【建议参考资料】

1. 考夫卡. 格式塔心理学原理［M］. 李维，译. 北京：北京大学出版社，2010.
2. 勒温. 拓扑心理学原理［M］. 高觉敷，译. 北京：商务印书馆，2003.
3. 陈孝禅. 皮亚杰学说及其发展［M］. 长沙：湖南教育出版社，1983.
4. 互联网资料：http://en.wikipedia.org/wiki/Jean_Piaget
5. 皮亚杰. 发生认识论原理［M］. 王宪钿，译. 北京：商务印书馆，1981.
6. 皮亚杰. 儿童的心理发展［M］. 傅统先，译. 济南：山东教育出版社，1982.
7. 皮亚杰. 结构主义［M］. 倪连生，王琳，译. 北京：商务印书馆，1984.

【问题与思考】

1. 格式塔知觉心理学中有哪些重要原则？

2．格式塔心理学如何解释似动现象？

3．简述勒温心理场论和人格动力理论的基本主张。

4．皮亚杰的发生认识论对传统认识论有哪些贡献？

5．如何理解皮亚杰关于儿童心理发展阶段理论？

6．从中国传统文化（如儒、释、道家思想）角度，如何看待皮亚杰的“智力的本质就是适应”的观点？

7．如何评价心理学关注点从元素到整体的转变？该转变与中国传统文化中的整体论思想有何联系？

第八章　从行为到认知

【本章提要】

由美国著名心理学家华生在1913年创立的行为主义心理学，对西方心理学产生深远影响，在心理学界掀起被称之为西方心理学的“第一次革命”。行为主义心理学明确否定科学心理学的奠基人冯特关于心理学应该研究意识和心理活动的主张，而只承认可观察到的有机体的行为，并将刺激—反应模式视为普遍原则。随着行为主义心理学的弊端越来越突出，行为主义心理学已处于困境和危机之中，许多心理学家开始放弃行为主义的立场而研究人的内部心理过程，那些被行为主义排斥的心理学概念，如感知、表象、记忆、意识、思维等再次成为心理学的合法对象。由此在心理学界掀起“第二次革命”即“认知革命”，产生所谓的认知心理学。

自20世纪中叶以来，认知心理学在自身发展过程中经历了一系列的变革。从20世纪五六十年代，以符号范式为特征的狭义的认知心理学，即信息加工认知心理学开始遍及心理学研究的一切领域。1967年，美国心理学家奈瑟尔的《认知心理学》成为信息加工认知心理学诞生的标志。从20世纪80年代开始，以网络范式为特征的联结主义认知心理学开始兴起，并取得了显著成效，1986年，鲁梅哈特和麦克莱兰发表的《并行分布加工：认知结构的微观探索》成为联结主义认知心理学诞生的标志。自20世纪末，以具身性为特征的具身认知心理学悄然兴起，有关具身认知的研究迅速在心理学、神经科学、机器人学、教育学、认知人类学、语言学以及计算机科学中传播开来，受到越来越多研究者的关注。莱考夫(G. Lakoff)和约翰逊(M. Johnson)以具身认知的研究为标志，将之前的认知科学称为“第一代认知科学”，之后的认知科学称为“第二代认知科学”。

【学习重点】

1. 信息加工认知心理学是以信息加工观点来探究人的认知的结构、功能和过程，着重研究人的认知过程的内部心理机制，即通过揭示人是如何获得、储存、加工和使用信息的机制，来探究人的认知过程的内部规律。

2. 联结主义认知心理学采用脑模拟的研究方法，通过大脑的神经网络模型揭示大脑神经元整体活动，并以此为依据探索认知活动的微观结构和功能，揭示认知活动的本质在于神经元之间的联结强度，以及它们之间不断发生的动态过程。

3. 具身认知心理学是指认知是基于身体和涉及身体的，认知始终是具身的认知，而最初的认知则始终与具身结构和活动图式内在关联。具身认知心理学强调身体在认知过程中发挥关键作用，认知是通过身体的体验及其活动方式而形成的。

【重要术语】

信息加工认知心理学　联结主义认知心理学　具身认知心理学　符号范式　网络范式　具身范式

第一节　信息加工认知心理学

一、代表人物

西蒙（Simon，1916—2001）是美国科学家，也是世界上第一位荣获诺贝尔经济学奖（1978）的心理学家。西蒙出生于威斯康星州的密尔沃基，1943 年获芝加哥政治科学博士学位，从 1949 年开始，一直在卡内基—梅隆大学心理学和计算机科学专业担任教授。西蒙是美国心理学会、经济学会、社会学会等六个学会的特别会员，在心理学、计算机科学、信息论、人工智能及哲学、社会学、经济学等多种学科领域都有很高的造诣。西蒙是信息加工认知心理学和人工智能的开创者之一，在 20 世纪 50 年代，他和纽威尔（Newell）共同提出物理符号系统假设，把人脑和计算机都视为加工符号的物理系统，人脑的心理活动和计算机的信息加工都是物理符号操作过程。这样，通过物理符号系统，人的心理过程就成为能够进行客观研究的信息加工过程。这一理论开创了信息加工认知心理学的新取向，推动了认知科学和人工智能的发展。西蒙和纽威尔合著的《人类问题解决》(1972）是信息加工认知心理学领域的重要著作。美国心理学家奈瑟尔（Neisser）的《认知心理学》（1967）的出版，成为信息加工认知心理学立足于心理学界的标志。

此外，在建立信息加工认知心理学过程中，还有一些重要的代表人物，如以研究心理表象著称的谢帕德（R. N. Shepard）；以研究注意和记忆著称的米勒（G. A. Miller）、阿特金森（R. C. Atkinson）、奎林（M. R. Quillian）等。

二、科学观

（一）研究对象

信息加工认知心理学的研究对象就是运用信息加工观点研究人的认知活动，研究人如何接受、贮存、提取和运用信息的认知过程，其研究范围主要包括感知、注意、记忆、表象、概念、思维、语言、问题解决、认知发展和人工智能等。1980 年出版的美国百科全书对信息加工认知心理学做这样解释：“认知心理学（狭义）是研究人的高级心理活动过程的学科，即研究人接受、编码、操作、提取和利用知识的过程，这个过程包括知觉、语言、智能、表象、思维、推理、问题解决、概念形成和创造性。”但是不同的信息加工认知心理学家对“认知”有不同的理解，具体表现在以下几个方面：

1. 认知是信息的加工过程。持这种观点的心理学家认为，认知就是信息输入的变换、简化、加工、储存以及运用的过程，他们强调信息在人的心理中的流动过程，并试图通过计算机程序模拟人的认知过程。这种观点在信息加工认知心理学中占优势地位。

2. 认知主要指思维。持这种观点的心理学家主要从思维来理解认知，把思维作为主要的研究对象，以探索思维活动的特点、规律和模式作为根本任务。这种观点在信息加工认知心理学中占有很大一部分市场。

3. 认知是心理上的符号加工。持这种观点的心理学家把符号看做一种代表不同于自身的某种东西，或者说，符号就是一种替代物。例如，语言是一种符号，它用词语或句子代表某些物体、事件或意义。此外，音乐、数字、图画以及视觉表象、听觉表象、记忆表象也是符号。由此，相当一部分信息加工认知心理学家把心理上的符号加工作为认知的主要方式。

4. 认知就是问题解决。持这种观点的心理学家把问题解决作为认知的主题，认为认知就是运用内外部信息解决问题的过程。由于这种观点把认知仅仅局限于问题解决领域，缩小了信息加工认知心理学的研究范围，因而遭到一些心理学家的反对。

5. 认知是知觉、记忆、推理等活动所组成的复杂系统。持这种观点的心理学家认为认知不是一个单一的活动，而是由一组相关活动组成的复杂系统，这种复杂系统主要包括感知和模式识别、注意和记忆、表象和想象、语言和思维等。

（二）学科性质

信息加工认知心理学不仅具有心理学自身发展的内部因素，而且还是现代科学技术发展的结果，具有明显的跨学科性质，如语言学、逻辑学、系统论、信息论、控制论、计算机科学等。其中，计算机科学是信息加工认知心理学产生的最重要的条件。奈瑟尔曾说过，计算机的出现对于内部心理过程的研究，是一种无可置疑的事件。计算机主要是模拟人脑的加工机制，以符号形式接受、编码、储存和运用信息，计算机的出现使心理学家意识到，可以用计算机的信息加工系统作为模型，把人脑的工作机制看做是符号操作系统。因为他们看到人脑和计算机在处理信息功能方面有许多相似之处。因此，用计算机模拟人的认知过程是完全可能的。

（三）学科任务

信息加工认知心理学的主要任务就是探究人认知的结构、功能和过程，着重研究人的认知过程的内部心理机制，即通过揭示人是如何获得、储存、加工和使用信息的机制，来探究人的认知过程的内部规律。简言之，信息加工认知心理学的主要任务就是研究认知的结构、过程和功能。信息加工认知心理学将行为主义心理学所否定的内部心理过程重新加以研究，而且在对认知机制研究时，很少考虑认知结构的生理机制和神经机制，而是重视研究心理活动本身的结构和内部过程，从而使之更具有心理学色彩。

信息加工认知心理学是以信息加工观点来探究人的认知过程。信息加工认知心理学的基本隐喻是人是信息加工系统，即把人看成类似于计算机的信息加工系统。这种观点认为，尽管计算机的硬件与人脑的神经结构不同，但在功能上，人脑和计算机可以类比，因为人脑的工作原理与计算机的工作原理是相同的，即人脑和计算机都是信息加工系统。这种系统把所处理的信息看做符号信息，因而这个系统称为符号加工系统。根据西蒙和纽威尔的观点，信息加工系统是由感受器、效应器、记忆和加工器四个部分组成。感受器接受外部环境的信息，效应器输出经过加工的信息，记忆装置储存和提取经过加工而表征在人脑中的各种信息，加工器对所接受或储存的信息进行转换和操作。总之，信息加工系统把人脑和计算机类比，认为人的认知过程类似于计算机的信息加工过程，也包括信息的转换、简化、编码、储存和提取的过程。

三、方法论

（一）哲学基础

信息加工认知心理学主要研究人类认识或认知过程。在古希腊，柏拉图和亚里士多德分别提出认知的理念论和感觉论。在近代，唯理论和经验论是欧洲哲学史上的两大流派，它们对人的认知问题针锋相对。唯理论的代表人物笛卡尔和莱布尼茨等贬低感性经验，抬高理性，他们主张天赋观念说，即认识是靠理性的直观发现清晰明白的天赋观念。与之相反，经验论的代表人物培根和洛克等主张人的一切知识都来源于经验，人的心灵就像一张白板，上面没有任何痕迹，一切观念都是后天获得的。

德国古典哲学的创始人康德通过调和近代以来的唯理论和经验论，创立了先验论。康德把人的认知成分划分为形式和质料，并试图将之统一起来。质料是来自经验的杂多，而形式则是先天的，其中包括时空的感性直观形式和范畴的知性先天形式。康德认为，任何单一的形式和质料都不能构成知识，唯有通过先天形式加工整理后天质料，才能形成知识。

（二）具体方法

在研究方法上，信息加工认知心理学继承了实验心理学的传统，吸收了计算机科学的研究成果，形成一套比较完整的研究方法。

反应时实验法。根据信息加工观点，人在认知活动的每一个阶段都要花费一定时间，越是复杂的认知活动所花费的时间越多，因此可以通过反应时实验来考察人的认知过程。反应时实验是指从刺激呈现到作出明显反应之间的时距，反应时实验可以分为三种：简单反应时、复杂反应时和选择反应时。信息加工认知心理学把传统的反应时实验和计算机程序分析结合起来，设计出各种程序的反应时实验来探讨人脑内部的信息加工过程。例如，减法反应时实验、加法反应时实验和开窗实验。通过反应时实验，可以得出这样的结论：在提取信息的不同时刻，所获得的信息是不同的；在信息加工的不同阶段，其信息加工的内容也是不同的。

出声思考法。出声思考法是由德国心理学家邓克尔于 1945 年提出的，纽威尔和西蒙在 20 世纪 70 年代把它作为研究问题解决的一种主要研究方法。出声思考法又叫口头报告法，是研究慢速的信息加工过程所用的一种观察方法。出声思考法就是要求被试大声地如实地报告操作时自己思考的内容，如如何去做，为什么要这样做，会有什么结果，下一步怎么办等。主试者将这些口述记录下来，并结合行为一起分析，从而发现人的心理活动规律。

计算机模拟法。这是信息加工认知心理学所特有的一种研究方法。由于信息加工认知心理学认为人脑和计算机的信息加工原理是一致的，因此可以采用计算机模拟法把关于人的认知过程的某种设想在计算机上进行实验验证。具体而言，计算机模拟就是先推断出人的认知的内部心理机制，提出认知理论或模型，并将其编成程序输入计算机，然后把计算机的输出和人的认知相比较，如果理论或模型是正确的，那么计算机的输出就应当类似于人解决同样课题时的反应；如果程序给予的输出和人不一样，就表明它不符合人的认知活动机制，那么就应该找出这个差别并修改其理论依据。计算机模拟方法是研究人的认知过程的一种相当直接的方法，通过这种方法，我们可以逐渐地接近人的心理活动的真实过程，从而揭示人的内在心理活动的规律。

四、具体观点

（一）符号操作系统范式

符号操作系统是信息加工认知心理学的研究范式，它把人看做是信息加工系统或符号加工系统，其主要特点是对符号进行串行加工。符号操作系统把人脑的加工过程看做是一系列的符号及其运作的事件，一个完整的符号操作系统有六种功能：输入符号、存储符号、建立符号结构、条件性迁移、复制符号和输出符号。如果任何一个系统具有这六种功能，它就表现出智能特征，反之亦然。符号操作系统范式的代表人物西蒙和纽威尔认为，之所以人和计算机能够模拟人的认知过程，是因为人和计算机这两个符号操作系统所使用的符号是类似的。这是根据下面三个推理所得出的结论：1. 既然人具有智能，它就一定是一个完整的符号操作系统；2. 既然计算机是一个完整的符号操作系统，它就能够表现出某种智能；3. 既然人是一个完整的符号操作系统，计算机也是一个符号操作系统，那么就能够用计算机来模拟人的认知过程。符号操作系统实质上是认知信息加工模式的一种抽象，它表明一系列的认知过程，从知觉、模式识别、记忆、学习到注意、功能形成、问题解决和语言思维等都可以抽象为符号加工的过程，即可以按照符号结构和符号过程的表征来加工各种认知活动。

（二）模式识别

模式识别是信息加工认知心理学中的核心问题之一。模式识别感觉、记忆、学习、思维等心理过程密切相关，信息加工认知心理学主要研究知觉的模式识别。模式是指由若干元素或成分按一定关系组合而成的某种刺激结构。模式识别就是人把输入刺激（模式）的信息与长时记忆中的信息进行匹配，并辨认出该刺激属于什么范畴的过程。模式识别过程是一个典型的知觉活动过程，它在很大程度上依赖于个体已有的知识经验。为此，模式识别过程是感觉信息与长时记忆中有关信息进行比较、分析和决策，最终决定两者最佳匹配的过程。当前信息加工认知心理学提出几个模式识别理论模型，如模板匹配理论、原型匹配理论和特征匹配理论等。

（三）心理旋转

心理旋转就是指在内心将某个图形的映像加以转动的心理操作过程。谢帕德（Sheppard）等人在 20 世纪 70 年代初开展了心理旋转的经典研究。在实验中给被试呈现成对的立方体图形，这些成对的图形分三种情况：第一是平面对，两个图形相同而方位不同，其中一个相对于另一个在平面上转动一定的角度；第二是立体对，两个图形相同，但其中一个图形在与纸张表面相垂直的平面上即在三维空间中转动一定的角度；第三是镜像对，两个图形不同，它们的镜像是对称的，其区别如同左右手。被试的任务是判断两个图形是否相同。根据实验结果，被试对两个图形比较时，是在头脑中将一个图形转动到另一个图形的方位上来，然后根据匹配的情况再作出判断，而心理旋转是这类比较的基础。谢帕德等人所确定的心理旋转的事实，开创了表象研究的新方向，因为心理旋转的研究着眼于表象的表征，这种表征属于类比表征，表象与外部客体有着同构的关系。这种同构是指内部表征的机能联系与外部客体的结构联系是相似的，即如同客体的心理旋转和客体的物理旋转。

（四）问题解决

问题解决是指由一定情境引起，按照一定目标，应用一定认知操作或技能活动，使问题得以解决的过程。问题解决是信息加工认知心理学关于思维研究的一个重要方面。与传统理论观点不同，信息加工认知心理学把人看做是主动的信息加工者，把问题解决看做是对问题空间的搜索，用计算机来模拟人的问题解决过程。西蒙和纽威尔用问题空间概念来说明问题解决过程。问题空间就是问题解决者对一个问题所达到的全部认识状态，一般来说，问题空间是由问题的初始状态、中间状态和目标状态组成的。他们认为，问题解决就是在问题空间中进行搜索，以找到一条从问题的初始状态到达目标状态的过程。问题解决过程一般包括四个步骤：对问题的表征、选择解决问题的算子、应用算子和对问题解决的评估。为了便于问题解决，人们通常从长时记忆中提取相应的策略，其中包括两类，即算法和启发法。算法是指在问题空间中，随机搜索所有可能的算子或途径，直到选择一种有效的方法来解决问题的策略，算法实质上是按照逻辑步骤以保证问题得到解决的一套程序或规则。启发法是指个体根据自己已有的知识经验，在问题空间中进行粗略搜索来解决问题的策略。启发法策略有许多种，其中手段—目的分析和逆向搜索是两个重要的启发法策略。所谓手段—目的分析是指找出问题空间中问题的初始状态和目标状态之间存在的差距，确定缩小差距的子目标，通过实现一系列子目标，最终到达目标状态，使问题得到解决。相比较而言，算法策略能够保证问题的准确解决，但它在解决问题时需要大量的尝试，效率不高，而启发法虽然不能完全保证问题成功的解决，但它省时省力，效率较高。

五、评价

（一）贡献

1．信息加工认知心理学开辟了现代心理学研究人类心智的新方向

信息加工认知心理学打破了行为主义心理学的禁锢，使得心理学从研究外部行为转向研究内部心理机制，实现了心理学研究对象的否定之否定。在心理学成为一门独立科学的相当长时间里，各派心理学家虽然存在分歧，但都主张研究人的内部的经验意识或心理过程。但是，行为主义把一切与意识有关的心理学概念视为形而上学问题，而排除在心理学研究范围之外。信息加工认知心理学则打破行为主义的禁区，在现代科学技术的条件下，以新的研究视野重新探讨人的内部心理活动机制，从而把研究内部心理活动和研究外部行为统一起来，开辟了现代心理学研究人类心理活动机制的新方向。

2．信息加工认知心理学关注高级认知过程的研究

在实现了心理学研究对象的否定之否定后，信息加工认知心理学在传统心理学研究感知觉和表象的基础上，把思维、学习、推理、问题解决和判断决策等高级认知过程和复杂的认知行为也纳入研究范围，从而把高层次的认知过程和初级的信息加工结合起来，使对人类认知的理解和研究达到一个新的阶段。

3．信息加工认知心理学运用科学的研究方法和先进的研究工具

信息加工认知心理学既继承了传统心理学的实验法，又吸收了现代科学技术，在心理学的研究方法上实现了新的突破。尤其采用计算机模拟方法来探索认知过程的复杂心理机制，体现了信息加工认知心理学的研究方法和研究工具的现代科技水平，具有重要的时代意义。

4．信息加工认知心理学强调认知过程的整体性

信息加工认知心理学反对结构主义和行为主义的元素分析研究，而是以整体论看待人的认知过程，强调人的感知、注意、表象、记忆和思维等各种认知活动之间是相互作用、有机联系的统一整体，主张对认知过程的各种成分进行综合的整体研究。它把心理活动看做是由一系列不同的信息加工阶段组成的有机整体，因此在研究人的认知过程时，特别强调各种成分之间的相互联系。在研究知觉时，把知觉视为一种不仅需要各种感觉器官的活动而且需要对信息进行中枢加工的高度推理的过程。

（二）局限

1．人机类比和模拟研究的局限

信息加工认知心理学的基本隐喻是人脑在功能上类似于计算机。然而，人的认知过程毕竟不同于计算机的信息加工系统，人的复杂心理活动决不能以任何精巧的机器来比拟。因为计算机是没有情感，没有意志的，只能处理抽象的形式符号，而人是有生命的机体，是社会文化历史的产物。人的心理活动即便是纯粹认知活动都要受个体的个性气质、心理动机和情绪情感的制约，要受个体所处的文化环境和当下情境的影响。因此，人机之间不可逾越的鸿沟给人机类比带来难以克服的困难，同时，也遭到许多人的诟病。

2．认知操作方面存在一定的局限

信息加工认知心理学所进行的信息加工是一种通过电流转换而形成高效传输的串行加工，计算机进行认知操作时所需要的数据是离散的、明晰的、确定的，而人脑的信息加工是依赖于神经之间的化学信号的传输，它能进行串行加工，但更擅长并行加工，所以人在认知操作时所需要的信息并不完全是离散的、确定的。相对应计算机，人具有更强的适应性以及发现新问题、解决新问题的能力，可以对不确定的信息进行重新组织加工。因此，相对于人而言，计算机在认知操作方面具有明显的局限性，它只能模拟操作人的认知的一些方面，而不能模拟操作人的全部认知活动，更不用说模拟操作人的全部心理活动。

3．面临着缩小心理学研究范围的危险

信息加工认知心理学在一定程度上打破了行为主义心理学所设置的禁区，重新研究人的认知活动的许多方面，这似乎扩大了心理学的研究范围。然而，信息加工认知心理学把自己的研究范围仅限于人的认知过程，忽视了对人的情感、动机、变态心理和心理治疗等领域的研究，对于人的个性心理特征的研究更是无能

为力，在这一意义上说，它又缩小了心理学研究范围。

4. 不能承担统一心理学的重任

信息加工认知心理学在一定层次、一定水平上揭示了人的认知过程或心理过程，较之以前的研究有了突破性进展。但它对人的心理活动的整体性、生物性和社会性关注不够，因而未能揭示人的心理活动的完整机制。而且，信息加工认知心理学虽然提出各种标新立异的理论模型，但研究工作支离破碎，缺乏统一的概念，还没能把心理学统一到完整的理论体系上，还不能担任统一心理学的重任。

第二节　联结主义认知心理学

一、代表人物

联结主义认知心理学的渊源，可以追溯到心理学家麦克洛克和数学家皮茨于1943年发表的一篇文章《神经系统中所蕴涵的思想的逻辑演算》。他们总结了生物神经元的一些基本特性，提出形式神经元的数学描述与结构方法，即M－P模型。基于该模型，科学家制造了很多模拟大脑的既能运算又能处理逻辑问题的人工神经网络系统，其中影响最大的，是1958年由心理学家鲁梅哈特提出的感知机模型。这种模型第一次把联结主义模型研究付诸实践，从而引起人们对联结主义模型的极大热情，但是随之以后遭到明斯基等人的批判而陷入低谷。

到20世纪80年代，联结主义模型研究再度兴起，欣顿和安德森在1981年发表的《联想记忆的并行模型》一文再度掀起了网络研究的热潮。1986年，鲁梅哈特和麦克莱兰发表的《并行分布加工：认知结构的微观探索》成为联结主义认知心理学诞生的标志。进入90年代，各种联结主义神经网络模型纷纷建立，如埃德尔曼提出的达尔文主义模型，艾哈拉提出的混沌神经元模型，1994年安格兰等人提出的反馈神经网络模型，1996年舒艾等提出的自发展神经网络模型等。这一切表明联结主义认知心理学的网络模型研究取得长足的进展。

二、科学观

（一）研究对象

从本质上说，联结主义认知心理学也是关于人的信息加工的理论，它同样要说明人脑是如何接收、传递、储存和提取信息的过程。但联结主义认知心理学对人的信息加工过程的理解有其独特之处，即采用脑模拟的研究方法，通过大脑的神经网络模型揭示大脑神经元整体活动，并以此为依据探索认知活动的微观结构和功能，揭示认知活动的本质在于神经元之间的联结强度，以及它们之间不断发生的动态变化。与信息加工认知心理学相比，联结主义认知心理学具有自身的特征：

1. 平行结构和分布式表征。联结主义网络范式在结构和运算处理上都是平行的，无论单个神经元还是整个神经网络都同时进行操作。正是由于大量神经元可以同时加工信息，网络就可以非常快速地感知一个事物，并迅速对其作出判断。与符号加工系统不同，联结主义网络中，信息知识不是存在于单个神经节上，而是存在于神经元之间的联结权重中，以及它们之间不断发生动态变化的整体有序的网络中。也就是说，它不像符号范式那样采用自上而下的串行式加工，而是通过网络中的各个单元之间的相互作用进行平行分布式加工。显然，联结主义网络范式是以整体论方式来加工信息的。

2. 连续性和亚符号性。传统的符号范式是以离散性的物理符号来表征较高层次的概念，而联结主义网络范式在强调模型运算的连续性和信息表征的亚符号性，因为它是处于符号水平层次和真实神经元层次之间的无意识加工。也就是说，联结主义网络范式与信息加工的符号范式的区别仅在于采用的符号表征的层次不同，符号范式采用的是物理符号系统，而网络范式采用的是亚符号范式。

3. 灵活性和容错性。信息加工的符号范式虽然强调智能系统必须具有行为的灵活性，以处理环境提出的新要求，但符号范式的灵活性是相对的。而联结主义网络范式则强调通过神经单元之间的联结来控制信息的加工，它从串行加工转换为平行发布加工，更强调单元联结的灵活性。另外，联结主义网络范式具有人的大脑神经系统本身所拥有的很强的容错性，大脑细胞的自动死亡并不影响人的认知能力，甚至大脑的局部损伤也不影响大脑的整体功能。同样，在联结主义网络中，由于信息的分布式储存，模型激活时会有大量神经单元的并行加工。因此，少数神经元受到损伤，整个系统的功能将继续有效，信息的局部残缺不会从根本上影响整个系统的正常功能。当然，联结主义网络模型的容错能力是有限度的，当神经元缺失太多，会导致网络的输出发生偏差。

4. 自学习性、自适应性、自组织性。与符号范式的被动学习不同，联结主义网络范式强调的是主动性学习，表现出很强的自适应性和自组织性。在联结主义网络中，各神经单元之间的联结是可塑的，其联结强度可以在学习过程中得到调整和变化，如果网络的输出发生错误，其自身就可以通过采取一定的训练策略来调整神经单元之间的权重，直到输出与期望相符。

（二）学科性质

在学科性质上，联结主义认知心理学与信息加工认知心理学一样具有跨学科性质，除了与传统哲学和心理学自身相关之外，联结主义认知心理学还涉及到控制论、系统论、计算机科学和神经科学等学科。为了建立人工神经网络模型，联结主义认知心理学直接吸收了脑神经科学及其相关研究成果。神经病理学家杰克逊关于处理系统的多层次的分布式思想，神经形态学家卡哈关于神经元通过突触进行机构上的联系、组成复杂的神经网络组织的观点，均已被神经科学研究证实。加拿大心理学家赫布则强调突触强度的调节作用，认为突触联系强度能随着神经网络运行的变化而变化，这种观点奠定了联结主义认知心理学的科学基础。20 世纪 50 年代，拉什利进一步提出分布表征思想和同等能力原则，认为对信息储存来说大脑皮层的各个部分是同等重要的，大脑皮层是作为一个整体来行使功能的并遵守质量规律。鲁利亚则提出动态功能系统理论，认为一切心理过程包括自己的动机和目的成分在内的复杂功能系统，都是由复杂的成套操作实现的，它们依靠的是由一定的神经元群所建立的感性组织。

（三）学科任务

与信息加工认知心理学所运用的符号范式不同，联结主义认知心理学所采取的是网络范式，以此来探索人脑的结构和功能，揭示人的认知过程的机制。信息加工的符号范式是以计算机隐喻为基础，通过计算机模拟，对符号系统进行加工和表征，这种符号表征的特点是离散的、确定的、串行式加工。而联结主义的网络范式则是以大脑隐喻为基础，通过神经网络模型，揭示大脑神经元整体活动，并以此为依据探索认知活动的微观结构和功能。

与信息加工认知心理学相比，联结主义认知心理学试图建构更接近于大脑神经活动的认知模型。在联结主义看来，认知并不能用符号运算的规则进行解释，认知其实就是相互联系的具有活性值的神经元所构成的网络的动态整体活动，这种网络所实现的整体状态与真实的神经网络特征基本一致。在联结主义中，认知信息并不存在于单个的神经节点中，而是存在于神经网络的联结权重中，通过调整权重来改变神经网络的联结并进而改变网络的功能。

三、方法论

（一）哲学基础

联结主义认知心理学的哲学基础体现在联想主义和唯物主义中。联想主义对联结主义认知心理学的形成具有直接的理论启示，奎林（Quillian）曾明确指出，联结主义可以还原为联想主义。联结主义认知心理学可以追溯到亚里士多德的联想主义观点，亚里士多德主要从经验角度说明联想概念，他不仅运用联想概念来说明记忆或回忆的过程，而且还论及三大联想律：相似律、对比律、接近律。亚里士多德的经验论的联想观点奠定了后来联想主义的基调。霍布斯虽然没有使用过“联想”这个概念，但他用“思想系列”来说明联想含义，由此提出后人所谓的自由联想和控制联想。洛克是提出并运用“联想”概念的第一人，洛克在其观念说的基础上阐述了观念的联合说，他认为联想就是观念的联合，它包括自然的联合和习惯的联合。贝克莱继承了洛克的经验中的主观成分，坚持用联想的原则来解析心理现象的形成。与洛克、贝克莱等相比，休谟不仅用事实说明观念的联想，而且进一步探讨联想形成的机制及其法则，揭示联想的规律。休谟首先提出三条联想律，即相似律，时空接近律和因果律，后来他把因果律归并到接近律中，他认为，因果律并不存在于客观必然性之中，而只是一种主观的习惯性联想。

（二）具体方法

1. 脑模拟方法。与信息加工认知心理学的计算机模拟不同，联结主义认知心理学采取的是结构和功能模型方法，即脑模拟方法，因为模型与大脑原型之间存在着同形、同构关系。这就需要对大脑进行模拟研究，它不仅对大脑神经元功能的模拟，而且更为重要的是对大脑结构的模拟。联结主义认知心理学所建立的模型，实际上都是由对大脑神经元结构进行模拟的相互联系的人工神经元而组成的简单或复杂的人工神经网络，这些人工神经网络模型在结构上与真实生物神经网络相似。这样，同构把人工神经网络内各单元的活动与生物神经元的活动在功能上进行类比，就会实现联结主义认知心理学对生物神经网络的结构和功能模拟。

2. 灰箱方法。与信息加工认知心理学的黑箱方法不同，联结主义认知心理学采用的是灰箱方法。因为现代科学对大脑的研究已取得突破性进展，联结主义认知心理学正是依据对大脑结构和功能的已有的研究成果，才建立各种各样的大脑整体或大脑不同部位的同构或同态模型，并以对这些同构或同态模型的分析为基础而推论大脑整体的结构和功能。所以，联结主义认知心理学以灰箱方法取代黑箱方法，为认知过程和大脑功能的变化规律的同时研究提供可能，这必将为逐渐揭开大脑功能的奥秘奠定基础。

四、具体观点

（一）联结主义模型

联结主义模型既不同于信息加工认知心理学所假设的符号系统模型，也不同于真实的生物性神经网络模型，而是介于两者之间的联结主义神经网络模型，即人工神经网络模型。联结主义神经网络模型的基本成分包括单元和联结。单元是带有活性值的简单加工器，联结是单元之间相互作用的媒介，单元与单元之间的联结构成网络。其中，联结是加权的，其权值可以是正，也可以是负，它决定着单元之间是兴奋还是抑制。

联结主义神经网络模型的种类很多，结构也不同，但其基本原理是一致的。最基本的神经网络模型是由三层神经单元群构成。其中，最底层是输入单元群，它模拟的是神经系统中感觉神经元，输入层的每个单元都像神经元那样伸出自己的轴突纤维，一直伸到第二层单元群（隐含层）。轴突纤维到达第二层单元群时，与其每个单元相联结，形成突触联结，这种突触联结对隐含层的每个单元的激活产生影响，使其处于兴奋或抑制状态。隐含层单元又向输出层单元延伸其轴突，从而形成另一套突触联结。

联结主义认知心理学采用反向传播算法来训练神经网络模型。所谓反向传播算法，是指首先对权重设置一个小的初始值，然后选择一个训练样本，并计算相对于该样本的误差梯度，通过调整权重使得误差值能够达到全域最小值直至0。运用反向传播算法对网络训练可分为两步进行：首先是前向过程，即给网络一个输入，并且这一输入通过网络经由隐含层向上传播，当网络产生输出时就把这种实际输出与期望输出比较，如果两者不符，就会产生一个误差信号。随后是反向过程，即把输出单元作为输入单元，通过网络把误差信号向后传播，随着传播的不断进行，输出单元和隐含单元之间的权重就会发生改变，然后再进一步地改变隐含单元和正常输入单元之间的权重。

（二）联结主义模型的视觉研究

联结主义神经网络模型的视觉研究可以分为低水平视觉和高水平视觉。低水平视觉关注的主要是从物体图像中获得其边缘属性等视觉特征，高水平视觉关注的主要是注意及物体再认等方面的视觉特征。其中，Marr 模型主要研究低水平视觉，Hinton 模型主要研究高水平视觉。

Marr 模型对低水平视觉的研究主要集中在立体视觉上，其神经网络模型在结构上非常严谨。这一模型的操作是通过把一个加工单元分派到每一交叉单元的不同映射来实现的，其中，抑制性联结是在同一视线的邻近单元之间建立的，而兴奋性联结则是建立在斜线上的相邻单元之间，同一斜线上的单元代表同一视网膜不同区域的表面元素。通过启动目标位置，每一单元计算与其联结的单元状态的加权总数并以此来说明联结力量的抑制或兴奋的本质，如果加权总数超过单元的阈限值，单元则处于兴奋状态，反之则处于抑制状态。不断重复这一过程，网络就可以成功地融合立体图中的随机分布的点，由此产生立体视觉。

Hinton 模型属于形状再认模型，由四个层次组成：最底层是视网膜单元，第二层是映射单元，第三层是对象特征单元，第四层是对象单元。Hinton 模型是根据以下步骤操作的：1. 当落到视网膜上的原始特征刺激视网膜时，视网膜就被激活；2. 然后这些单元激活所有与它们联结的映射单元；3. 最后映射单元又激活高级的基于对象的单元。在这里，信息是通过两种方式传递的：从下往上传递，即视网膜单元和映射单元的活性被送到基于对象的单元；从上到下传递，即基于对象的单元活性被送到映射单元。由此，相互激活调控了单元之间的联结强度，从而导致形状再认的形成。

（三）联结主义模型的学习规则

学习是联结主义神经网络模型研究的一个重要内容，学习方式可分为非监督学习和监督学习。所谓非监督学习，是指事先不给定标准样本，直接将网络置于环境之中，学习阶段与工作阶段成为一体，学习规律的变化服从联结权值的演变方程。非监督学习最典型的例子是 Hebb 学习规则。赫布（Hebb）于 1949 年提出了神经心理学理论，认为神经网络的学习过程最终是发生在神经元之间的突触部位，突触的联结强度随着突触前后神经元的活动而变化，变化的量与两个神经元的活性之和成正比。赫布学习规则是一个无监督的学习规则，这种学习的结果是使网络能够提取训练集的统计特性，从而把输入信息按照它们的相似性程度划分为若干类。赫布学习规则为神经网络的学习算法奠定了基础，有效的学习算法使得神经网络能够通过联结权重的调整，构造客观世界的内在表征。

所谓监督学习是指将训练样本的数据加到网络输入端，同时将相应的期望输出与网络输出相比较，得到误差信号，以此控制神经网络中单元联结权重的调整。当样本情况发生变化时，修改单元联结的权重以适应新的环境。监督学习的学习规则是 Delta 学习规则。这种学习规则是对于具有连续函数的神经元的一种有监督的学习规则，也是一种梯度下降的学习规则，主要通过把完全的输出模式与完全的目标模式相比较而操作。其原则是：权重的增量应该正比于误差的梯度；权重向量的调整结果能够使误差减少。

五、评价

（一）贡献

1．更接近于人脑的真实情况

联结主义认知心理学是以“心理活动像大脑”作为其隐喻基础，它对人脑的模拟更接近于人脑的真实情况，对人的认知活动的解释更具有说服力。联结主义网络范式是一种平行分布式加工模型，它关注的是认知系统的神经基础，通过对神经结构的微观考察来建构相应的认知理论和信息加工模型。它把单元与单元之间的联结视为类似于大脑神经元的树突和轴突，然后运用平行计算和分布网络等计算机技术来模拟大脑的神经结构和工作原理。与符号范式注重宏观结构研究相比，联结主义网络范式更强调微观结构研究，如对各单元在网络中的相互作用的研究等都是深入到认知活动的微观结构中，试图更接近于大脑皮层中神经元的整体动态结构。

2．更好地解决许多更为复杂的问题

信息加工的符号范式在模拟简单的明确的人工智能方面确实取得了显著成就，但是对那些复杂性问题，特别是一些不确定、不完善的问题就显得无能为力了。而联结主义的网络范式由于具有容错性、灵活性以及自学习性、自适应性、自组织性等特点，因而能够更好地解决许多更为复杂的问题，它可以通过连续改变各单元之间的联结强度来实现记忆内容的模拟提取并进行模拟推理，其自身的自组织性决定了只要为其提供片段的模糊的甚至残缺的输入，它就可以完成推理任务，给出问题的解答。这些是信息加工认知心理学所无法做到的。

3．补充和修正了信息加工认知心理学的有关理论联结主义认知心理学以其平行分布式加工以及连续性和亚符号性等优势特征，对传统人工智能的研究提出挑战。在这种情况下，认知科学和人工智能等研究领域都以联结主义范式修正补充信息加工范式。在思维研究领域中，出现了以联结模型修正或取代离散符号的产生或思维原型的理论发展趋势，如在保持信息加工认知心理学的思维模型的基础上增加联结主义认知心理学有关亚符号理论的内容，即软约束的满足。此外，有的研究者还提出信息加工范式和联结主义范式的折中模型进行文本研究。可见，联结主义认知心理学已打破了信息加工认知心理学在心理学研究中独领风骚的格局，并由与信息加工认知心理学融合发展的趋势。

（二）局限

1. 在复制人们非常熟悉的经验时相对失败，导致人们对联结主义认知心理学理论应用提出质疑。联结主义认知心理学虽然在心理学研究中取得显著成效，但有人从根本上否定联结主义认知心理学理论，认为它只不过是“披着高科技外衣回到联想主义”，或者是“披着计算机外衣的行为主义”。这就是说，联结主义认知心理学充其量只是20世纪50年代心理学领域中的行为主义翻版，它非但不是心理学理论的发展，反而是一种历史的倒退。他们认为，50年代兴起的认知理论击败了行为主义，也完全可以击败80年代兴起的联结主义认知心理学。

2. 以大脑模型为研究对象，其本身具有很大局限性。虽然联结主义认知心理学是以“心理活动像大脑”作为其隐喻基础，它对人脑的模拟更接近于人脑的真实情况。然而，人脑是生物亿万年进化的结果，在人脑进化过程中，社会历史文化因素使得人脑具有一定的社会文化属性。而且人脑在进化过程中借助于语言等文化力量丰富发展了人所独有的第二信号系统，从而使人在从事任何活动中表现出一定的能动性和创造性。这是任何大脑模拟研究都无法做到的，对大脑模拟研究充其量只是对大脑生物结构模拟，并在对大脑生物结构模拟的基础上推论其功能，但却无法模拟大脑本身所具有的社会文化属性。所以，联结主义认知心理学的理论模型只是介于经典符号模型和真实生物脑之间的中间模型，它不可能真正实现生物脑的功能。

3. 在揭示人的认知活动的本质方面也具有一定的局限性。联结主义认知心理学把心理活动看做大脑神经元整体活动，采用脑模拟研究方式，虽然在某些方面揭示了人的认知活动的本质，但只是对人的认知活动本质的一种近似，而不是人的认知活动本质的真谛。由于人脑本身是一个系统化的多元结构的功能体系，它通过对各种神经元之间的信息加工处理，实现对内外对象的客观认知。联结主义认知心理学虽然提高了一种揭示人的智能的本质和人脑工作原理，具有一定的合理性，但它毕竟是由人设置的，没有自己的目的，更认识不到行动的意义和后果，因而无法真正揭示人的认知活动的本质。

第三节　具身认知心理学

一、代表人物

自 20 世纪 80 年代，有关具身认知的研究广泛传播开来，受到越来越多研究者的关注。具身认知心理学最初仅仅是一种哲学思考，但是，20 世纪末以来，这种哲学思考已经走向实证研究，各学科的研究者开始从具身性的角度看待认知，以具身认知为共同话题，构成一个“家族相似”的共同体，形成了具身认知的研究纲领或研究范式。

1. 对传统认知心理学的批判。例如，H. Dreyfus（1992），G. Lakoff & M. Johnson（1999），T. V. Gelder（1995），M. Anderson（2003），Nemirovsky & Ferrara（2009）。

2. 具身认知心理学的内涵及其理论特征研究。例如，A. Clark（1999），T. V. Gelder（1998），M. Anderson（2003），M. Wilson（2002），Gibbs（2006），Shapiro（2007）。

3. 具身认知心理学的实证研究。例如，F. Keijzer（2005），A. Clark（2007），M. H. Fischer & R. A. Zwaan（2008），C. A. Taylor，C. G. Lord & C. F. Boud（2009）。

4. 具身认知的神经心理学研究。例如，J. Wiedermann（2004），T. Bayne（2004），V. Gallese（2005），D. Lohmar（2006），T. Fuchs（2009），V. Gallse（2009）。

二、科学观

（一）研究对象

具身认知心理学的研究对象就是具身认知，具身认知（embodied cognition）也译为涉身认知或寓身认知，其含义是指身体在认知过程中发挥着关键作用，认知是通过身体的体验及其活动方式而形成的。因此，认知是基于身体和涉及身体的，认知始终是具（体）身（体）的认知，而最初的认知则始终与具（体）身（体）结构和活动图式内在关联。换言之，认知是包括大脑在内的身体的认知。身体的解剖学结构、身体的活动方式、身体的感觉和运动体验决定了我们怎样认识和看待世界，我们的认知是被身体及其活动方式塑造出来的。具身认知心理学体现出以下三个方面的特征：

1. 认知过程进行的方式和步骤实际上是被身体的物理属性所决定的。人的感知能力，包括知觉的广度、阈限、可感知的极限等都是身体的物理属性决定的。比如，人的深度知觉就与头部转动和身体的运动所导致双眼网膜映像差异直接相关，这些运动实际上构成了深度知觉信息加工的步骤。

2. 认知的内容是身体提供的。认知就是身体作用于物理和文化世界时发生的东西，人们对身体的主观感受和身体在活动中的体验为人类的认知提供了基础内容。我们的身体以及身体同世界的互动提供了我们认识世界的最原始概念。例如，上下、左右、前后、高矮、远近都是以身体为中心，冷、热、温、凉也是身体感受到的。以这些身体中心的原型概念为基础，我们发展出其他一些更抽象的概念，如我们用热情、冷淡来形容情感状态。

3. 认知是具身的，而身体又是嵌入环境的。认知并非开始于传入神经的刺激作用、结束于中枢提供给外导神经的信息指令，相反，认知不仅利用大脑中的信息，而且还利用环境中的信息。所以，认知过程是个混血儿，既有内部的动作，也有外部的操作，是身体、大脑、环境的动态统一体。

（二）学科性质

具身认知心理学广泛地涉及哲学、认知科学、神经科学、机器人学、教育学、认知人类学、语言学，以及计算机科学等各门学科，具有明显的跨学科性质。自20世纪80年代以来，有关具身认知的研究广泛传播开来，受到越来越多研究者的关注。具身认知心理学最初仅仅是一种哲学思考，但是，20世纪末以来，这种哲学思考已经走向实证研究。具身认知心理学代表了认知科学研究中的一个新取向，成为“第二代认知科学”的重要研究课题。莱考夫（G. Lakoff）和约翰逊（M. Johnson）以具身认知研究为标志，将之前的认知科学称为“第一代认知科学”，之后的认知科学称为“第二代认知科学”。

作为第二代认知科学，具身认知心理学区别于第一代认知科学的重要特征：情境性、具身性和动力性。认知的情境性强调认知过程并非发生于个体内部心理状态，而是在与物理和社会环境的互动中产生的。认知的具身性强调身体在认知活动中的关键作用，揭示认知对身体的依赖和身体体验对认知的影响。认知的动力性强调认知并非是静态的、离散的特征，而是动力的、非线性的、混沌的自组织性系统。

（三）学科任务

具身认知心理学涉及到的内容非常广泛，其主要研究任务包括具身认知心理学的理论研究和实验研究。在分析心理学界有关具身认知研究成果的基础上，探讨心理学家关于具身认知研究的历史发展，界定具身认知的心理学含义，从理论上揭示具身认知的心理机制及心理学本质，把握具身认知的心理学特征。主要内容包括：1. 探索心理学中关于具身认知思想的研究，揭示第一代认知科学（或传统认知心理学）的核心假设及导致其发展困境的根源；2. 界定具身认知的心理学含义。在历史研究与理论分析的基础上，界定具身心智的心理学含义，把握其思想内核，并尽可能寻找它在各个心理学研究领域中可实证研究的操作定义；3. 把握具身认知的心理学特征。在前述两步研究的基础上，对比它与离身认知、情境认知、动力认知等的异同，揭示具身认知的特征及分类；4. 运用现代科学技术对具身认知进行大量的实证研究，如感知、情绪、想象、语言、概念、思维等。

三、方法论

（一）哲学基础

具身认知心理学的思想渊源可以追溯到现象学关于身体与世界的理论，也就是说，身体现象学是具身认知心理学的哲学基础。现象学的创始人胡塞尔运用先验还原和本质直观等现象学还原的方法，也就是面向事实本身，来如实描述现象，揭示事物的本质。胡塞尔早就把现象身体和躯体身体区分开来，认为现象身体是活的身体，是任何感知包括对他人的感知的结构基础，它与自身、他人和世界密切相关的。德国哲学家海德格尔虽然没有提出身体概念并对之分析，但他曾以存在概念超越二元世界的划分，来揭示身体现象学的含义。因为在海德格尔那里，存在是在世界中的存在，在这里，没有主体和客体的划分，主客的界限是模糊的。人认识世界的方式是用我们的身体以合适的方式与世界中的其他物体互动，在互动的过程中获得对世界的认识。法国身体现象学的代表人物梅洛—庞蒂在其代表作《知觉现象学》一书中明确提出具身性的哲学思想。主张知觉的主体或行为的主体不是心灵，而是身体，身体嵌入世界之中，就像心脏嵌入身体之中，知觉、身体和世界是一个统一体。

（二）具体方法

具身认知心理学对传统认知心理学的推陈出新，它不仅采用传统认知心理学的实验法和观察法，还运用传统认知心理学的现代物理、电子和计算机等现代高科技，广泛运用脑认知成像技术。例如，正电子发射层析照相术（PET），功能磁共振成像术（fMRI），高分辨率脑电（EEG），高分辨率脑磁图（MEG）等。与传统方法相比，脑认知成像技术具备以下优势特点：1. 无创伤性，即可以安全地对正常人进行实验；2. 高空间分辨率，即能对相关脑组织进行精确的定位；3. 高时间分辨率，即能准确地反映大脑的动态过程。脑认知成像技术不仅促进了认知神经科学的发展，而且对具身认知心理学的研究提供了大量的实验佐证。

四、具体观点

（一）颜色知觉研究

莱考夫和约翰逊以颜色知觉为例探讨了知觉的具身性。颜色是外界一定波长的光线作用于视觉神经而产生的主观体验。颜色不是客观的。在天空中，不存在独立于视网膜、颜色视锥细胞、神经回路系统的蓝性，颜色并不是世界中的事物或物质。颜色也不纯粹是主观的，因为它们既非我们想象力的臆造之物，也不是我们大脑的自发创造。确切地讲，颜色是世界和我们的神经构造相互作用的函数。心理学家吉布森（Gibson）的生态知觉理论也是知觉具身性的一个重要佐证。

（二）情绪研究

尼登塔尔（Niedenthal）要求被试以"是"或"不是"的简单方式对诸如婴儿、鼻涕等词语作出判断，看看是否这些词语带有喜悦、恶心、愤怒等情绪色彩。结果显示，被试在判断"鼻涕"等词是否具有情绪色彩时，面部提肌开始活动，显现出厌恶的表情。被试首先以身体展现这种情绪反应，然后才产生认知上的判断，说明情绪作为一种心理状态是身体反应在先的，换言之，是具身化的。此外，有学者（Clavo & Cestillo）还发现悲观、焦虑、抑郁的人在消极情境中易于回忆一些消极的事情，这反而加重了自己的不良认知，形成一种恶性循环；而乐观、愉快、自信的人即使在消极情境中也能产生积极的认知。

（三）社会认知实验

1980 年，社会心理学家威尔斯和佩蒂（Wells & Petty）要求学生参加一个测试耳机舒适度的测验。结果证明，头部垂直移动即点头组无论是给耳机打分，还是在赞同广告商的观点方面，分值都大大高于摇头组。说明点头的身体运动强化了积极的态度，而摇头的身体运动强化了消极的态度，实验结果同具身认知的基本假设是一致的。

（四）镜像神经元

里佐拉蒂（Rizzolatti）等人在利用单细胞记录技术研究猕猴大脑运动前区皮层 F5 区在猕猴进行抓握食物活动时的神经元放电活动时，发现当实验者将食物抓起时，观察到这一行为的猕猴的大脑 F5 区表现出了强烈的放电活动，而且该电活动的模式、强度和猕猴自己进行该行为时 F5 区神经元的放电活动相似。后来，该研究者发现，人类也存在着类似的一些神经元即镜像神经元，它们在人们看到某一动作而不必真的做出某一动作时，产生了与主体亲自做出该动作一样的活动。镜像神经元的发现，为揭示具身心智的神经生理机制作出了重大贡献。镜像神经系统可能是人类进行模仿学习的基础，进而也是心理理论的获得、共情能力、社会交往等的神经机制。

五、评价

（一）贡献

1. 成为认知心理学研究中一个新的研究取向

自 20 世纪 60 年代以来，认知心理学一直是西方心理学的主流。最初，以计算机模拟为基础的符号加工模式在认知心理学中居于支配地位，其后，以神经的网状结构和并行加工原理为基础的联结主义模式进入认知心理学家的视野。然而，传统认知心理学理论困境促使心理学家对认知心理学的基础假设进行深刻的理论反思。由此认知心理学在20世纪末经历着一场第二次认知革命，即具身认知研究范式的产生。具身认知心理学克服了传统认知心理学对身体和环境等因素的忽视，强调身体在有机体认知过程中所扮演的角色，它同传统认知心理学视身体仅为刺激的感受器和行为的效应器的观点截然不同，它赋予身体在认知的塑造中以一种枢轴的作用和决定性的意义。作为认知科学的一种新的研究取向，具身认知心理学不仅扩展了认知科学研究的理论视野，而且引导人们对心身观念进行重新审视，为我们提供了一条更加深入地理解人类认知心理机制的新路径。

2. 为传统认知心理学摆脱困境提供启示

具身认知心理学是对信息加工和联结主义等传统认知心理学的一种发展，它比传统认知心理学更适合理解日常生活中人的认知活动。传统认知心理学的核心假设是：人脑类似于计算机，心理类似于大脑。早期的认知心理学以图灵机为理论模型，把世界视为符号化的世界，以为认知就是依照一定逻辑规则接收、存储、处理、提取和变换信息的符号加工系统。大脑就是计算机，思维就是计算，认知过程有如计算机的表征和运算过程。传统认知心理学无法反映认知过程的灵活性和复杂性，在本体论上体现为二元论，认识论上体现为个体主义，方法论上体现为元素主义，成为制约传统认知心理学发展的瓶颈。具身认知心理学的兴起为传统认知心理学提供了理论和实践启示，促成了认知心理学的三个转变：（1）从控制实验转向情境分析；（2）从个体加工机制的探讨转向社会实践活动的分析；（3）从静态的表征转向认知的动力学分析。

3. 促进认知科学的跨学科研究

具身认知心理学具有跨学科性质，涉及哲学、心理学、认知科学、计算机科学、人类学、语言学、神经科学等学科领域。在分析哲学、语言学、神经科学、计算机科学、人类学等领域关于具身认知内涵和本质观点的基础上，探讨具身认知与哲学认识论、身心理论的关系，了解具身认知与认知语言学、人工智能等的关系。这样，一方面促进了认知科学关于感知、情绪、想象、概念、语言等具身性研究，另一方面推动了认知科学的跨学科发展。

（二）局限

1. 缺乏统一的理论体系

作为认知科学一种新的研究取向，具身认知心理学缺乏统一的理论体系和共同的立场观点，在研究中表现得凌乱和散漫。因此，具身认知心理学还不能称之为一种统一理论体系，而仅仅是一种研究纲领。在具身认知的概念上，就存在着种种分歧：（1）认知是情境化的，发生在现实世界中；（2）认知是实时的，具有时间属性；（3）环境可以帮助我们储存认知信息；（4）环境是认知系统的一个部分，认知系统可以扩展到包括身体在内的整个环境；（5）认知是为了行动，认知的根本目的是指导行为；（6）离线认知也是以身体为基础的。

2. 对于抽象思维等高级认知过程的解释显得不足

具身认知心理学强调认知与身体、环境的互动作用，更能解释现实世界中的认知，比那种在实验室条件下的认知研究对于人类生活有更大的意义和影响。具身认知心理学实际上探索认知的初始状态，对于了解认知的起源是极有帮助的，在解释感知等低级心理过程方面也具有积极的意义，但是对于抽象思维等高级心理过程的解释却显得不足，因此需要传统认知心理学的解释机制。这主要是由于知觉等低级的心理过程可以在与环境的直接作用中产生和形成，不需要中枢的表征和计算过程，但是思维、想象等高级心理过程却需要一个“表征”的中介。因此，具身认知心理学和传统认知心理学并非不可调和，两者的互补更能全面地解释认知的内部机制。

3. 带有行为主义的色彩

具身认知心理学作为一种新的研究取向，在承认认知内部机制的同时，强调身体和环境因素对认知过程的决定性，也就是认知过程对身体和环境的依赖性。所以，具身认知心理学被视为一种新形式的行为主义，心理学在经历了“认知革命”以后，似乎现在正在回归行为主义。行为主义强调刺激—反应的外部模式，而否认或贬低内部的心理机制，传统认知心理学的产生推翻了行为主义的假设，把思维、记忆、推理等高级认知过程置于一个重要地位，认为决定行为的正是这些内部的认知机制。现在，具身认知心理学通过对认知中的身体和环境因素的强调，似有回归到行为主义假设之嫌。

【建议参考资料】

1. 王甦，汪安圣．认知心理学［M］．北京：北京大学出版社，1992.
2. 梁宁建．当代认知心理学［M］．上海：上海教育出版社，2003.
3. 李维．认知心理学研究［M］．杭州：浙江人民出版社，1998.
4. 余嘉元．当代认知心理学［M］．南京：江苏教育出版社，2001.
5. 熊哲宏．认知科学导论［M］．武汉：华中师范大学出版社，2002.
6. 高觉敷．西方心理学史论［M］．合肥：安徽教育出版社，1995.
7. 车文博．西方心理学史［M］．杭州：浙江教育出版社，1998.
8. 叶浩生．西方心理学的历史与体系［M］．北京：人民教育出版社，1998.
9. 叶浩生．西方心理学理论与流派［M］．广州：广东高等教育出版社，2004.
10. 叶浩生．西方心理学研究新进展［M］．北京：人民教育出版社，2003.
11. 杨鑫辉．心理学通史［M］．济南：山东教育出版社，2000.
12. 索尔索．认知心理学［M］．黄希庭，译．北京：教育科学出版社，1990.
13. GAZZANIGA M S. 认知神经科学［M］．沈政，译．上海：上海教育出版社，1998.
14. 贝斯特．认知心理学［M］．黄希庭，译．北京：中国轻工业出版社，2000.

【问题与思考】

1. 简述信息加工认知心理学的哲学基础。
2. 简述联结主义认知心理学的哲学基础。
3. 简述具身认知心理学的哲学基础。
4. 什么是信息加工符号操作系统范式？
5. 什么是联结主义神经网络范式？
6. 什么是具身认知研究范式？
7. 为什么把信息加工认知心理学看做心理学中的“认知革命”？
8. 如何客观评价信息加工认知心理学？
9. 相对于信息加工认知心理学，联结主义认知心理学具有哪些优势？
10. 如何客观评价联结主义认知心理学？
11. 如何客观评价具身认知心理学？

第九章　从本能到价值

【本章提要】

人本主义心理学是20世纪50年代在美国兴起的一股心理学思潮。它主张心理学应该研究人的本性、动机、潜能、尊严和价值等对人类发展进步有重大意义的现实问题。由于人本主义的观点反映了当时的时代精神，受到了人们的欢迎，因而获得了发展契机，并于20世纪六七十年代迅速崛起，成为继行为主义和精神分析之后西方心理学的“第三势力”。

不同于以往严格的心理学流派，人本主义心理学只是一个由观点相近的心理学家组成的松散联盟，他们反对行为主义者和精神分析学家把人看成是受条件作用驱使和本能驱动的，认为心理学应该采取更宽泛的视角研究整体的人，重视人自主选择的能力，推动心理学向“人性”回归。人本主义心理学的创立者马斯洛认为心理学的研究对象是健康人的内在意识经验，主张采用“问题中心论”和整体动力学的研究方法。他的多元方法论，扩大了心理学的研究范围，提出的动机理论和自我实现理论对现代管理学产生了重要影响。人本主义心理学的另一代表人物罗杰斯认为心理学的研究对象是人的主体经验，应根据研究对象的特点选择研究方法。他提出的人格自我理论成为其以人为中心疗法和以学生为中心教育观的理论基础。罗洛·梅则从理解人的存在出发，提出健康人格的基本特征和焦虑理论，对心理治疗的理论和实践产生了重要影响。

【学习重点】

1. 马斯洛人本主义心理学的科学观和方法论，包括其对心理学学科性质、研究对象、研究任务、研究方法的看法。

2. 马斯洛需要层次理论的主要观点和自我实现理论的基本内涵；高峰体验的含义及其与自我实现的关系。

3. 罗杰斯自我概念的含义、自我发展的机制，以及意义学习的内涵；以人为中心疗法的特点及实施的条件。

4. 罗洛·梅的人存在的内涵和人存在于世界的三种方式；健康人格的基本特征、焦虑产生的原因，以及正常焦虑和神经症焦虑的区别。

【重要术语】

基本需要　成长性需要　自我实现　高峰体验　自我概念　无条件积极关注

机能充分发挥者　意义学习　自我中心性　自我意识　神经症焦虑

第一节　马斯洛的人本主义心理学

一、生平

亚伯拉罕·马斯洛（Abraham H. Maslow，1908—1970）是人本主义心理学最主要的创始人之一，被誉为人本主义心理学的精神之父。他出生于纽约市布鲁克林区，父母都是没有受过教育的犹太人，马斯洛是七个孩子中的老大，他的童年时代是孤独和不幸的。“他的父亲是个花心、酗酒的男人，曾经失踪很长时间。他的母亲极端迷信，经常为一些小的过失惩罚年幼的马斯洛，并公开宣称讨厌他，而喜欢他的两个弟弟。马斯洛回忆说，她曾经杀死他带回家的两只小猫，残忍地把小猫的头使劲撞到墙上。他从没有原谅母亲对待他的方式。以至于他后来写道：“我对生命哲学的全部追求和我的研究以及理论工作都根植于对她所代表的一切的怨恨和厌恶。”① 此外，他从小就生活在非犹太人的居住区，上学后他是所就读的白人学校里招收的少数几个犹太人学生之一。这一切使马斯洛成为一个害羞、敏感并且神经质的孩子。由于缺少家庭的温暖和来自同伴的关注，为了寻求安慰，他把书籍当成避难所，养成了潜心读书的好习惯，这也为他日后学术思想的创新奠定了基础。

1926 年 18 岁的马斯洛奉父母之命进入纽约市立学院学习法律，但由于对法律缺乏兴趣，第二年他便转到威斯康星大学学习心理学，先后师从著名实验心理学家赫尔、哈洛、桑代克等人，1934 年获得博士学位。在威斯康星大学学习期间，马斯洛最早接触到的是铁钦纳的构造主义心理学，但构造主义元素分析的方法被他形容为“可怕和枯燥的，同人一点联系都没有”，这让他感到厌倦，很快他又迷上了华生的行为主义，相信自然科学的方法可以给人类的所有问题提供答案。在桑代克等人的指导下，他做过大量的古典行为主义研究。马斯洛试图寻找一种真正研究人类特有本质的、能解决长久困扰人类问题的心理学。但这一次，行为主义过于狭隘的研究对象和方法又让他失望了。幸运的是，他的努力一直没有停止，第二次世界大战期间，许多著名的欧洲心理学家为逃避纳粹恐怖政治而移居美国，这使马斯洛有机会接触到霍妮和弗洛姆的社会文化精神分析、韦特海默的格式塔心理学以及阿德勒的个体心理学，并有幸结识了著名的人类学家本尼迪克特，这些都对他理论的形成起到了深远的影响。在这些人中马斯洛非常崇拜韦特海默和本尼迪克特，认为他们是最完美人性的典范，于是他分别对二人各自的人格特征做了日记和解释研究的笔记。他在观察和记述中，发现能从这两个范

① 舒尔兹 D P，舒尔兹 S E. 现代心理学史［M］. 叶浩生，译. 南京：江苏教育出版社，2005：385.

型中归纳出某些共同的特征，这使马斯洛极为兴奋，这也是他对心理健康、自我实现的人特征的第一次研究。正是这种关注，使马斯洛彻底摒弃了行为主义的简单化观点，逐渐形成了一种动力的、整体的人格观。

1951 年，马斯洛应邀担任了新成立的布兰迪斯大学的心理学系教授兼系主任，在这里他首次提出了人本主义心理学的概念，开始对健康人和自我实现者的心理进行研究，继续发展和升华他的自我实现人格理论，出版了他的代表作《动机与人格》。1961 年他创办了《人本主义心理学杂志》，第二年正式创立美国人本主义心理学会，后成为美国心理学会第 32 分会。至此人本主义心理学影响逐渐扩大，而他本人也在 1967 年当选为美国心理学会主席。1970 年 6 月马斯洛在慢跑时不幸死于心脏病突发，享年 62 岁。他在去世前不久的一篇日记里写道："我从我的自我实现的研究对象那里，从他们的生活方式和超越性动机中所获甚多，他们的优点现在我也具有。"① 这也许是这位影响世界的伟大心理学家一生的最好写照。

马斯洛一生勤奋，著作等身。除了上述代表作之外，还先后出版了《人格问题和人格发展》（1956）、《宗教、价值和高峰体验》（1964）、《科学心理学》（1966）、《存在心理学探索》（1968）、《人性能达到的境界》（1971）等。

著名哲学家尼采有一句警世格言——成为你自己。马斯洛在自己的生命历程中，不仅将毕生精力致力于此，更以独特的人格魅力证明了这一思想，成功地树立了一个开创性的形象。《纽约时报》评论说："马斯洛心理学是人类了解自己过程中的一块里程碑。"还有人这样评价他："正是由于马斯洛的存在，做人才被看成是一件有希望的好事情。在这个纷乱动荡的世界里，他看到了光明与前途，他把这一切与我们一起分享。的确，弗洛伊德为我们提供了心理学病态的一半，而马斯洛则将健康的那一半补充完整。"②

一、科学观

（一）研究对象

马斯洛认为意识经验是心理学研究的基本出发点和首要研究对象，主张研究健康人的内在意识经验，探寻人的本性、潜能和价值。行为主义从自然科学机械论的观点出发，把心理学的研究对象简化为行为层面的刺激—反应的联结，把心理状态、意识体验、理性思维等带有主观色彩的问题统统排斥出心理学的研究范围，使行为主义成了"无心"的心理学。行为主义者把从动物实验中得到的结

① 马斯洛．动机与人格［M］．许金声，译．3 版．北京：中国人民大学出版社，2007：55.

② 刘景云．外国 100 位思想圣哲［M］．长春：吉林人民出版社，2008：278.

果运用到人身上，但人毕竟不是较大的白鼠、猴子或鸽子，而是具有自主性、主动性和创造性的整体。精神分析虽然把人作为研究对象，也不排除意识，但它所研究的大多是有心理障碍、心理不健康的人，并从中得出人是受潜意识的性本能冲动驱使的结论。马斯洛认为，人的意识和无意识在根本上是统一的。无意识潜能远比弗洛伊德所讲的无意识本能广阔，人的无意识潜能包括很多健康的无意识，如人对真善美的追求、自我实现等趋向。在马斯洛看来，行为主义和精神分析的研究对象尽管都有其可取之处，但对于全面、准确地了解人的心理现象却是不完整的，因此他主张要重新恢复意识经验在心理学研究中的地位，坚持把健康的人、自我实现的人作为心理学的研究对象。

除此之外，马斯洛还把价值、潜能、意义放到对人类生活与人类行为研究的中心位置上来。他认为，科学研究不应该排除价值，对人的研究更是如此，否则就不能理解人类生活的本质。要解决诸如人类的发展前景、希望这类心理学面临的迫切问题，就必须从最健康、最伟大的人中抽样，才能说明人能够成为什么和人应该成为什么。马斯洛用了一个比喻来说明他的观点："假如你想知道一个人在一英里内能跑多快，你将不会去研究一般的跑步者，你研究的应是更为出色的跑步者，因为只有这样的人才能使你知道人在更快地跑完一英里上所具有的潜力。"①

（二）学科性质

西方心理学自诞生以来，根据其科学观和方法论的不同存在两大阵营，一种是崇尚自然科学客观实验方法的科学主义阵营，另一种是关注主体的意识经验的内省或现象学分析的人文主义阵营。这两大阵营各执一词，不断争论，造成了心理学长期分裂的局面。也许源于他的行为主义和人本主义心理学的多重背景，马斯洛对此有了更深刻的思考，他觉得我们为什么不能摆脱那种非此即彼的二分法，寻求一种辩证的理解呢？因此，他提倡用更开放、更综合、多学科的方法来研究人的整体及其独特性问题。

马斯洛认为，真正科学的理论绝不是极端片面的东西，而应该是一种整合的科学。他主张在心理学中建立起一个既"以经验为依据，同时又包含着人性的深度和高度的人本主义心理学体系"。由此可以看出，马斯洛并未对机械主义心理学的方法全盘否定，只是认为机械论的科学太过偏狭，不足以全面整体地认识人性。马斯洛从转变思维模式这一视角出发，考虑到两种心理学范式的融合问题。

（三）学科任务

马斯洛认为，心理学的任务不在于研究心理元素和生理过程，也不在于揭开

---

① 戈布尔．第三思潮：马斯洛心理学［M］．吕明，陈红雯，译．上海：上海译文出版社，1987：24.

人的潜意识或控制刺激与反应之间的联结，而在于对真正有意义的主题——人的本性、潜能、尊严和价值进行深入的研究，以此来达到对人的种种精神和心理的理解和把握。心理学就是要在全面理解人类本性的基础上，恢复人的价值和尊严，使人明确生活的意义，充分发挥人的潜能，从而迈向自我实现，成为“最好的自己”。

三、方法论

（一）哲学基础

人本主义心理学的哲学基础有两大渊源：一是西方人道主义和人性论传统，二是存在主义和现象学。

人道主义是文艺复兴时期出现的一种反对中世纪盛行的宗教禁欲主义的进步思潮。它主张人性的解放和对幸福的追求，强调人的尊严和价值，个人应自由地选择自己的命运和生活。所谓人性论，是指人区别于动物的根本属性的观点。西方传统哲学、伦理学在人性的问题上长期存在两种对立的观点：一种是性恶论，另一种是性善论。马斯洛的人本主义心理学把对人性的探讨视为其研究的核心，认为人性本善，恶则来自于社会环境和文化。

欧洲哲学中的存在主义和现象学也对人本主义心理学的产生具有重大影响。存在主义是一种人生哲学，它主张把人的自由、选择和价值作为研究的主题，强调人类真实的内在自我，集中注意于人的存在体验。现象学是由德国哲学家胡塞尔创立的，其座右铭是“回到事物本身”。在现象学家看来，人所感受经历的一切都是现象。而现象学所理解的现象就是事物本身，在现象和本质之间不存在距离。胡塞尔主张对意识本身进行分析，认为认识形式和认识内容的客观性都是建立在主观性的基础上，他还主张把人的主体性问题作为哲学研究的中心，把价值和意识问题作为研究的起点。现象学对于“人的纯粹意识的研究”在认识论和方法论上支持了人本主义心理学运动的发展。

（二）具体方法

在具体的研究方法方面，马斯洛主张心理学应该对各种各样的方法采取兼收并蓄的开放态度，在不损害科学可信度的情况下，重新划定和拓展心理学这门学科的边界。具体表现在：

1. 坚持问题中心论，反对方法中心论

人本主义心理学家持“问题中心论”的观点，即研究方法应服务于研究对象。方法中心就是将方法置于问题之上，认为科学的本质在于他的仪器、技术、程序、设备以及方法，而并非它的疑难、问题、功能或者目的。以方法为中心的研究者可能囿于自己目前所掌握的方法与技术而放弃一些具有重大价值的问题。马斯洛用了一个形象的比喻来形容方法中心论：“假如你所有的唯一工具是锤子，那就会诱使你把每一件东西都作为钉子来对待。”① 看到问题的解决才是科学研究的目的，方法只是达到目的的手段。马斯洛认为，心理学应该坚持以问题为中心，研究对个人生存或社会发展有意义的问题，如价值、自由和动机等，不应因一味追求客观性而远离人类的实际生活。方法要顺应问题，为问题服务，同时要根据问题选择方法，灵活应用。

2. 坚持整体动力学论，反对元素分析法和还原论

马斯洛认为，心理学的研究对象是作为整体发挥作用的人类的经验、行为和人格，它们虽然由部分组成，但却具有部分所不具有的新性质。正所谓1 +1 >2，而不是各部分功能的简单相加。马斯洛针对元素分析法和还原论的不足，提出了整体分析方法。这种方法要求：（1）必须先了解整体，然后研究部分在整个有机体的组织和动力学中的作用。（2）对整体的理解是一个反复研究的过程，即从对整体的模糊理解出发研究其结构，通过分析发现理解中的问题或疑点，然后进行更精确、更有效的重建或重述。（3）整体分析或分类的原则，不是基于“分离出来”，而是基于“包含在内”，重在将整体分析为层次和等级。（4）整体分析重视质的把握，但并不排斥量的研究。

马斯洛就是通过临床观察、比较心理学的研究和对自我实现者特征的研究，并结合自己对人性的基本理解，进行整体分析，最后提出了需要层次理论。具体来讲，马斯洛采用了一些综合的研究方法，如自由联想、心理测验和人物传记分析，并结合人物的日记、笔记、书信、作品等资料进行研究。

四、具体观点

马斯洛的人本主义心理学体系主要由三大基础理论构成，分别是需要层次论、自我实现论和高峰体验论。

（一）*需要层次论*

马斯洛非常注重对需要问题的研究，他的需要层次理论是人本主义心理学的支柱性理论。动机是人类行为的直接动力，而需要是动机产生的基础和源泉。马斯洛从他对人类需要的理解出发阐明了他的动机理论，因此需要层次论既是一种需要理论又是一种动机理论。需要的性质决定着动机的性质，需要的强度决定着动机的强度，但需要和动机之间并非简单的对应关系，人的需要是多种多样的，但只有一种或几种占支配性的需要才能成为行为的主要动机。

马斯洛将人类需要分为两大类：一类是基本需要，又称缺失性需要，包括生理需要、安全需要、爱和归属的需要、尊重的需要，这类需要与人的生存密切相关，是个体不可缺少的普遍性需要。另一类是成长性需要，主要指认知、审美和

---

① 马斯洛. 科学心理学［M］. 林方，译. 昆明：云南人民出版社，1988：13.

自我实现的需要，是由个体健康成长、实现自我潜能趋向所激励的高层次需要。在马斯洛看来，基本需要属于低层次需要，然而只有当低层次的需要得到基本满足之后才会产生高层次的需要。

按照需要的优势或力量的强弱，以及出现顺序的先后，马斯洛将人的需要描绘成呈等级排列的金字塔形状，见图9－1。从低到高依次是：

1. 生理需要

生理需要是维持个体生存和种族发展的需要，是人的各种需要中最原始、最基本、最强烈的需要，包括食物、水、空气、性和睡眠等。这类需要在所有需要中占优势地位。当一个人的生理需要得不到最起码的满足，它就会支配这个人的行为。

2. 安全需要

当生理需要得到相对充分的满足之后，安全需要就会作为占主导地位的需要而凸显出来。马斯洛把安全需要解释为个体对稳定、秩序、体制、安全感和预见性的追求，如人们希望让身体免受伤害、盼望社会安定、法制健全、社会保障完善等。若此类需要得不到满足，个体就会感到威胁和恐惧。

3. 爱和归属的需要

当生理需要和安全需要基本得到满足之后，人就开始追求与他人建立情感联系，渴望家庭的温暖，希望得到所在团体和组织的认同。如果这种需要得到了满足，个体就会产生归属感，否则就会出现孤独感和被抛弃感。

4. 尊重的需要

是指个人对自己尊严和价值的追求。它既包含希望为他人所尊重，如得到关心、重视、赏识、赞许、支持和拥护等，也包括个人对自己的尊重，如对实力、成就、胜任感、自信、独立等的期望。这种需要如能得到满足，人们就会产生自信心，感到自己有价值、有能力、有成就，否则就会引起自卑感、软弱感和无能感。

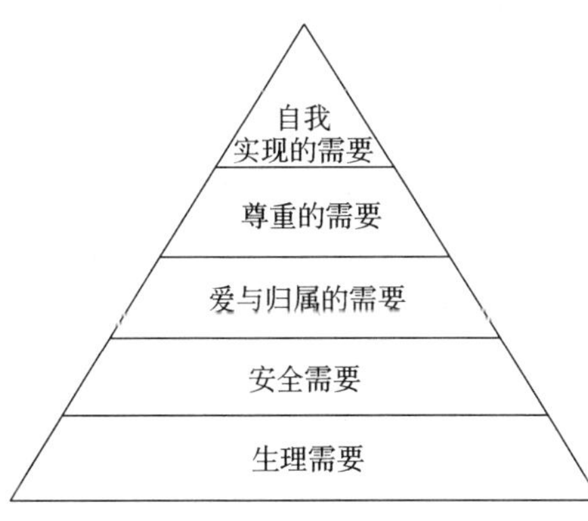

图9－1 马斯洛的需要层次模型

5. 自我实现的需要

所谓自我实现，是指通过认识或实现我们所拥有的潜能来获得自我完满。也就是马斯洛所说的："一个人能够成为什么，他就必须成为什么，他必忠实于他自己的本性。"① 自我实现是人类最高层次的需要，是使人的潜能现实化的过程。按照马斯洛的观点，每一个人都具有自我实现的先天倾向。自我实现的方式可以是多种多样的，这是由个体内在本性中的独特性所决定的，通过认知活动或审美活动而得到实现是自我实现的重要方面。为了达到自我实现，我们必须首先让处于较低层次的需要得到基本满足。

以上各需要层次之间存在密切的关系。低层次需要是高层次需要的基础，一般来说，只有当低层次需要得到基本满足之后，下一层次的需要才会出现。较低层次的需要高峰过去后，较高一层的需要才能起优势作用。但是，较低层次的需要并不是消失了，只是不再占优势而已。此外，人的需要层次是呈波浪式发展的，实际上并不像台阶形排列那样刻板，会受到很多因素的影响。例如，并不一定是低层需要完全得到满足才会产生高层需要，实际上有很多例外，在历史和现实中都不乏一些具有远大理想的人，他们宁愿忍受基本需要的匮乏而执著追求真理和正义。马斯洛还指出，不同层次需要的发展不仅与社会经济、文化和教育程度有关，而且与个体的年龄和发育密切相关。婴儿期主要是生理需要占优势，而后产生安全需要、归属和爱的需要，到了少年、青年初期，尊重需要日益强烈。青年中、晚期之后，自我实现的需要开始占优势。

（二）自我实现论

1. 自我实现的内涵

自我实现论是马斯洛人本主义心理学的基本理论的核心。马斯洛自我实现的概念来自荣格和戈尔德斯坦的思想，他将自我实现看做人格发展的最高动力，看做人类独有的一个终极价值，一个所有人都追求的遥远目标，即完满人性和个人潜能的实现。对一个人来说，自我实现意味着他更真正地成了他自己，更完善地实现了他的潜能，更接近了他的存在的核心。

2. 自我实现者的人格特征

马斯洛对于自我实现者的研究兴趣，最早是从他对两位导师韦特海默和本尼迪克特的崇拜开始的。但他说："我不会满足于简单的崇拜，而是要试图去理解这两个人与世上平凡而忙碌的人相比为什么如此不同。"② 开始时马斯洛是被自己的好奇心所激励，对自我实现者的人格特征进行了非正式的个人探索，后来这

---

① 马斯洛. 动机与人格［M］. 许金声，译. 3 版. 北京：中国人民大学出版社，2007：29.

② 瓦伊尼，金. 心理学史：观念与背景［M］. 郭本禹，任其平，王蕾，等，译. 3 版. 北京：世界图书出版公司，2009：453.

项研究的影响力越来越大。马斯洛从他的老师、学生、熟人和历史知名人物中挑选出 48 名人士作为他心目中的自我实现者，通过传记和其他文字材料对这些人进行分析，概括出自我实现者的 15 种人格特征。

（1）准确和充分地洞察现实，并与现实保持良好的关系。

（2）悦纳自我、他人和周围世界。

（3）思想言行自然、坦率、真诚。

（4）以问题为中心，而不是以自我为中心。

（5）超然独立的个性，有离群独处的需要。

（6）有独立于文化和环境的自主性。能够自我指引、自我管理和自我负责。

（7）有清新的鉴赏力，即反复欣赏生活的能力，对周围的事物具有持续的新鲜感。

（8）较经常地经历神秘体验或高峰体验。

（9）对人类怀有一种深深的认同、同情和爱的情感。

（10）仅与少数人建立深入和密切的人际关系。

（11）具有民主的性格结构，尊重他人意见。

（12）具有明确的伦理道德观念。

（13）具有富含哲理的、善意的幽默感。

（14）富有创造性，不墨守成规。

（15）对现有文化具有批判精神，能够摆脱现存不完美社会文化类型的束缚与限制。

当然，自我实现者也并非尽善尽美，他们身上也存在着这样或那样的缺点。例如，在追求真理的过程中，有些人会表现出周期性的心不在焉，意想不到的无情和外表的冷漠。他们也无法完全摆脱内疚、焦虑、烦恼和冲突。但总的来说，他们比一般人更接近完善，更健康、更富有创造性。

3. 通向自我实现的途径

为了让更多人达到自我实现的理想图景，马斯洛提出了通向自我实现健康人格的八条具体途径。

（1）忘我地体验生活，全身心地献身于事业；自我实现意味着充分地、活跃地、无我地体验生活，全身心地专注一件事情而忘怀一切。

（2）面临前进与倒退、成长与安全的选择时，要做出成长的选择而不是防御、退缩的选择，力争使每一次选择都成为成长的选择。

（3）承认自我存在，要让自我显露出来。即让自己的天性、潜能自发地显现出来，使之成为行动的最高准则。

（4）当有怀疑时，要诚实地说出来而不是隐瞒，在许多问题上都应反躬自问。因为这意味着承担责任，而每次承担责任都是一次自我的实现。

（5）能从小处做起，要倾听自己的志趣和爱好，有勇气做出自己的选择。

（6）要经历勤奋的、付出精力的准备阶段。也就是说，自我实现不是一种结局状态，而是实现潜能的过程，它存在于人的不懈努力之中。

（7）高峰体验是自我实现的短暂时刻，应该设置条件让高峰体验更有可能出现，从而更清楚地认识自己、发现自己、实现自己。

（8）要识别自己的防御心理，并有勇气放弃这种防御。

（三）高峰体验论

马斯洛在对自我实现者的人格特征研究的过程中，发现了高峰体验这一神秘现象。几乎所有的自我实现者都提到了他们曾经经历过的这种神秘体验："这种体验可能是瞬间产生的、压倒一切的敬畏情绪，也可能是转瞬即逝的极度强烈的幸福感，或甚至是欣喜若狂、如醉如痴、欢乐至极的感觉。"① 因此，高峰体验是在进入自我实现和超越自我状态时的一种非常豁达与极乐的瞬时体验，是一种伴随着巨大的狂喜、惊奇、敬畏，以及丧失时空感的豁然洞开，从未有过的孤立无助而又更加有力的对生命本体的认同之感，此时人能感受到一种发自心灵深处的战栗、欣快、满足和超然，犹如站在高山之巅，那种愉悦虽然短暂，却尤为深刻。

马斯洛指出，高峰体验是普遍存在的，几乎每一个人都有过这种体验，但在自我实现者身上会更多地出现。高峰体验在不同人身上表现方式不同，它可以是音乐家演绎了一次精彩绝伦的听觉盛宴，也可以是雕塑家完成了一件栩栩如生的旷世奇作；可以是重亲情的人对家庭生活的温馨感受，也可以是热爱旅行者在游山玩水中的怡然忘我。

马斯洛强调高峰体验和自我实现的密切关系。高峰体验既是自我实现者的人格特征之一，又是通向自我实现的一条重要途径。处在高峰体验的时刻人会感受到一种与整个世界的整合，内部的分裂、对立趋于被消解，产生一种返璞归真、天人合一的完善感。事物的本来面目、宇宙的终极价值似乎都被洞悉。这种体验可以改变这个人和他对世界的感知。同时，也使这个人更加具有创造性。因此，高峰体验对增强心理健康，塑造积极人生观，提高心理生活品质都有着重要的价值。

五、评价

（一）贡献

1. 马斯洛强调心理学的研究应以问题为中心，采取多元方法论，扩大了心理学的研究范围。马斯洛以整合的思维看待心理学的对象、方法和课题，动摇了

---

① 马斯洛. 人的潜能和价值［M］. 林方，主编. 北京：华夏出版社，1987：366.

占主导地位的机械主义心理学方法论根基，倡导并构建了以人为中心的心理学研究范式，在保留心理学自然科学取向合理性的同时，将非主流的人文科学取向重新纳入心理学，拓展并完善了心理学的研究格局，在心理学学科发展史上具有里程碑意义。

2. 首次明确提出要以健康人的心理和健康人格作为心理学研究的对象。冲破了传统心理学以研究动物和“病人”的模式来研究人的不足。在心理学的发展史上，探讨动物心理、变态心理的大有人在，但探讨健康人的正常心理的人却为数不多。马斯洛直接把健康人作为研究对象，概括了健康人的人格特征，把人的本性和价值提到了心理学研究对象的首位，开辟了研究自我实现者的新领域，为后来心理学研究范式的积极转向和积极心理学的诞生奠定了基础。

3. 马斯洛的需要层次理论成为现代管理科学的主要理论基础之一。现代管理科学由于受到马斯洛理论的影响，逐渐抛弃了“经济人”的观点，把人看成是不断追求需要的满足、努力实现自我价值潜能的社会人。若要调动个体的积极性，则应在企业管理中提倡人性的回归，实行以尊重员工为核心的人本管理，这样才能最大限度发挥员工潜能，同时也使企业效益最大化。可以说，马斯洛的需要层次理论促进了以人为中心的管理理论的应用和发展。

（二）局限

1. 马斯洛过分强调生物因素在人的发展中的决定作用。他把人的需要和内在本性看成类似本能的东西，是人所固有的内在潜在能量。而内在本性又是天生的，具有生物性，这就使他的理论带有生物决定论的色彩。他把人看成是超越时空、超越社会、超越文化影响的抽象的“自然人”，外部条件和社会环境只起着限制或者促进的作用，然而人是难以超脱文化的影响的，因此也引来了大量批评和反驳。

2. 马斯洛强调个人价值、潜能的自我实现，而忽视社会价值的实现，把个人的自我实现同社会发展对立起来。他认为自我实现要抵制社会文化的影响，拒绝对社会文化的适应，这种观点过于极端，在现实中也很难成立。因为人的思想意识、行为习惯都是社会文化的产物，不存在独立于社会文化的抽象价值。

3. 马斯洛的研究方法过于主观，缺乏客观的标准和严谨性。对于马斯洛理论最激烈的批评集中在他创建理论的方法上。例如，他对自我实现者的界定含混不清、前后缺乏一致性，很多批评者认为马斯洛被试样本太小，无法支持他做出的推论，还有人指责马斯洛把伦理观念与理论逻辑相混淆，因而他的研究数据和方法论被认为是存在问题的。马斯洛承认他的研究不符合科学研究的严格标准，但他争辩说，这是研究自我实现的唯一方式。尽管如此，有的理论家仍主张“最好的人本主义传统将在一种相当严谨的心理学中得到体现，这种严谨的心理学对人类经验和行为的丰富性和复杂性仍然是处理恰当的"①。希望真如马斯洛所说的他的工作只是基础性的，有朝一日他的结论会用更严谨的方法得到证实。

第二节 罗杰斯的自我心理学

一、生平

卡尔·罗杰斯（Carl R. Rogers，1902—1987）是美国著名的心理治疗学家，人本主义心理学的主要创建者之一，被认为是继马斯洛之后人本主义心理学的主要代言人。他出生于美国芝加哥郊区的一个中产阶级家庭，父母都在威斯康星大学受过高等教育，这在当时是很了不起的。罗杰斯从小就受到家中浓厚宗教气氛的影响，父母是虔诚的基督教徒，在整个青少年时代"父母像握着钳子那样控制着罗杰斯的一举一动"，家中规矩限制甚多，随便表达感情，过分亲昵均被视为不妥，不许喝酒（甚至汽水）、不许跳舞、不许玩牌……以至于"许多年后，他还记得第一次喝汽水时心里那种微微的堕落感"②。因此，他小时候孤独、退缩，很少参加社交活动，这种性格却使他阅读了大量的书籍，《圣经》故事、百科全书，甚至辞典都成了他感兴趣的读物，这也使他的阅读能力远远超出同龄人。

12 岁时，罗杰斯全家迁到了一个农场，在那里他对农业科学产生了浓厚的兴趣。中学毕业后，他考取了威斯康星大学农学院，后为了从事牧师职业，大二时转攻历史。1922 年发生了一件对他一生都有深远影响的事，罗杰斯作为美国 12 名学生代表之一赴中国北京参加了"世界基督教同盟大会"，在这六个月的旅行中，他首次接触到了来自不同宗教和不同文化的人，使他大开眼界，从此他从父母的原教旨主义信念中解脱出来，确立了一种更为自由的生活哲学。1924 年大学毕业后，他到纽约联合神学院学习，然而却被隔街相望的哥伦比亚大学师范学院精神分析学家阿德勒和临床心理学家霍林沃斯的思想所吸引，转而主攻教育心理学和临床心理学，1928 年获得硕士学位，同年受聘于纽约罗彻斯特防止虐待儿童协会儿童研究室，从事行为过失和缺陷青少年的教育工作。两年后升任研究室主任。与此同时，他边工作边学习，于 1931 年获得博士学位，论文题目是《关于儿童人格适应的测验》。

从 1940 年开始，罗杰斯先后在俄亥俄州立大学、芝加哥大学、威斯康星大学从事教学工作。在这些年月里，他从实践和自己的经验出发，建立并完善了他的理论和心理治疗方法。1962 年在斯坦福大学行为科学高级研究中心担任研究员。1964 年又移至加利福尼亚州西部行为科学研究所任常驻研究员，致力于人

---

① 瓦伊尼，金．心理学史：观念与背景［M］．郭本禹，任其平，王蕾，等，译．3 版．北京：世界图书出版公司，2009：463.

② 江光荣．人性的迷失与复归：罗杰斯的人本心理学［M］．武汉：湖北教育出版社，1999：4.

本主义人际关系的研究。在此，他提出了促进个体正常交往的“交朋友小组”方法，并把这种方法应用于教育。晚年他还以极大的热情尝试把他的理论和技术用于解决国际冲突，拍摄展示以人为中心治疗的电影，在世界各地举办研讨会和工作坊。1987 年因髋骨骨折手术后心脏病发作去世，享年 85 岁。

罗杰斯一生所获荣誉颇丰。他是美国应用心理学会的创始人之一，还担任过美国临床与变态心理学分会主席。1946 年担任美国心理学会第 55 任主席。1956 年他同斯彭斯、苛勒一起获得首届美国心理学会“杰出科学贡献奖”，1972 年又获得美国心理学会“杰出专业贡献奖”。至今，他是美国心理学史上唯一获得此两项殊荣者。根据吉尔森的一项调查，罗杰斯在“二战”之后美国最有影响的 100 名心理学家榜中位列第四。除此之外，他还在 1987 年获得了诺贝尔和平奖提名。

罗杰斯一生精力充沛，笔耕不辍，先后出版了 16 本专著，发表论文 200 余篇。代表作有：《问题儿童的临床治疗》（1939）、《咨询与心理治疗》（1942）、《来访者中心疗法》（1951）、《论人的成长》（1961）、《学习的自由》（1969）、《择偶：婚姻及其选择》（1973）和《一种存在的方式》（1980）等。

二、科学观

（一）研究对象

罗杰斯认为心理学的研究对象是人的主体经验。科学植根于个人直接的、主观的、内在的经验之中，这种经验不是置于身外的客观材料，而是生活本身，是“我”所经历的情感和认知汇合成的整体的体验。在罗杰斯看来，每个人都生活在自己的主观世界中，而这一主观世界仅有他们自己才能知晓，因此要探讨人的内心世界就必须依据人的主体经验。罗杰斯的科学观始于对单纯的逻辑实证主义的怀疑，他认为科学不是一种静态的客观存在，科学是一个过程，是一个由人来承担的过程。科学研究从它创造性的发端、现实检验、尝试性的结论及其研究成果的应用，每个步骤和环节都离不开人的主观性。同时，心理学不是价值中立的，而是牵涉了人的价值的科学。心理学知识体现了人的主观性，并且只对那些主观上想接受它的人才具有意义。

（二）学科性质

自冯特和布伦塔诺以来，心理学一直沿着自然科学取向和人文科学取向两条路线发展着。自然科学取向的心理学以逻辑实证主义为基础。人文科学取向的心理学以存在主义、现象学和释义学等为基础。罗杰斯对心理学的学科性质的观点有一个明显演变的过程。他对两者在自己心中的地位是这样评价的：“我一直受逻辑实证主义的熏陶之中，对于它我一直怀有深深的敬意，而于后者——主观取向的存在思想——我较晚才有所接触，但它很快在我的心里生了根，因为它与我的治疗经验是那样的贴切。”① 可以看出，罗杰斯对两者的态度是较为复杂的。直到罗杰斯与斯金纳进行了一场被称为“心理学的世纪之辩”的学术争论，罗杰斯对于科学的观念才逐渐清晰起来。

（三）学科任务

罗杰斯认为，心理学要对人这个既是客观存在又是主观存在的特殊整体进行研究，就要根据研究人的过程中遇到的困境灵活选择研究方法，而不仅仅是对牛顿式科学的盲目模仿。心理学应该研究那些可以使人生命形态更为丰富、更有意义、更令人满足的人际关系课题，应该研究使人的创造性潜能得以充分发挥的途径。

三、方法论

（一）哲学基础

罗杰斯的人本主义心理学以现象学和存在主义哲学为基础，同时又受到中国道家哲学的影响。罗杰斯认为，现象学提供了一种研究人的经验的新途径，使心理学可以从简单模仿自然科学、忽视人性的危机中走出来，成为一门真正意义上人的科学。存在主义倡导人们正视自己的存在，关注人的经验，将人作为处在生活过程中的一个完整的个体进行理解，它对人与先验世界、人和自我的关系作了比较全面的分析。存在主义者主张生活的意义不存在于事物本身，而是由个体的知觉赋予其意义。罗杰斯认为，“每个人都存在于一种以他自己为中心的不断变化的经验世界中”、“经验是最高权威”。这些观点与存在主义哲学的基本特征是完全相符的。

同时，作为东方文化的知音，罗杰斯对老子的思想非常赞同。他的人性观和“以人为中心”疗法也受到中国传统道家“顺应自然”、“无为而治”思想的影响，认为人性是积极的、人的内部有促进人格发展的基本动机，创设一种不受威胁的气氛让来访者自由地表达情感、探索自我就可以促进其改变和成长。

（二）具体方法

罗杰斯对待心理科学的研究方法是比较宽容的，他重视主体知识和个人的切身感受在心理学研究中的价值，也强调主观知识与客观知识的结合，自我观察与他人观察的结合。他主张一门科学的方法应该与研究对象的特点相适应，从心理学角度上来看，应当看这门科学的研究方法是否适应所研究的行为或心理现象，而不是看这种方法是否符合实验设计的规范来判断其合理性。

针对实验法和经验法两种取向都不能圆满地解决心理学中问题的矛盾，罗杰

---

① 江光荣. 人性的迷失与复归：罗杰斯的人本心理学［M］. 武汉：湖北教育出版社，1999：219.

斯提出了现象学方法，即一种对人的意识体验的直接描述法。这种方法包括三个步骤：1. 通过对自己内部的参照系统进行观察以取得主观知识；2. 将他人的观察与主观知识相对照，取得客观知识；3. 设身处地地理解他人，取得人际知识。罗杰斯认为，通过现象学方法可以深入个人的现象场或私人世界，理解人的主观经验，增强人与人之间的体验，以寻求改变人类本性及其存在方式①。

罗杰斯在注重主观体验的同时，也强调科学方法的重要性，他是坚持心理治疗和实验心理学客观技术联姻的第一人。他采用汤姆森和斯蒂芬森提出的 Q 分类法作为评估心理治疗效果的指标。这是一种自我概念的测量方法，通过把理想自我与治疗过程中各阶段的真实自我进行相关比较，发现个体对自我的看法，以了解来访者的心理健康水平。因为治疗的目的在他看来就是使真实自我和理想自我趋向接近。罗杰斯还利用实验设计的方法，通过在治疗前后施测来比较来访者组和控制组在效果改善方面的差异。除此之外，他还首次把录音技术引入到心理治疗的会谈中，用以记录和分析实际治疗过程中咨询师与来访者的互动模式，供他人学习和评价。

四、具体观点

（一）人格的自我理论

罗杰斯的人格理论是以自我为中心，以自我实现倾向为动力，以充分发挥机能的人为目的的人本主义人格理论。自我理论是罗杰斯人格理论的核心，也是他的心理治疗理论和人本主义教育理论的基础。

在罗杰斯看来，自我是指一个人对自己的了解和看法，是人对自己的知觉。一个人随着自己经验的增加，会逐渐丰富和改变对自我的认识，也就是说，自我作为人格的一种内在建构是不断发展变化的。罗杰斯人格理论以人性本善的性善论为前提，认为有机体有一种自我实现的先天倾向，表现为最大限度地实现各种潜能、发挥自己的潜力的趋向。在自我实现倾向的推动下，个体的“自我”和“自我概念”得到发展、扩充和实现。

人格是由“自我经验”和“自我概念”构成的，自我经验就是与个体自己有关的经验。自我概念是在自我经验的基础上逐渐形成的，即与自我有联系的一切经验的综合，是个人对自己和环境及其关系的知觉和评价。当个人的自我概念与知觉的经验呈现协调一致的状态时，他便是整合的、真实而适应的人，反之他就会经历或体验到人格的不协调状态。自我概念有两种：一种是真实的自我，是较符合现实的自我形象；另一种是理想自我，是一个人期望实现的自我形象。这两种自我是否和谐与趋近，直接影响一个人的心理健康水平。

---

① 车文博. 人本主义心理学［M］. 杭州：浙江教育出版社，2003：347.

那么，自我概念是如何形成的呢？罗杰斯认为，自我概念是在个体与环境的相互作用的过程中形成的。儿童出生后，随着身心的成长，由最初的物我不分、主客不分，到逐渐把自我与环境区分开来，并在语言的帮助下进一步分清了主我（I）和客我（me）。在这个过程中，儿童的自我发展会受到周围重要他人（如父母）对他们的态度和反应的影响。罗杰斯用“无条件积极关注”来解释自我发展的机制。所谓无条件积极关注，是指治疗者对来访者表示真诚和深切的关心、尊重和接纳。无条件积极关注是一种没有价值条件的积极关注体验，即使自我行为不够理想时，他觉得自己仍受到父母或他人真正的尊重、理解和关怀。罗杰斯强调母子关系对儿童自我成长的重要性。如果母亲的爱对于孩子来说是有条件的，即只有某种适当的行为才能获得爱，那么儿童就会内化母亲的态度，建立价值的条件。在这种情况下，儿童感觉只有在某些条件下才具有价值，因而极力回避那些不能获得赞赏的行为。这样一来，儿童自我就不能获得完整的发展，因为他已经知道某些行为会导致拒绝，从而不能表达自我的所有方面。心理健康的主要先决条件是童年时代的无条件积极关注。即无论儿童怎样行为，父母都展示出对孩子的爱和接纳，受到无条件积极关注的儿童不会形成价值的条件，因而不必压抑自我的任何部分。只有以这种方式，儿童才能在人生道路上无拘无束地发展一切潜能，达到自我实现的目标，成为一个具有健康人格的人。

同马斯洛一样，罗杰斯也非常重视对“自我实现者”的研究，他认为自我实现是心理健康的最高水平。罗杰斯提出了“机能充分发挥者”的概念，意指那些获得过无条件积极关注的人。他概括出这些人的特征：1. 经验的开放性。对一切经验（包括积极的和消极的）采取开放态度，不封闭自我，不歪曲与掩饰。2. 存在主义的生活方式。对生活有新鲜感，生活于存在的每一瞬间。3. 信任自己的机体。能根据情境对材料进行综合加工和权衡，全面地考虑问题，并能对行动的过程迅速作出决定，在任何新的环境下找到最恰当的行为方式。4. 富有自由感。他们的决定是出自个人的意愿，而不是受外部的强制或内部的压抑。5. 高度创造力。这种人富有创造和创新能力，而不是遵循或消极适应社会和文化传统。

（二）以人为中心疗法

“以人为中心疗法”是罗杰斯创建的一种人本主义的心理治疗方法，也是他的自我理论在心理咨询和治疗中的具体运用。

罗杰斯认为，传统的心理咨询和治疗总是把人看成是被指导、被改造的对象，过分强调治疗者的作用，忽视了来访者也是有意识、有理性的独立自主的人，有自己的分析和判断能力。因此，罗杰斯倾向于建立一种“非指导性疗法”，也就是依靠来访者主体内在的潜能进行自我理解，改变他们对自我和他人的看法，从而产生自我指导行为，达到自我治疗的目的。这种治疗观源于他对人性的积极假设，即人具有完善的机能和自我实现的潜力。治疗者的任务在于创设一种温暖、友谊、令人可以接受的氛围，以使来访者享受到被尊重的体验。是来访者而不是治疗者决定了治疗和咨询的进程。在治疗过程中，治疗者应该对来访者进行“无条件积极关注”，即对来访者信任、接纳、倾听、期望和支持。在治疗者的引导下，随着时间的延续，来访者对自己的心理状况会有更多的了解，并发展出解决问题的方式。罗杰斯以人为中心疗法的治疗目标是促使来访者达到人格的成长。他把发展积极的生活方式、减少内在冲突和增强人格整合作为最终目标，而最终目标的实现有赖于次级目标的获得，如自我结构的改变、对情绪经验的开放态度。

罗杰斯认为，以人为中心疗法的关键不是技术，而是治疗者的态度，以及气氛的创造和治疗关系的建立。治疗者应该放弃其权威性，把主导权交还给来访者，因为没有人比来访者更了解他们自己的问题。在他看来，成功的治疗必须具备三个条件。

1. 真诚一致。治疗者和来访者双方都要保持真诚。特别是治疗者应该表里如一，不虚伪，不做作。治疗师要能够随时以诚恳的态度，与来访者做直接而正面的沟通。也就是说，对于来访者而言治疗师是透明的，而且能够拥有及表达自己内在的思想、感受和态度。真诚既能消除沟通上的障碍，又会使来访者坦率地表露自己，建立真正良好的治疗关系。

2. 无条件积极关注。这个概念在前面我们已经提到过，在这里主要是指治疗者对来访者表示真诚和深切的关心、尊重和无条件的接受。但这并不意味着治疗者完全认可来访者的行为，而是通过无条件接受达到深层次的治疗。比如，当来访者在叙述某些可耻或令人焦虑的感受时，要尊重他自由表达的权利，以关注的态度接纳他，既不鄙视或冷漠，也不给予评价或纠正，相信来访者能够找到解决的途径或方法。

3. 共情理解或同理心。指治疗者深入了解和设身处地地体会来访者的内心世界。治疗者应该敏感地倾听和设身处地地理解来访者当时的心境、痛苦、恐惧等情绪，帮助和鼓励他更充分地、自由地加以宣泄，表露其隐藏在内心的郁结，既可认识自己的问题所在，又可使自己的人格和行为发生良性的变化。中国的成语“感同身受”很好地表达了这种意思，当治疗者能够进入来访者的内部世界并能够在其中自由地徜徉时，两者就能够进行融洽和深入的沟通。

总体来说，罗杰斯的以人为中心疗法强调良好治疗关系的重要性，而不太重视治疗技术技巧。这种疗法的特点是重视来访者的主观世界，反对指导性的、行为控制的治疗倾向，认为治疗者本人是治疗成功的最重要工具。主张由来访者主导治疗过程，掌握会谈的主题和方向，咨询师或治疗者只做来访者的“朋友”和“伙伴”以鼓励他们自由表达情感、共同探寻个人的内心世界。总之，以人为中心疗法就是在尊重来访者的前提下，相信他们具有成长的潜力及自我指导的能力，理解他们的经验与体验，真诚地关注他们，促使他们发展独特的自我。

（三）以学生为中心的教育观

从 20 世纪 60 年代开始，罗杰斯把“以人为中心”的理论扩展到教育教学等领域，形成了“以学生为中心”的人本主义教育观。1960 年他出版了《学习的自由》一书，详尽阐述了他的人本主义教育思想，包括他的人才观、教学的目标和原则等。罗杰斯认为，教育的宗旨和目标应该是促进人的变化和成长，培养能够适应变化的、知道如何学习的、有独特人格特征而又充分发挥作用的“自由人”，这些与他的自我人格理论是一致的。从这一教育目标出发，罗杰斯提倡意义学习和自发学习，倡导“以学生为中心”非指导性的教学模式，鼓励学生自主评价自己的学习效果。

罗杰斯的“意义学习”是指使学习者个体的行为、态度、个性以及在未来选择行动方针时发生重大变化的学习。简单地说，就是所学的知识能够引起变化的、全面地渗入人格和人的行动之中的、对个人有价值的学习。因为只有意义学习才能引发学生学习的主动性，全身心地投入到所学内容中去。同时，他也强调良好师生关系的重要性。教师的作用是非指导性的，不能居高临下地向学生灌输知识，而是要以“学习的促进者”的身份，尊重学生、信任学生，在感情上和思想上与学生产生共鸣，为学生提供各种学习资源，营造促进学习的气氛，让学生自己决定如何学习。这样才会取得理想的教育效果。在学习效果的评价方面，罗杰斯积极倡导学生的自主评价。他认为，学习是学习者个人的事，只有学习者自己才最清楚自己学得怎么样，是否已做出了最大努力，发现哪些方面失败了，哪些方面取得进步。只有自己才能对自己的学习效果作出最恰当的评价。更重要的是，只有将自我评价放在主要位置，把他人评价放于次要地位，人的独立性、创造性和自主性才会得到促进和发展，才能帮助学习者自己成长为主动的、自我负责的人。

总之，罗杰斯的人本主义教育理论反对教育的外部强化论和教师中心论，主张自我教育和学生中心论，从发掘学生的自我潜能出发，通过良好师生关系的建立，启发学生学会学习，成为有创造力、有自主性、人格健康发展的自由人。他的这些观点对当代教育的理论和实践产生了深远的影响。

五、评价

（一）贡献

1. 开创了心理治疗的新方法

罗杰斯的“以人为中心疗法”是继弗洛伊德之后在心理治疗领域影响最大的理论。他对人的本质持积极、乐观的态度，主张人有选择的自由，高扬了人的主动性和创造性，批驳了行为主义的机械决定论和精神分析的生物决定论，而且这种方法较简单易行，无须长期而严格的训练，而且治疗时间较短，富有人情味。因此，以人为中心疗法的基本观点获得了广泛的认同，可以说在今天的心理治疗领域，真诚一致、无条件积极关注和同理心等这些思想已经不再被单纯看成是人本主义心理治疗的专有理念，而是所有治疗流派的共同财富，并已扩展到人际关系的许多方面。

2．建构了人本主义的人格自我理论

罗杰斯强调人格的完整性，注重健康人格的培养。特别是他对自我的重要性的强调受到了普遍的欢迎。在功能上摆脱了潜意识决定论，强调自我意识经验的塑造作用；在动力观上，摆脱了外部环境决定论和生物决定论，强调性善论和内在价值论，坚持自我实现的动力观；在发展观上，坚持人的潜能和价值与社会环境内外因素的统合观。这些对自我心理学产生了重要影响。另外，罗杰斯尝试运用Q分类技术来了解人的自我概念和机体经验，使他的人格理论的某些关键概念成为可操作的技术，因而受到了主流科学家们的重视。

3．推动了教育理论和教学改革的发展

罗杰斯的“以学生为中心”的教育主张是“二战”以来最有影响力的教育理论之一。他反对传统教育压抑人性、重知轻情，主张尊重学生的自我潜能，建立良好的师生关系和课堂气氛，启发学生的主观能动性、自主性和创造性。这些观念和精神推动了西方教育改革运动的发展，促进了教师角色观念的转变，深入影响了学校的教育实践。

（二）局限

1．理论有过分强烈的主观色彩

罗杰斯的整个理论体系都是建立在存在主义哲学和现象学方法论之上的，他强调人的“自我选择”、“自我设计”而忽视了人的心理和行为的社会制约性，这是西方个体主义观点在心理学理论中的典型表现。在自我实现的固有潜能方面，他缺乏细致的讨论，没有详细地指出主观意识经验怎样排除了无意识的影响。这在一定程度上影响了其理论的科学水平。

2．“以人为中心疗法”缺乏普适性

罗杰斯提倡的以人为中心疗法虽然取得了很大的疗效和成功，但许多研究发现，它只能对某些类型的心理问题有效，有时其疗效还不如行为治疗和认知治疗。由于罗杰斯理论大多是从他在大学生心理咨询中心工作期间的临床实践中获得的，因而他所治疗的人主要是年轻、聪明、有较高语言技能的人，他们的问题主要是适应不良，而不是严重的情绪障碍，这与弗洛伊德等其他临床心理学家所遇到的群体是极为不同的。

3．“以学生为中心”的教育思想存在片面性罗杰斯的人本主义教育改革理想色彩过多，在实践上难以操作，容易因过分民主而导致自由放任和我行我素。他在美国建立的人本主义教育理念的实验学校也因学生学习成绩不佳而很快倒闭。

第三节 罗洛·梅的存在心理学

一、生平

罗洛·梅（Rollo May，1909—1994）是美国著名的存在分析学家，也是人本主义心理学的主要倡导者之一。他出生于美国俄亥俄州艾达镇，父母都没有受过教育，对子女的教育也不太关注。他的孩提时代家庭生活很不愉快，父母经常吵架。为了摆脱家庭中的争吵，他常常独自一人到他家附近的圣克莱尔河畔寻求宁静，因此罗洛·梅早期生活中的家庭和教育环境是相当差的。1930 年，罗洛·梅在奥柏林学院获得文学学士学位，大学时他对哲学和艺术很感兴趣，这种兴趣之后始终伴随着他。大学毕业后，他随一个艺术家组成的旅行团到欧洲旅游并进行绘画创作。1932 年夏，罗洛·梅参加了在维也纳举办的阿德勒暑期研讨班，并与阿德勒进行了讨论，可以说三年的欧洲之行是他把兴趣转向心理学的重要转折点。

回到美国后，罗洛·梅在美国密歇根大学担任心理咨询员，不久他被纽约联合神学院录取，也就是罗杰斯曾学习过的地方，并于 1938 年获得神学硕士学位。在此期间，他结识了流亡美国的德裔存在主义哲学家保罗·蒂利希，并成为终生好友。从蒂利希那里他第一次系统地接受了存在主义思想，了解了欧洲的存在主义哲学家。20 世纪 40 年代初，罗洛·梅开始学习和研究精神分析，深受著名学者沙利文、弗洛姆的影响。后进入哥伦比亚大学攻读博士学位，但在拿到学位之前他患上了当时尚难治愈的肺结核，差点死去。在患病和疗养期间，罗洛·梅有过深刻的焦虑感，这种死亡威胁所导致的悲哀、无助的体验对他影响至深。为了深刻理解焦虑这个主题，他仔细阅读了弗洛伊德《焦虑的问题》和克尔凯郭尔的《恐惧的概念》。他认为在当时患病的状况下，克尔凯郭尔的话更能打动他的心，因为它触及到了焦虑的最深层结构，即人类存在的本体论问题。康复之后，罗洛·梅以其亲身体验和内心顿悟写出博士论文《焦虑的意义》，1949 年获得哥伦比亚大学授予的第一个临床心理学博士学位。

罗洛·梅曾执教于哈佛、耶鲁、普林斯顿、哥伦比亚大学等著名高校，最后成为加利福尼亚州大学的终身教授。1952 年，他担任纽约威廉·怀特学院的研究员，1958 年升任为该院院长，随后一直工作于此直到退休。罗洛·梅历任纽约心理学会会长和美国精神分析学会主席等职，1971 年获美国临床心理学科学与专业卓越贡献奖，1987 年美国心理学会为其颁发了终生贡献金质奖章。

罗洛·梅一生著述丰富，他写了 20 余部专著，120 多篇论文。他的著作颇受学术界和公众的好评与赞誉，其中《爱与意志》成为美国最受欢迎的畅销书之一，荣获“爱默生”名著奖，并被译成多种语言在世界上广为流传。另外一本书《存在：精神病学与心理学中的一个新概念》，被认为是美国存在主义心理学的权威书籍和美国本土化存在心理学诞生的标志。他于 1994 年在美国加州去世，享年 85 岁。

二、科学观

（一）研究对象

罗洛·梅主张心理学应该以现实的人作为研究对象，关注人的内在经验和存在感，把人作为一个整体的存在来理解。而一个整合存在的人既有积极健康的人类潜能，如积极的自我存在体验、爱与意志、自由与责任等，也有消极和邪恶的潜能，如嫉妒、残忍、暴力和战争等。在他看来，人类行为中的建设性和毁灭性都来自同一根源，即人类的存在。就人类存在的本质而言，人是善恶兼具的统一体。只有全面研究人的所有积极和消极方面，才能够建立起一门真正科学的人的心理学。

（二）学科性质

在心理学的学科性质上，罗洛·梅的存在心理学坚持人文科学的观点。自然科学心理学接受了笛卡尔的二元论，将世界划分为主观和客观两个方面。但罗洛·梅反对这种主客二分法，认为人可以把自己视做研究的客体，也可以把自己当做认识的主体。这是人类特有的两难困境。盲目地模仿自然科学的路线，把人当做物来理解和对待，认为人是受物理的、生理的和社会的等因素决定的观点，而忽视了人的内心世界，无法反映出人的整体面目，只会让心理学陷入机械论和还原论。罗洛·梅的存在心理学致力于建立一门人的科学，认为人与世界是不可分的整体；人的存在始终是现实的、个别的和变化的；他还重视人的自主选择。这与自然科学路线形成了鲜明的对照。

（三）学科任务

罗洛·梅认为心理学是一门关于人的科学。他意在建立一种全面的理论，对人的最基本的本体论特点加以理解和阐述。心理学本身，不管其方法如何，首先是一种更好地理解人及其行为的意愿。他的存在心理学试图在现象学和心理治疗之间架起一座桥梁，指明一条理解人类基本本性的道路。心理学的最终目的是发现和探索人的“存在感”，它不仅要揭示人的自然存在，还要理性地展示人对自己的存在状况、内在体验、自我选择、人生理想等的自我意识。

三、方法论

（一）哲学基础

罗洛·梅的存在主义心理学的哲学基础主要是存在主义和现象学。存在主义是存在心理学的哲学根基，其核心思想是：每个人都过着独特的、自己选择的生活，根本不存在什么基本的人性或本质；真理寓于主观性之中，客观性知识会对人的存在造成歪曲。哲学应该研究个人的存在及其基本状态，直接关注个人的经验，并强调个人自由选择的权利。

存在主义哲学认为，人是存在于世界中的，人与世界密不可分，共同构成一个整体，在生成变化中展现自己的丰富面目。首先，人的存在的展开受自身的限制，用存在主义的说法，我们是“被抛”在这个世上的，当一个人出生时，其性别、经济地位、社会角色和文化背景已经固定下来。所有这一切给人的存在设置了限度。其次，人的存在并非被动地承受世界，而是始终处于不断变化中。朝向哪一种方式发展取决于人的自主选择。

罗洛·梅接受了存在主义哲学的基本理论观点，把人及其存在作为研究的出发点，追问存在的价值和意义，强调人的主体体验、自由选择、创造和责任等。同时，罗洛·梅对人性持善恶共存的观点，也是同存在主义哲学的悲观色彩相一致的。

（二）具体方法

存在心理学在方法的使用上具有开放性。它主要使用现象学方法，但并不将现象学方法视为通向目标的唯一途径而排斥其他方法。罗洛·梅虽然不反对实验的、量化的和解释学的方法在心理学研究中的运用，但认为这些方法还不能全面研究人类本性的所有方面，而且人类的心理活动和行为表现是以其存在的生活经验为依据的，因此，每个人都有各自不同的独特存在。只有对不同的人采用不同的方法进行研究，才能扩展科学研究的视野，使人类存在中的一些特殊结构，如价值、自由、选择、创造力、爱与意志、勇气、焦虑等，得到较为正确的理解和研究。

四、具体观点

（一）人的存在

人的存在是一个基础性概念。罗洛·梅存在心理学的所有理论均是围绕这一概念展开的。这个概念最初来自海德格尔，罗洛·梅用它来表示人的整体，即有血有肉、有思想有意志的人。在他看来，人的存在是难以用语言描述的，是一种特殊的存在，它既是物质的又是精神的。个人的存在只有他自己才能体验到，谁也无法了解他人是如何存在的。但是，个人的存在是他自己选择的结果，每个人都必须对自己的选择负责，任何逃避选择的行为都有损于其自我的存在。

罗洛·梅凭借自己的观察和对社会现实的分析，认为现代人心理问题的根源是精神空虚，找不到自己存在的价值和意义。人之所以会患上精神疾病是由于他对自己的存在开始感到暧昧，有所怀疑，容易受外界的影响，对自己的行为逐渐失去控制。心理治疗的目的，就是使病人重新体验他的存在的真实性，更充实地体会到自己存在的意义。因此，发现人生存在的真谛，探索存在的意义，发现一种基本的人的心理结构，使所有的心理治疗体系都建立其上，便成为罗洛·梅毕生奋斗的目标。

（二）存在于世界的三种方式

每一个人都是生活在世界中的存在，人类不能在真空中体验到他的自我存在，他必须在与世界的相互联系中才能认识世界，认识自我，协调人际关系，实现自我潜能。20 世纪 50 年代以后，罗洛·梅开始深刻地分析自我与世界的关系。他认为，人在世界中的存在方式主要有三种：

第一种是人与环境的关系状态。罗洛·梅所指的“环境”是一个“自然的世界”，它由无数的客体组成，是世界万物的自然总汇。对人而言，自然的世界除了自然环境之外，还包括生理的内在环境，如个人的先天遗传因素、生理需求、本能、驱力。每一个人都有他自己的自然世界。罗洛·梅认为，人类是被先天地投入到这个世界上来的，因此，自然的世界是不以人的意志为转移的，我们只能接受和适应自然规律的支配。

第二种是自我与他人的关系状态。即人与人的关系世界，是人所特有的人际世界。它既包括个体与个体之间的相互影响，也包括个体与群体之间的相互影响，其建立的关键基础在于意义结构的存在。罗洛·梅认为，人际世界是属于人的、双向的、互动的意义结构。也就是说，群体与个人或个人与个人的关系是相互作用和相互影响的，人不仅被社会改造和影响，而且也在不断组织和改造社会。在这个意义上说，在人际世界中，人不仅仅是进行适应，而是要能够与别人建立创造性的关系，能够进行社会整合。

第三种是人与自我的关系状态。是人类所独有的自我意识世界，是主观和意义的世界。它以自我归属和自我意识为前提。它在我们精确地判断我在做什么、厌恶什么、需要什么时，表现得最为明显。人必须对自己有足够的了解和认识，并把这种认识作为观察别人的基础，才能理解周围世界对自己的意义。

罗洛·梅指出，以上这三种状态是相互联系、互为条件、同时存在的。过分重视其中的某一种状态，都会妨碍人们对自我真实面目的理解。

（三）人格的基本特征

作为心理治疗学家，罗洛·梅在临床实践中发现许多人的心理疾病都与人格有关，因此，他非常重视心理健康和存在的关系，试图通过揭示人格的构成和存在的基础来建构一种存在主义的人格心理学理论。他认为，健康的人格应该具有六种基本特征：

1. 自我中心性。这是指个体在本质上是一个与众不同的独特存在。罗洛·梅认为，每个人都是独一无二的存在，没有人可以占有别人的自我。自我处在这个存在的核心，是存在的根基。心理健康的基本条件是接受自我的独特性。自我中心是人格的基本特征，是构成一切生物有机体存在的基本要素。因此，人的存在需要保持自我中心，使自我与他人和环境区别开来。

2. 自我肯定。指一个人保持自我中心的勇气。在人的存在意义上，自我肯定就是指人有勇气在自我选择的过程中实现自己的价值。在罗洛·梅看来，人的自我中心性不会自然发展和成长，而是需要不断地自我鼓励和自我督促，以使自我中心和独立感趋于成熟。这种自我肯定的勇气分为生理勇气、道德勇气、社会勇气和创造勇气。生理勇气是人对自己体格力量的肯定，这是最低层次的、外部的和易被人发现的勇气；道德勇气是一种与同情心相关的勇气，它能促使个体不仅对他人面临的痛苦有所同情，而且会为了减轻他人的困苦而勇于牺牲自己；社会勇气是一种和社会冷漠相对立的勇气，表现为敢于与他人交往，真诚袒露自己内心世界的勇气；创造勇气是最难获得也是最重要的勇气，它能使人格不断变化和发展，由旧的模式进入新的模式。

3. 参与和分享。它是一种与自我中心相对立的人格特征。虽然人是一个以自我为中心的独立个体，但由于生活在社会中，必须与其他存在体，特别是人发生关系，因此个体必然参与到其他群体中去，同他人建立和保持相互联系并分享这一世界。

4. 觉知。它是自我中心的主观方面。是一种感觉、愿望、身体需要和欲望的体验，它是人和动物共有的，只不过在动物身上表现为受到威胁时的警觉和戒备，而在人身上则可能表现为一种焦虑，并由此可转变为对焦虑的自我意识。但它比自我意识更加直接，包含着人的具体存在的体验。

5. 自我意识。它是人类所独有的本质特征，表现为一个人能够跳出来反观他自己的能力。罗洛·梅认为，自我意识是人不同于其他动物的显著标志，人的所有其他特点都是经过自我意识发展而来的。自我意识使人能够超越自己，能够拥有抽象概念，能用言语和其他象征符号与别人沟通。在面临多种选择时，能决定自己的行为模式。也正是因为有了自我意识，人们才有时间和历史观念，才能利用过去经验发展自己、规划自己。

6. 焦虑。指人的存在面临威胁时所产生的一种痛苦的情绪体验。焦虑和自我意识密切相关，是人对自身有限性的一种认识和体验。人作为有自我意识的个体，能够意识到自己是有限的、被决定的客体。威胁生存的疾病、难以抗拒的衰老和不可避免的死亡，以及精神信念、理想和价值的丧失都会让人的存在受到威胁，焦虑便油然而生。因此，焦虑是“个体对有可能丧失其存在的一种担心”。一定程度和数量的焦虑是正常的，也是不可避免的。

（四）焦虑理论

焦虑理论是罗洛·梅存在心理学理论体系的重要组成部分。20 世纪的现代人普遍面临着严重的焦虑问题。作为开业的心理治疗学家，罗洛·梅一直十分关注焦虑问题。他结合自己的理论研究和亲身经历，从存在心理学的立场来理解焦虑在人类存在中的地位和作用，探寻解决焦虑问题的出路。在他看来，焦虑是人的基本存在结构的一个重要成分，是存在的基本本体论特点之一，是不可避免的。

罗洛·梅的焦虑理论可以看成是把弗洛伊德的焦虑理论用存在主义哲学进行了重新解释。他同意弗洛伊德所说的“焦虑标志着我们内心的某种冲突”，但他并不认为这种冲突和性本能压抑有什么内在联系。在他看来，焦虑是人的存在或基本价值、自身安全受到威胁时的一种反应。焦虑和恐惧存在密切的关系。恐惧总是与焦虑相伴而行，但不同的是，恐惧并没有直接威胁到人的基本价值，且恐惧存在特定对象，当恐惧的对象消失时，恐惧也随之消失。而焦虑的对象模糊不清，人不知道自己担心的是什么。

罗洛·梅进一步区分出两种焦虑：正常焦虑和神经症焦虑。正常焦虑是与威胁相均衡的一种反应，不会产生压抑和内部心理冲突，是人成长过程的一部分，它不仅不可避免而且是正常和健康的。神经症焦虑是对客观威胁作出的不恰当的反应，包含着心理压抑和其他形式的心理冲突。人使用防御机制应对焦虑，并在内心冲突中出现退行。心理治疗学家的治疗目的就是，把神经症焦虑转化为正常焦虑。焦虑与文化有着密切的联系。首先由于人的基本价值观是社会文化的产物，而焦虑又是人的基本价值观受到威胁而产生的。此外，20 世纪的文化普遍低落，个人有赖于文化的价值观和道德标准也随之衰弱，个人行为没有固定的标准，因而无所适从，必然体验到痛苦的焦虑。也就是说，焦虑的产生也有其时代根源。

传统精神分析从人格内部结构角度解释焦虑产生的原因。罗洛·梅则从时代的角度分析焦虑产生的三大根源①。

1. 基本价值观的丧失。罗洛·梅认为，我们生活在一个急剧变迁的时代，旧的生活观、伦理观瓦解，新的观念还没有确立起来。人们失去了原本健康的三种基本价值观。其一是竞争的价值观。现代的个人竞争使得每个人成为他邻居的敌人，导致人际间的敌意和怨恨，从而增添了人的孤独与焦虑。其二是对信念的价值观。对理性片面强调，忽视了人的情感，理性和情感的分离迫使人们不得不在两者之间作出选择，从而给人的精神带来了极大的痛苦。其三是价值感和尊严感的价值观。个人力量的微弱和社会问题的重大形成了鲜明的对比，使人体验到无力感、苦闷、彷徨，进而引发极度焦虑。

---

① 夏烨，丁建略. 罗洛·梅的焦虑理论述评［J］. 医学与哲学（人文社会医学版），2008，29（7）.

2. 关系感的丧失。现代科技成果的层出不穷，人类在征服自然的过程中日益感知自身的伟大，但失去了与大自然的和谐关系，环境污染、资源枯竭、人和自然的关系不断疏离，本属于自然的一部分的人类不再属于自然，并彻底地与自然相异化。这种与自然的关系感的丧失使得人产生被剥离之后的孤独和焦虑。

3. 爱的能力的丧失。现代人丧失了一种以成熟的爱的方式同他人建立联系的能力。将爱与性混淆，更多地从事性的活动，以为这样意味着善于同他人发展友好的关系。将性视为麻醉剂，虽然可以暂时减缓焦虑，但最终使人精神萎靡。

五、评价

（一）贡献

1. 促进存在心理学在美国的发展

罗洛·梅把欧洲的存在心理学加以美国式的理解和改造，结合他自己的人生体验和心理治疗实践，创建了美国的存在心理学，并不失时机地同当时正在兴起的人本主义心理学运动相结合，开创了人本主义心理学的新取向。他被公认为人本主义心理学中提倡自我选择的存在倾向的主要代表。罗洛·梅建构了庞大的存在心理学理论体系，他撰写了大量的著作和论文，从人类生活实际的众多方面出发探讨人类存在的心理学问题，促进了存在心理学在美国的迅速传播和发展。

2. 丰富了人格心理学理论

罗洛·梅从存在的本体论出发，阐述了构成人格的六大特征，探讨了人的存在感、自我意识、价值观、社会整合、自由选择等人格观念。他强调对人格进行完整的分析，认为人是生理、心理和社会伦理的有机整体，是三种存在方式并存的整体存在，即使是患有心理疾病的个体，其内心深处也在竭力保持生命的整体性和一致性。他重视自我意识在促进人格发展中的作用，这些都促进了人格心理学的研究，丰富了人格心理学的理论。

3. 深化了心理治疗的理论和实践

罗洛·梅在美国首创了存在心理学的治疗理论，受到了许多临床心理学家的欢迎。他在心理治疗中重视对人的存在的理解，突出人类存在的精神生活意义。通过建立良好的医患关系，强调对患者这一基本存在的尊重、理解和引导，帮助患者充分体验到他的现实存在，从而正视自己并明确个人责任和价值追求，从根本上解决人的心理困境。这种领悟性的疗法是很有道理的，不仅促进了心理学对人类本性的理解，也激发了人们去重新理解健康和疾病，寻找存在的真谛，解除存在的困惑，去追求人格的完满与实现。

（二）局限

1. 理论体系不够严密，概念缺乏准确性。罗洛·梅的理论是由一系列联系非常松散的观点组成的，他的论点中的许多证据是基于治疗过程中的临床观察，大多以他的内省为依据，缺乏系统性，难以进行科学验证，从而降低了其理论的科学性。他所使用的术语没有严格清晰的理论界定，而且在不同的著作中常常加以任意的解释，使人难以从整体上把握其含义，影响了自身观点的发展与推广。

2．理论带有浓厚的哲学思辨和宗教神秘主义色彩。罗洛·梅深受现象学、存在主义哲学等流派的影响。他的存在心理学的很多概念和基本观点都直接源于存在主义哲学，他对人格基本特征的论述，看起来更多是属于哲学的而不是心理学的。此外，他把神经症的原因归咎于宗教，认为神经症患者之所以不能肯定自己是由于缺乏真正健康的宗教，他甚至把基督当成了“人类的内科医生”，鼓吹用宗教信仰来维护人的心理健康。这也使他的理论蒙上了浓厚的宗教色彩。

【建议参考资料】

1．戈布尔．第三思潮：马斯洛心理学［M］．吕明，陈红雯，译．上海：上海译文出版社，2006．

2．霍夫曼．洞察未来：马斯洛未发表过的文章［M］．许金声，译．北京：华夏出版社，2004．

3．霍夫曼．马斯洛传：人的权利的沉思［M］．许金声，译．北京：华夏出版社，2003．

4．江光荣．人性的迷失与复归：罗杰斯的人本主义心理学［M］．武汉：湖北教育出版社，2000．

5．杨韶刚．寻找存在的真谛：罗洛·梅的存在主义心理学［M］．武汉：湖北教育出版社，1999．

6．杨韶刚．人性的彰显：人本主义心理学［M］．济南：山东教育出版社，2009．

7．舒尔兹 D P，舒尔兹 S E．现代心理学史［M］．叶浩生，译．南京：江苏教育出版社，2005．

【问题与思考】

1．简述马斯洛的需要层次理论。

2．如何评价马斯洛人本主义心理学的贡献和不足？

3．比较马斯洛和罗杰斯在自我实现和心理健康的人的观点上的差异。

4．试述罗杰斯的人本主义教育思想。

5．试述罗洛·梅焦虑理论的实质以及焦虑产生的时代根源。

6．讨论人本主义心理学的现状及其造成它目前命运的原因。

第十章　从现代到当代

【本章提要】

现代心理学的当代效应从20世纪80年代开始凸显。由于受到西方后经验主义时代的影响，当代心理学在科学主义和人文主义两种文化取向上都出现了一些新的研究领域，如生态心理学、认知神经科学、进化心理学、后现代心理学、女性心理学和积极心理学等。本章主要介绍后现代心理学、积极心理学和进化心理学的内容。

后现代心理学产生于西方后工业时代，它受到后现代思潮的深刻影响，是心理学对自身缺陷的批判性反思。它站在现代心理学的对立面，对心理学的学科性质、研究对象和研究方法等方面进行了独特的解读。后现代心理学包括社会建构心理学、多元文化论、后现代女性心理学等多种理论流派。后现代心理学提出了新的科学观和方法论思路，丰富了对心理学的认识。

积极心理学是相对于传统的消极心理学而言的。积极心理学反对传统心理学简单的、低级的、机械的和被动的人性假设，采用积极价值取向，主要集中于积极情绪体验、积极人格特征以及积极心理品质与健康关系的研究。积极心理学作为一种新的研究取向，拓展了当代心理学的研究对象和范围。

进化心理学是以进化论作为其理论基石，并借助现代生物学理论发展起来的。进化心理学认为，心理机制是进化的产物，压力和适应是进化的动力，人的行为是心理机制与环境相互作用的结果。进化心理学把功能分析作为确定、描述和理解心理机制的主要途径。进化心理学为解释人的心理和行为提供了新的视角，为揭示人心理和行为的根本原因提供了可能。

【学习重点】

1. 后现代心理学相对于传统心理学具有哪些特征。
2. 后现代心理学的主要理论流派以及它们的观点。
3. 积极心理学的价值取向与传统心理学的不同之处。
4. 积极心理学的研究内容以及它们之间的关系。
5. 积极心理学的具体观点。
6. 进化心理学的含义及其理论基础。
7. 进化心理学的研究方法及其特点。

8．进化心理学的具体观点。

9．后现代心理学、积极心理学和进化心理学的贡献及不足。

【重要术语】

科学主义　还原论　话语分析　多元文化论　女性经验主义　女性立场论　后现代女性主义　消极心理学　积极价值取向　积极心理品质　进化理论　功能分析　理论驱动　观察驱动

第一节　后现代心理学

一、背景

后现代心理学思想的产生是以后工业社会为现实依据的。在后工业时代里，科学承诺给人类的先进、文明的社会并没有出现。相反，科学技术使人失去理智，彼此变得疏离，并逐渐退化为没有特殊本质的生产机器。高速发展的科学技术带给人们的灾难和焦虑多于福祉和安宁。总之，后工业时代出现的一切腐败堕落、灾难和战争皆源于科学技术，后现代主义者认定科学技术是一种不可控制的怪物，它操控人的心智，破坏人类文明。

后现代心理学的产生与后现代主义哲学思想密切相关。可以说，后现代心理学是后现代主义哲学思想的产物，同时也是后现代主义思想体系的重要组成部分。20 世纪初，逻辑实证主义占据了科学哲学的主导地位，成为心理学的方法论基础。随着时代的发展，逻辑实证主义受到新一代哲学家的挑战。反逻辑实证主义观点认为，科学的模式是多维的，受社会文化条件的制约，知识依赖于观察者，都带有个人主观色彩。科学哲学的更新，动摇了科学主义心理学的方法论基础。人本主义心理学家和后现代心理学工作者从研究对象、研究方法、学科性质和理论建构层面对科学主义心理学进行批判和解构，促成了当代心理学的范式转换。

科学主义心理学遵循基础主义假设，认为知识的合理性必须经过证实。证实有两种途径，分别为经验证实和逻辑演绎。但无论是哪一种途径，基础主义都要认定存在一个不证自明的真理，一切知识都可以建立在这个基础真理之上。现代心理学把主客二元论作为永真命题，把人视为认识的唯一主体，把心理和行为作为认识的客体。客体是客观存在的实体，人类的知识是对客体的精确描绘。

还原论的理论根据就是基础主义，还原论认为知识是分层次的，处于基础地位的是数学和逻辑学，在此基础上才有物理学和化学，其次是生物学、心理学和社会学等学科。同样，科学是可以向下还原的。按照还原论的观点，位于上层的心理学就可以还原为神经生理学，神经生理学又可还原为生理生物学，生物学又可以还原为化学和物理学。通过逐层还原，心理学可以最终奠定在自然科学基础上。现代科学观认为，只要认清构成事物的基本单元，就认识了这个事物。在此原则的指引下，现如今的心理学研究也逐渐走向微观探索，如人格的分子遗传学研究，认知的神经科学研究等。

在基础主义和还原论思想的指导下，科学主义心理学遇到了深刻的危机。科学主义心理学遵守主客二分的原则立场，认为世界是由主体和客体构成的。主体以一种理性的、价值中立的态度客观地描绘和表征客体实在，由此得到的认识才是科学的。实证主义哲学方法论正好符合科学主义心理学的要求。科学主义心理学强调以实验为主的实证方法，把量化研究作为心理学研究的唯一正确的方法，排斥其他研究方法。科学主义心理学坚持方法中心主义，一些无法使用实证量化方法进行研究的领域暂且搁置，许多有价值的研究对象排斥在外，导致了心理学的“合法性危机”，致使当代心理学出现了支离破碎的局面。在后现代文化思潮的影响下，后现代心理学者对现代心理学的本体论、认识论、方法论和科学观等方面进行了深刻的反思和批判。

二、代表人物

后现代与现代之间没有泾渭分明的时间断代，前者更多指的是一种文化思潮、一种生活态度，甚至是一种情绪。后现代主义思想发轫于文学、艺术和美学等领域，后被移植到哲学、社会学等领域。一般认为，美国著名社会心理学家格根 1988 年在国际心理学大会所作的“走向后现代的心理学”专题报告是后现代心理学正式兴起的标志。

格根（Kenneth J. Gergen，1934—　）出生在美国北卡罗来州的达勒姆，弟兄四人，其中一位就是鼎鼎有名的政治评论家大卫·格根。1953 年，格根从公立中学毕业，进入耶鲁大学学习，1957 年获得文学学士，成为美国海军的一名军官。两年之后，他又到杜克大学研究所攻读博士学位，在爱德华·琼斯的指导下完成学位论文，于 1963 年获得博士学位。博士毕业后，格根到哈佛大学的社会学系担任助教。在哈佛大学，他曾先后担任该系的学生导师、教育政策的顾问和教师董事会主席。在哈佛供职期间，格根还是国家科学基金评论小组和国家心理健康协会的成员；他还曾经与哈佛大学商学院的鲍尔·雷蒙德合作。1967 年，他终于成为斯沃斯莫尔学院心理学系的教授，这是他十年来梦寐以求的职位。他有时也会到马尔堡大学，海德尔堡大学，巴黎大学，罗马大学，京都大学等作客座教授。在斯沃斯莫尔学院，他率先关注释义学理论的发展，并与其他研究者展开广泛合作，把学术研究用于社会实践。格根于 1996 年创建了道教学会，并任该学会会长。

格根在完成杜克大学研究所的实验社会心理学的课程之后，于 1973 年发表了一篇名为《社会心理学与历史》的文章。他在该文章中提出了以下观点：社会发展规律是随历史的发展不断改变的；社会心理学者提出的科学论断影响了人们对现象的认识；社会心理学者研究的大部分行为模式都是根植于历史情境中的；由于心理学理论和描述中蕴含着价值观，这些价值观随着知识的传播得到认可，具有改变社会活动模式的潜势。这篇文章引来众多争议，不同的社会心理学者对此褒贬不一。应该说，1973 年的那篇文章标志他研究的转向。作为一位社会心理学者，他在早期研究中反对自我的统一性观点，而后又提出利他主义的价值问题，认为利他主义是别人用来诱导大众无视痛苦、接受疏离的手段。

三、科学观与方法论

后现代主义者认为，无论是经验归纳还是演绎推理，自戴上科学方法桂冠的那一刻起，它就成为思维的枷锁。研究者声称可以利用所谓科学方法找到通向真理的康庄大道，大家也公认他们有这样的能力。掌握科学方法的研究者逐渐成为全人类的意识和良知，他们的言说被奉为标准和权威。科学对于人类来说是心理的需要和信仰。可以说，科学是一种话语而非真理，科学是一种建构而非客观发现，科学是一种解释而非精确描绘。后现代主义对心理学的学科性质、研究对象和研究方法等方面也有其独特的认识和解读。

在心理学学科性质问题上，一直存在着科学主义与人文主义的争论。后现代心理学继承了后现代科学哲学观和后现代文化精神，对科学主义心理学进行了深层的剖析和批判。格根等社会建构论者继承了存在主义、现象学、释义学和后现代思想等理论观点，倾向于把心理学归于人文社会科学。苛费尔等人试图超越心理学的自然科学与人文社会科学对立的学科定向，坚持心理学是一门位于二者之间的边缘交叉学科。

在研究对象问题上，科学心理学把可观察的心理和行为作为研究对象，把预测和控制人的行为作为心理学唯一合法的研究任务，科学主义心理学坚持研究对象的可观察性，不可避免地会顾此失彼。在后现代心理学思想研究者看来，心理学研究应扩大视野，采用多种途径、多种方法揭示人类丰富的心理世界。格根指出，研究者应富有冒险精神，通过提供新的心理学理论和解释性的框架，突破传统心理学所设置的障碍，扩大心理学的研究领域。只有这样，才有可能使传统观念退位，并为新思想和行为的产生打开绿色通道①。

有关心理学研究方法的认识是后现代心理学与科学主义心理学分歧的焦点。科学主义心理学的合理性是建立在观察、实验等实证方法基础上的。实证方法在科学心理学研究中一直占据主导地位，并且排斥其他研究方法，这种工具理性主

① GERGEN K J. Toward a postmodern psychology [J]. The Humanstic Psychologist, 1990, 18 (1): 23 - 34.

义为心理学的发展带来了一定的负面作用。在后现代主义精神的影响下，人们越来越清楚地认识到实证主义教条的局限性。施内德认为，心理学应采用多元的研究方法，多视角地思考问题。要想促进心理学的发展，就必须正视多元方法的潜在价值，借鉴其他学科有效的方法，提出适应心理学研究的全新方法①。格根拒绝将方法视为心理学合理性的保证。他消解了实证方法的权威，指出方法体系是特定时代研究者普遍采用的一个特定研究视角而已。苛费尔也主张心理学研究方法的多元化，并且强调质化研究的重要性。

四、具体观点

后现代心理学包含多种理论体系，包括社会建构心理学、话语心理学、多元文化论、释义心理学、叙事心理学、解构主义心理学和后现代女权主义心理学等。尽管这些理论观点彼此之间存在差异，但对科学心理学的批判和消解是它们共同的旨趣。本节主要介绍社会建构心理学、多元文化论和后现代女性心理学，这些是后现代心理学的中间力量，比较全面地涵盖了后现代思潮对当代心理学的科学观、方法论、学科性质等层面的影响。

（一）社会建构心理学

建构主义与客观主义是相对的。客观主义者持有这样一种信念，即存在一个客观的、可观察的世界，这个世界不包含主观意义和主观解释。客观主义主张，科学是对客观世界的研究。研究者就是唯一存在的主体，主体之外是由不依赖于主体而存在的客体构成的世界。研究者的态度情感、价值观念都不能也不会影响研究结果，在这种条件下获得的认识和结论具有普遍的合理性。心理学把自然科学的客观性作为追求的目标，德国心理学家冯特就是把实验生理学的方法运用到心理学的研究中，创造了实验内省法。实验内省法的目的就是用客观取代主观，以实验限制内省。客观主义在行为主义心理学中达到极致，在行为主义统治心理学的50年里，客观主义原则全面贯彻到心理学的每一个领域。行为主义主张研究可观察的行为，任何带有主观色彩的心理学概念，如思维、想象和动机等都被拒之门外。心理学成了自然科学的分支。认知神经科学试图通过现代科技，在脑区活动和认知过程之间建立因果模型，其遵循的仍然是客观主义原则。所以说，客观主义是现代心理学的显著特征。

建构主义反对客观主义的“反映论”。社会建构主义的主要代表人物格根指出，客观主义的假设是没有根据的，没有任何理由可以宣称认识对象的客观实在性，也没有一种可以确保客观地反映实在的内部机制。实在是建构的，人们的意

---

① SCHNEIDER K J. Toward a science of the heart [J]. American Psychologist, 1998, 53 (3): 277 - 289.

识和心理并非客观地存在于大脑的某个区域，而是社会建构的产物。

话语是社会建构的中介，人们在生活实践中通过言语互动建构着心理。社会建构心理学把话语分析作为心理学研究的基本方法。心理是在个体与社会互动的过程中形成的，话语同行动是紧密联系在一起的，话语可以建构人的行为。传统心理学研究一直在寻找决定行为的内部和外部原因，并尝试在这些原因和行为之间建立因果联系，但结果都失败了。对建构行为的话语进行分析，分析是哪些话语导致了行为，话语权掌握在谁手中，谁在该种话语系统中获利等。话语分析理应成为心理学研究的基本方法。

社会建构心理学是站在后现代文化立场上批判科学主义心理学的，有些观点显得有些极端。例如，社会建构心理学认为主流心理学的经验方法不能促进心理科学的进步，从根本上否定了主流心理学赖以生存的基本方法。再如，社会建构心理学否认心理现象的存在，认为心理现象只不过是言语互动中建构出来的产物，此类观点很可能导致相对主义的泛滥。当然，任何一种理论都有自己的不足，我们的目光不应停留在它的不足上，而应借助这些理论开拓我们的视野。

（二）多元文化论

多元文化论是文化心理学中的后现代取向，它站在主流心理学的对立面，认为传统的文化心理学研究方式是文化帝国主义的，体现了西方心理学的“文化殖民主义”倾向。多元文化论认为文化是多元的，不同文化在其价值上是平等的，各种文化都有其存在的理由和独特的表现方式，我们不能主观地判断哪种文化先进，哪种文化落后。人的心理和行为总是与其所处的语境和文化活动相一致，因此，没有哪一个民族是天生的劣等民族，也没有哪一个民族是天生的优等民族。

多元文化心理学的产生有着深刻的社会文化背景和心理学背景。社会文化方面，西方国家的白人特权压抑弱势文化。欧美等西方国家是一个多民族的社会，白人中心主义文化一直占据主导地位，其他群体的利益和要求得不到满足。西方心理学也是白人中心文化下的产物，它以欧美国家白人中产阶级为研究对象，反映白人中产阶级的心理和行为特征，并把这种特异性的认识当做规律和衡量的标尺，用来解释所有文化背景下人们的心理现象。在单一的文化背景下，研究者并没有意识到西方心理学的文化霸权主义。由于移民的不断增加和白人出生率的下降，西方国家的有色人种的比例发生明显的变化。有色人种为争取自身权益的呼声越来越高，使得社会科学工作者不得不面对西方多元文化的现实。

应用心理学者在心理咨询和治疗中也逐渐意识到白人中心主义文化的局限性，开始从多元文化的角度寻找心理与行为问题的解决办法。另外，亚非等第三世界国家的心理学研究者发现西方心理学与本土文化之间的冲突，并开展了本土化心理学运动，在一定程度上推动了多元文化论的发展。

多元文化论的心理学观点包括两个方面：多元文化论强调文化因素对心理学

研究的重要性。多元文化心理学赞成和支持心理学的文化立场，认为行为是受文化制约的。例如，儿童通过社会化过程习得了特定社会文化，这种文化模式内化为个体的世界观和行为模式，决定着他如何看待世界并作出适当的行为反应。在主流心理学的研究中，通常的做法是寻找行为的原因，把文化视为一个可有可无的变量，在实验室研究中受到排斥。多元文化论指出，文化是决定行为的重要因素。个体的行为，尤其是社会行为不仅受到个体内部因素的调节，同时也受到社会文化因素的制约。个体的需要、动机、情绪也是在社会化过程中逐步塑造而成的。可以说，行为是社会文化的产物，心理学研究不能忽视制约行为的特定文化因素。

多元文化论反对主流心理学的“普遍主义”观点。多元文化论认为心理学是西方主流文化的产物，这种心理学只可解释特定文化下的心理和行为，并不具有适用于所有文化的普遍意义。西方主流心理学是建立在一元文化论基础上的，这种一元文化论即“民族中心主义一元文化论”（ethnocentric monoculturalism）。西方心理学在自然科学理想的指引下，试图发现超越社会文化和历史因素的、具有普遍适用性的心理与行为规律。实际上，研究者是把白人中产阶级的心理和行为特征当做了普遍性规律，应用到所有的人类群体中①。多元文化论认为“这种普遍主义的主张是一种虚伪的、压制性的文化帝国主义，侵蚀了其他生活方式的效度与合法性”。

多元文化心理学是西方心理学研究中文化转向的体现，它对心理学研究对象、研究内容和研究方法产生了广泛影响。多元文化论提供了解释人类行为的新维度，极大地克服了西方心理学研究中的“白人中心主义文化”倾向。它与跨文化心理学、文化心理学和本土心理学形成交叉渗透，拓宽了研究视域，促进了心理学研究的新发展。

（三）后现代女性主义心理学

女性主义心理学是在20世纪六七十年代的西方女权主义运动中形成并发展起来的心理学分支，它从女性主义的立场和视角重新解读和审视主流心理学的科学观和方法论，着重批判主流心理学中的男性中心偏见，揭示主流心理学对女性经验的排斥与曲解，为恢复女性在心理学中的地位争夺话语权。女性心理学的产生和发展经历了女性经验主义、女性立场论和后现代女性主义三个阶段，也可看做三种研究取向。这三种取向的女性主义虽然在认识论和方法论方面存在明显不同，但是在反对心理学中的男性中心偏见方面却是一致的。

经验主义取向的女性心理学是基于“女性主义经验论”的，它接受经验主

---

① FOWERS B J, RICHARDSON F C. Why is multiculturalism good? [J]. American Psychologist, 1996, 51 (6): 609-621.

义的科学观和方法论，但对主流心理学的价值中立论与客观性原则提出了质疑，认为价值中立论掩盖了男性中心主义偏见。女性心理学认为，主流心理学未能真正贯彻科学研究的客观原则是导致性别歧视和男性中心主义偏见的根本原因。因此，他们忠实于心理学的实证主义研究传统，并希望通过科学的方法和程序，超越实证主义传统的文化植根性，排除传统心理学中的性别偏见。经验主义取向的女性心理学主张男性和女性之间除了生理上的差别之外，其他方面并无本质差异。社会生活中两性之间在心理和行为方面的差异不是由于生物原因造成的，而是社会文化价值因素造成的。

立场论取向的女性心理学是女性心理学中的激进派。立场论者不满于经验主义取向的保守性，认为心理学自身的概念框架和规范导致了主流心理学中的性别歧视和男性中心主义偏见。因此，必须推翻主流心理学的主流男性话语，才能建立女性主义心理学理论。立场论的女性主义强调两性的差异，并认为女性的心理特征和行为具有独特的适应价值，在人类进化过程中具有男性无法超越的优势。由于这些心理学家强调性别差异，也被称为“差异最大化取向”。立场论取向的女性心理学希望建立一种“以女性为中心”的心理学。正如哈丁所指出的那样，“女性主义的主张为什么更优越呢？因为它产生并验证一种更全面的、不歪曲的社会经验。”①

后现代女性心理学贯彻了后现代主义的科学观和方法论原则，在社会建构论的影响下逐步形成并发展起来，现已经成为后现代心理学中的一支重要力量。

后现代女性心理学对经验主义和立场论取向的女性心理学进行总结，他们认为尽管二者存在着矛盾和对立，但二者有一点是相同的，那就是坚持认为存在某种内在的实质决定着社会性别。这种本质主义的倾向属于现代主义的范畴。女性经验主义假定男性和女性有一个共同的本质，因此，男性和女性在本质上都是一样的，行为表现上的差异是特定的文化环境造成的，通过严格的科学方法和客观的实验程序，最终可以发现男性和女性的普遍共同特征。女性立场论则刚好相反，它强调男性和女性的差异，认为这种差异是由不同的“特质”决定的。这种观点同样假定了一个内在本质的存在，因而也属于本质主义的范畴。

受社会建构论观点的影响，后现代女性心理学认为性别是社会协商和互动的结果，是社会对男女两性个体而协商出的一致意见，概括地说，性别是特定的文化建构。在社会活动中，人们通过协商和互动，使自己的行为带有了性别化的色彩，如男性比女性刚毅，而女性大多比男性温柔，刚毅和温柔成为男性和女性的特质。后现代主义反对这种观点，认为刚毅和温柔的性别化是社会协商的结果，

---

① HARDING S. Feminism and methodology [M]. Bloomington: University of Indiana Press, 1987: 184.

研究者应关注意义的建构以及权威者如何利用这些意义达到目的上。从后现代女性心理学的观点来看，性别并不是一个独立于人内部，等待人们去发现和测量的实在，性别是社会建构的产物。研究者采用解构的方法，重新解读主流心理学中有关女性的认识，从中发现其中隐含的男性中心主义偏见。他们对主流心理学持一种批判的态度，认为科学批判可以提供一种改造现实的可能性，在批判的过程中不断追求新的科学模式的建构。

“女性心理学在概念、理论和方法方面的发展已经在许多心理学领域引起了巨变。”① 作为后现代主义心理学的重要力量，女性心理学采用社会建构主义观点，批判了实证主义传统，促进心理学科学观与方法论的变革；女性心理学引入了社会性别这一重要变量，开拓了新的研究领域，拓宽了心理学的研究视野；女性心理学倡导多元化研究，增加研究结果的有效性，女性心理学关注意义与权力之间的关系，深化了心理学与实际生活的联系。女性心理学的发展经历了从经验主义到后现代主义的过渡，在强调多元与差异的同时，也沾染了相对主义的习气。在心理学上体现为放弃普遍性理论，这可能会进一步加剧心理学分崩离析的趋势。

五、评价

（一）贡献

1. 后现代心理学者并不是为心理学提供一种标准范式，而是给出一种看待事物、思考问题的方式。例如，在关于心理现象的本体论问题上，主流心理学认为心理是客观存在的实体，研究者可以通过客观的方法发现心理和行为的规律。社会建构心理学则认为，心理是社会建构的，有关心理的认识也是特定社会文化下协商的结果。社会建构主义观点消解了知识的权威性，为非主流的心理学研究争取了话语权。

2. 后现代心理学对主流心理学的经验主义科学观和方法论提出了批评，促进心理学者对学科自身发展的反思。主流心理学在经验主义科学观和方法论的指导下取得了一定的进步，但其存在的问题也不容忽视。后现代心理学从不同的角度解构了经验主义科学观和方法论的权威，同时提供了一套可供选择的方案。虽然这些观点尚未取得普遍性的认可，但心理学开始接受不同的观点，这本身就是学科进步的一种体现。

3. 后现代心理学对话语和文化与心理学研究关系的论述促进了心理学的文化转向。后现代心理学从社会文化的角度揭示了心理和行为的社会历史属性，有

---

① WORELL J , ETAUGH C. Transformation theory and research with women [J]. Psychology of Women Quarterly, 1994 (18): 443 -450.

效地克服了传统心理学的文化帝国主义。后现代心理学认为，心理和有关心理的认识是特定社会历史条件下协商的结果，是特定社会文化的一种建构。后现代心理学者认为，实证主义方法论体系只不过是当前特定时代被人们普遍采用的一个特定视角，每一种研究方法体系都植根于特定的社会文化背景中，适合于特定的人群，同时也不可避免地带有文化偏见。因此，舍弃个体生活的社会文化因素是不合理的，要想促进学科发展，研究者需要分析行为的社会因素，从历史文化的视角解释心理和行为。这种观点在很大程度上促成了主流心理学的文化转向。

（二）局限

后现代心理学促进了心理学者对主流心理学的反思，促成了主流心理学的文化转向，但是，后现代心理学由于其观点过于激进而成为众矢之的。

1. 后现代心理学的观点显得激进。后现代心理学认为，心理学的研究对象，如智力、气质、人格等并不存在，而是在人际交往过程中建构起来的，人的行动是话语操作产生的结果。因此，有批评者认为，后现代心理学比机能主义、行为主义和格式塔心理学等心理学流派的批判更加激进，它否定了一切主流的心理学的假设和理论建构。

2. 后现代心理学具有相对主义倾向。后现代心理学对主流心理学进行了无情的解构，消解了研究对象的客观实在属性，否定研究过程的价值中立原则，解构了心理知识的普遍适用性，赞成心理是社会建构出来的，心理学研究要对建构心理的过程进行话语分析，采用释义学的方法阐释个体心理的发生发展过程。批评者指出，如果后现代心理学的观点成立，心理学就成为一种语言游戏，走向虚无主义和相对主义。

第二节　积极心理学

一、背景

积极心理学（positive psychology）是20世纪末21世纪初在美国心理学界兴起的一个新的研究领域。它是利用心理学目前已比较完善和有效的实验方法与测量手段，研究人类的力量和美德等积极方面的一种心理学思潮。积极心理学是相对于“消极心理学”而言的。“二战”后，心理学的研究中心集中在心理问题的评估和矫正方面，寻求通过改变外在刺激消除问题行为。研究者把人的心理问题纳入到病理学框架，用医学的治疗模式对待人的心理问题。心理学的任务就是对问题进行矫正，改变个体的不良动机、纠正错误认知、矫正问题行为。人们把这种带有病理性特点的心理学称为消极心理学。

积极心理学的产生有着深刻的社会背景。随着世界经济的复苏，科技的进步和社会的发展，人们的物质生活获得极大的满足，但人们却没有感到真正的自由。与之前相比，人们的精神愈加空虚，人类面临的问题仍是层出不穷。在日益严重的问题压力下，心理学家把精力放在如何解决问题上，从而陷入了“出现问题——解决问题——出现问题——解决问题……”的无限循环的怪圈中，这也成为当代心理学发展的桎梏。进入 21 世纪，人们开始追求高品质的生活，力图实现物质生活与精神生活的和谐健康发展。心理学工作者抓住这一发展契机，让心理学从治疗疾病、解决问题转向帮助人们构建良好的心理状态、发现个体潜力和价值、让人拥有幸福感方向上来。

二、代表人物

美国当代著名心理学家塞利格曼（Martin E. P. Seligman，1942— ）首先提出“积极心理学”这一概念。塞利格曼在《构建人类的优点：被心理学遗忘的使命》一文中指出，心理学有三项使命：治疗精神或心理疾病，帮助普通人获得丰富充实且有意义的生活，发现并培养有才能的人。随着越来越多的研究者涉足这一领域，逐渐形成了一场积极心理学运动。

塞利格曼出生于美国纽约州奥尔巴尼。他在家乡念书时，喜好篮球运动，后因未能入选篮球队而开始钻研学问。13 岁那年，他开始专心读书，尤其是弗洛伊德的《精神分析引论》给他留下了深刻的印象。1964 年，塞利格曼毕业于普林斯顿大学，随后进入宾夕法尼亚大学师从所罗门学习实验心理学。塞利格曼先是与奥弗米尔，后来又与梅尔合作研究了狗在受到预置的不可避免的伤害时所表现出的被动性，提出了著名的“习得性无助理论”。1967 年，塞利格曼获得哲学博士学位，执教于科内尔大学。1970 年他回到宾夕法尼亚大学，在该校的精神病学系接受了为期一年的临床培训后，于 1971 年重返心理学系。1976 年他晋升为教授，在此期间出版了《消沉、发展和死亡过程中的失助现象》一书。1978 年，他与艾布拉姆森和蒂斯代尔一起，重新系统地阐述了失助模型，提出有机体的品质决定了失助的表达方式等观点。

三、科学观与方法论

积极心理学认为心理学不仅要研究异常心理现象，更要关注人自身具有的各种积极品质。个体有积极的自我实现倾向，心理学研究要尊重人固有的、实际的和潜在的具有建设性的力量和美德，用一种积极的心态解读各种心理现象，也包括异常心理。积极心理学认为，心理学研究不仅关注异常人群，同时也要为更多的普通人服务，帮助他们更大限度地开发自己的潜力，获得美好的生活。

积极心理学在研究方法上依然继承了西方主流心理学的实证主义方法论思想。在积极心理学的研究领域中，实验法、测验法、问卷调查法、访谈法等运用比较广泛。其中，访谈、问卷调查和测验等研究方法主要用于积极情绪、主观幸福感和积极人格特质的研究中；实验法主要用于积极情绪及其与身心健康关系的研究；另外，实验法还可以与访谈、问卷调查等方法结合起来进行有关创造力和脑机制等方面的研究。

虽然积极心理学研究大多采用目前比较完善和有效的实验方法与测量手段，但也有一些积极心理学者提出，积极心理学的研究应当吸收和借鉴质化研究方法的优势和长处，以弥补量化研究的缺陷和不足，更好地促进积极心理学的繁荣和发展。

四、具体观点

（一）积极心理学对传统消极心理学进行了反思和批判

心理学自产生以来，出现了众多流派，建构了各式各样的理论模型，企图找到能够解释所有心理和行为的万能理论，一劳永逸。其中，精神分析、行为主义和认知心理学可算上 20 世纪西方主流心理学的三大主流。三大流派在对人性的认识存在共同特征——否认人性的独特性，坚持人的心理是简单的、低级的、机械的和被动的，人的行为是由本能驱动的，或者是由外界环境决定的。这种人性假设把人等同于物，异化了人性，抹杀了人的主体性和能动性。

积极心理学反对消极悲观的人性假设，认为消极心理学的研究取向在一定程度上背离了心理学研究的本意。心理学应该是面向大众的一门科学，心理学研究的目的是为了让多数人过上幸福、健康和满意的生活。消极心理学关注心理的消极层面，强调对心理疾病的预防和治疗。实际上，每个社会成员都是一个独立的自我实现者。心理学要帮助所有的人，而不仅仅是那些有问题的社会成员。由于生活节奏的加快和工作压力的增大，大多数正常健康的社会成员也需要指导和疏通。

（二）积极心理学采用积极的研究价值取向

积极心理学对人性持积极的态度，认为人的生命是一个开放的系统，个体有自我完善的能力，并决定自己的发展目标。积极心理学的任务就是培养和开发个体自身的潜力，通过发挥其固有的积极力量获得幸福生活。基于积极的价值取向，积极心理学选择积极情绪体验、积极的人格特征、积极情绪与健康的关系，以及创造力和人才培养等作为研究内容。积极心理学开拓了心理学研究的新热点，诸如主观幸福感、自我效能感和快乐等。

（三）积极心理学集中研究心理的积极方面和人的积极品质

“二战”以后，心理学以问题为中心，过分关注个体和社会存在的各种问题，缩小了心理学的研究范围，限制了个体积极功能的发挥。心理学的根本目的并不仅仅是解决人心理和行为方面的问题，还要帮助人们培养健康的心理机制和行为模式。人不像机器一样，只有出问题的时候才需要关注它。人的生命是一个开放的。自我决定的系统，正常的个体也会面临压力与冲突。积极心理学把工作重点放在发掘人自身的优良品质，这些优良的心理品质组成了坚固的心理防线，进行自我保护。

（四）积极心理学从个体和社会层面对问题进行积极解释

积极心理学把个体心理与社会心理的研究并重，同时强调内在积极力量与社会文化环境因素对行为的共同影响和交互作用。积极心理学本身虽然不能增加个体积极的心理品质，但它提供了一个展现自我积极品质的平台。对于一件事情，可以从积极的方面去解释它，也可以从消极的方面去解释它。从积极心理学的思路出发，人们会用一种积极的、发展的视角去评价一件事情，通过积极的认知抵制消极情绪的产生，为全身心地解决问题做好准备。从某种程度上说，积极心理学体现了主体的自主能动性。

五、评价

（一）贡献

1. 积极心理学是对主流心理学的创新。在研究对象方面，积极心理学除了研究异常心理和行为外，还关注多数心理和行为正常的社会成员。积极心理学致力于培养生成积极情感的能力，以此来预防问题的产生。在研究方法上，积极心理学比主流心理学更加宽容和灵活，它以实证研究方法为主，同时接受非主流的研究方法，如解释学和现象学的方法，话语分析等。

2. 积极心理学是一种新的研究取向。它吸收了科学主义心理学的实证主义研究方法，又继承和发展了人文主义心理学的人性观与心理学观，拓展了当代心理学的研究对象和范围。积极心理学对传统消极心理学的批判没有后现代心理学那样极端，它的批判主要集中于研究对象和价值取向层面。从某种意义上说，积极心理学试图超越心理学中科学主义与人文主义的长期对峙，从认识论、方法论和价值取向层面提供一种整合的途径。

（二）局限

诚然，作为一种新的研究取向，积极心理学还不能和主流心理学相抗衡，其自身还存在一些尚待解决的问题。

1. 积极心理学缺少一个完整有效的理论框架。积极心理学的发展还不够成熟，各种文章和研究报告中的概念较为混乱，缺乏理论的提升，使得积极心理学的理论散乱而不成系统，生态效度不高且可操作性不强。

2. 积极心理学对传统心理学的批评过于苛刻，缺乏包容的精神。积极心理学的出现并不能说明传统的消极心理学一无是处，毫无价值。相反，传统心理学形成和发展出一套完善的研究方法和测验工具，为积极心理学的研究奠定了基础。积极心理学和传统心理学的主张还存在一定程度的相似性，如二者都把“如何看待和治疗心理问题”、“如何预防心理问题”作为研究的核心内容。如果积极心理学过分强调自己的立场，对消极心理学全盘否定，将势必影响到积极心理学自身的发展。

第三节 进化心理学

一、代表人物

1989 年，美国心理学界成立了人类行为和进化协会，并出版了杂志《进化与人类行为》，标志着进化心理学的产生。其代表人物主要有巴斯（David Buss）、巴克尔（Jerome Barkow）和托比（John Tooby）等。进化心理学建立在对西方主流心理学的批评和反思的基础上，同时又继承了心理学的主要研究内容、概念和方法，试图运用进化的观点来解释心理机制的起源，以及心理与行为的活动规律。

大卫·巴斯（David M. Buss，1953— ）出生于美国印第安纳州。他有一个哥哥和一个妹妹。巴斯一生漂泊，曾先后在匹兹堡、密西根、宾夕法尼亚、德克萨斯、加利福尼亚等处定居。1976 年，巴斯从德克萨斯大学心理学毕业，获得学士学位，1981 年在伯克利加利福尼亚大学获得博士学位。巴斯喜爱户外体育活动，如滑雪、网球、壁球和飞盘高尔夫，也喜欢看电影、阅读和学习做菜，闲时会陪他的两个孩子一起玩耍。

巴斯除了数学之外，其他功课的成绩并不突出，只能得到 C 或 D。上学期间，巴斯喜爱国际象棋，喜欢独处而不是和调皮的孩子一样在校园和街上到处跑。17 岁那年，他从高中辍学，在新泽西州当卡车修理工，负责修补轮胎和充气，每天要连续工作 12 个小时。有一次，他被一名货车司机恐吓，于是决定重回学校，并最终在夜校毕业后拿到了中学毕业证。尽管巴斯没有经过正规的中学教育毕业，却有幸成为进入德克萨斯大学的幸运儿，并从此迷恋上了心理学。当时德克萨斯大学心理学课程有多个老师担任，巴斯和 Ken Craik 的关系最为密切，他们在学术上很合得来，经过十年研究合作，他们之间建立深厚的友谊，并提出了采用行为发生的频次来研究人格的方法。

巴斯的进化心理学研究涉及广泛，成果卓著。他一直尝试用达尔文的进化理论解释人类的择偶策略，具体研究内容包括求偶心理、两性冲突、地位、社会声望和威信、嫉妒心理、犯罪和防御心理等。巴斯现已发表了 200 多篇科学研究论文，主要著作包括《欲望的进化》、《危险的激情》和《进化心理学手册》等。他的《进化心理学：心理的新科学》第三版于 2007 年出版发行。最近，他与 Cindy Meston 合著了《女人为什么需要性》一书。他获得多项殊荣，其中包括 1988 年美国心理学会对他早期研究为心理学所作出的突出贡献的奖励，以及 1990 年美国心理学会提供的霍尔讲师席位。

二、背景

（一）进化论

毫无疑问，达尔文的进化论是进化心理学的理论基石，根据进化论的基本观点，地球上的物种在繁衍过程中，由于受到环境因素的影响而不断发生着变异，发生变异的物质能否成功地生存和繁衍则取决于这些物种的性状。只有那些能够适应自然环境的个体或物种才可能得以存活和繁衍；而那些不能适应自然环境的个体或物种则最终为自然所淘汰。

在达尔文出版《物种起源》的几十年后，美国心理学的创始人威廉·詹姆士在《心理学原理》一书中，首次以进化论的视角来看待人类的行为。他指出，人的行为之所以充满智慧，并不是因为人具有更多的理性，而是因为人比其他动物有更多的本能。由于这些本能工作得如此完善，以至于我们必须根据这样的本能进行思维，而且也无法意识到本能对我们行为的控制。大约同期，精神分析创始人弗洛伊德的本能论也显示出进化论思维的痕迹。在弗洛伊德的理论中，人类具有生命保存本能和性本能这两类本能。与此相一致的是，达尔文曾经假定了两种进化的途径，即通过自然选择的进化和通过性选择的进化。通过自然选择的进化强调的是个体的生存，通过性选择的进化强调的是种族的繁衍。因而，弗洛伊德的本能理论显示也受到了进化论的影响。

进入 20 世纪之后，行为主义的产生终结了本能论的兴盛，进化论的影响也逐渐让位于极端的经验主义观点。直到 20 世纪 70 年代之后，行为主义的极端环境决定论开始受到诸多挑战，如舍里曼证实，通过条件反射的训练，人很容易形成对蛇、高空的恐惧，但却不易形成对另外一些自然物，如汽车、电路板的恐惧。诸多研究都说明动物和人天生就具有一种“预成性的”机制，外部环境并不是行为的唯一决定因素。心理学又开始为进化的研究取向打开了一扇窗户。

（二）现代生物学

进化论之所以在今天可以成为心理学领域中一种颇有影响力的研究取向，同现代生物学的快速发展也有直接的关系，其中，现代生物学中的习性学和社会生物学为进化心理学提供了最直接的理论基础。

习性学是研究动物在其自然环境中的习惯和行为的科学，习性学强调决定行为的根本因素来自进化。例如，劳伦兹有关鸟类印随现象的实验说明，动物之所以在出生后的第一时间里跟随母亲，是因为这样做有重要的生存价值。自然选择促成了动物的跟随行为，否则就面临着生存的危机。习性学的研究迫使心理学家重新考虑行为研究中的生物学因素，从进化的角度看待人的心理和行为。

20 世纪 70 年代后期起，习性学逐渐被社会生物学所取代。社会生物学试图依据达尔文的自然选择理论，用基因的保持和延续来解释人的社会行为。社会生物学认为，所有的社会行为都能找出进化的渊源。例如，父母对儿女的牺牲行为被看成是有利于基因的保持，利他行为的存在是因为人类祖先在寻求生存的活动中，发现合作、帮助他人比纯粹的利己有更大的生存价值。社会生物学希望把心理学建立在进化论和遗传学的基础上，寻求现代行为的种族遗传学特征。虽然这种极端的观点遭到了大部分心理学家的反对，然而社会生物学从进化论的角度探讨心理和行为的研究取向，同进化心理学的观点不谋而合，进化心理学正是基于心理学与生物学趋于整合的过程中诞生的。

三、方法论

进化心理学的研究思路同大多数的心理学研究一致，即先形成假设，继而进行实验验证。但不同的是，目前大多数心理学研究都是建立在独立的理论基础上的，不与其他的心理学理论联系在一起。然而进化心理学的研究则具有普遍的理论基础和研究原则，它运用适应性功能理论指导对人类心理和身体结构的探究，即功能分析。

功能分析包括四个等级的分析水平。分析的第一层次是一般进化理论。它的现代形式是包容适应性理论，包容适应性是指，个体繁殖后代的直接适应性与个体对遗传亲属适应性影响的总和。一般进化理论是目前被整个生理学和心理学领域所接受的最基础的理论，因而，在进行研究时，不会对它进行检验。分析的第二个层次是中间层次的进化理论。例如，特里弗斯的亲代投资理论和性选择理论，这些理论仍然是相当宽泛的，包括所有的功能领域，同时，这些理论必须接受科学的检验，是有可能被证伪的。第三个层次是特殊的进化假设。例如，如果近代投资理论成立，那么女性在择偶时会更加偏爱那些有能力获取资源以及愿意向她们和子女投入资源的男性。特殊的进化心理假设必须要通过经验的检验。第四个层次是检验假设，也就是从特殊的进化假设中得到的具体预测。例如，如果女性偏爱提供更多资源的男性，那么女性将更加重视男性身上表现出来的与资源有关的特性，如社会地位、智力等，如果通过实验证明预测成功，那么假设就得到支持，反之，则证明假设是不正确的。

在进化心理研究形成假设的具体方法上，包括理论驱动和观察驱动两种研究策略。理论驱动的研究是一种自上而下的研究，它指的是根据某个已存在的理论获得假设，再从假设中作出预测，之后通过实验对预测进行验证。而观察驱动的研究是一种自下而上的研究，这种方法是指研究者从观察出发，在观察到某种现象后，从进化角度提出关于该现象的理论假设，之后再通过预测与实验的验证，判断这些假设之间以及假设和其他科学事实之间的兼容性。

此外，进化心理学的研究手段和主要数据来源包括：来自人类学、考古学、生物学、人类行为学的一些科学事实和观察资料，也采用实验法等一些传统的心理实验设计手段，另外，人工智能、脑神经学、认知科学也常常作为进化心理学的参考。

四、具体观点

进化心理学作为当代心理学最有影响力的流派和研究取向之一，在其内部，不同的学者观点往往也具有分歧和矛盾之处。然而，在基本假设和核心观点上他们都具有相同的看法，他们都主张心理机制是进化的产物，而心理进化的动力来自压力与适应，心理机制是模块性的，人的行为是心理机制和环境互动的结果。

（一）心理机制是进化的产物

进化心理学家从种族进化的角度，以遗传学的观点解释心理的构造和意识的机能，主张心理机制是进化的产物。他们认为，复杂的神经回路和相应的心理机制产生和发展的源泉来自自然选择的进化。任何一种神经回路或者心理机制，如果它有利于有机体的生存和繁衍，那么，具备这一机制的有机体就比缺少这一机制的有机体有更大的生存机遇，在自然选择的作用下，可以成功地帮助我们的祖先解决生存或繁衍方面问题，心理机制就得以保存。因此，我们现代人复杂的神经系统和心理机制是人类适应环境的产物。

另外，特定的心理机制的形成同人类祖先面临特定的生存环境有关，人容易形成对一些自然物如蛇、高空的恐惧，却很难形成对现代的人造物如汽车、电视的恐惧，这是因为，对于我们祖先，如果具有了对蛇和高空的恐惧，就会努力避开蛇和高空，从而提高生存的可能性。因而，在自然选择的情况下，这种特定的心理机制就得以保存下来。在进化心理学者看来，现代人的大部分心理机制都是通过这种方式产生的，或者现代人一些复杂高级的能力是人类祖先原始心理机制的延伸。例如，当人类祖先开始直立行走后，为了保持行走的稳定，它们不得不形成良好的平衡感。现代人不仅可以直立行走，还可以完成平衡木、滑雪等更加复杂的动作，但是这些行为都是直立行走能力的延伸和副产品。

（二）心理进化的动力来自压力与适应

进化心理学认为，进化的动力源自生存与环境的压力，心理机制是人在对压力的适应与选择中形成和发展起来的。其中，生存压力与适应是心理机制进化的首要动力。为了搜寻食物，早期人类可能就已经拥有了基本的心智机能，在寻找、加工和处理食物的过程中，由于对制造和使用工具等复杂行为能力的需要，人类的逻辑思维、记忆等高级的心理机能也慢慢得以进化和发展。社会压力与适应是心理机制进化的环境动力。稳定社会群体的出现导致了群体成员地位不断分化、性别角色明显化、群体冲突等对人类发展具有重要意义的社会现象，随之，在群体合作与竞争中，群体和个人面临的选择压力急剧上升，人类的自我意识和心理机制也日趋复杂化和专门化。而生殖和繁衍的压力与适应是心理机制进化的核心动力。从进化的角度看，繁殖后代具有比生存更为重要的意义和价值。要成功地繁殖后代，就必须解决同性竞争、配偶选择、怀孕、配偶保持、亲本投入等问题。早期人类在面临和适应这种生殖与繁衍压力的历程中，历经繁复的自然选择，使得那些生殖能力突出、体魄强健、智慧出色、个性适宜的个体或族群得以延续和壮大，同时也使得相对优越的心理机能随之得到遗传或进化。

（三）心理机制的“模块性”观点

进化心理学家假设，人类祖先在漫长的进化过程中形成的复杂多变的心理机制具有“模块性”的特点，每一个模块具有特殊化的结构与功能，在人们与外界环境互动中发挥作用。根据传统的心理学观点，心灵的认知功能在整体上具有一般性。也就是说，在认识世界的过程中，认知的基本程序是通用的，可以应用于任何问题解决领域。但是进化心理学家拒绝了这种观点。在进化心理学家看来，在生物属性上，人类存在的心脏、肺、肝脏、肠胃等器官，执行的都是身体的某种特殊功能，正如不存在一个一般性的生理机制执行身体的所有功能一样，也不存在一个一般性的心理机制。人类的祖先所面临的环境是极其险恶和复杂的，每一种生存压力和问题都有其特殊性，成功地躲避野兽的攻击并不代表能成功地找到食物，找到食物不意味着能养育后代，每一种问题都需要特殊的解决方法，这样一来，大量适应问题的解决不能依靠少数几种心理机制，人类心灵通过众多适应问题的解决过程形成了大量的、特殊的心理机制，心灵的模块性就是在这样一种过程中形成和发展起来的。这种特性恰似于瑞士军刀，由执行不同目的的各种刀具集合而成，每一种刀具适合于完成某一项特殊的任务。

（四）行为是心理机制和环境互动的结果

进化心理学反对外源决定论，同时，它也否认自己的基本观点是内源决定论或遗传决定论。进化心理学者认为，人的行为是心理机制和环境相互作用的结果。从历史的角度看，如前所述，社会压力是心理机制进化的环境动力，从人类心理模块的高度分化及其复杂性就已充分表明人类生活以及社会环境对心理机制的影响力。从现实的角度看，环境因素对心理机制的表现也会产生一定影响。例如，个体的发展经历会促使个体使用不同的行为策略。研究表明，在儿童期缺少父亲会导致个体同更多的女性发生性行为。当然，心理机制是社会行为出现的前提，而社会环境影响心理机制的表现方式、强度和频率，社会环境影响心理机制的激化。例如，性侵犯的心理机制在缺少配偶资源的时候更可能出现等。

五、评价

（一）贡献

1. 进化心理学为解释社会心理现象提供了一个崭新的视角

从心理学诞生之初，心理学中就出现了各种流派和理论，他们从不同的视角出发，试图建立一套能够解释心理现象和行为的理论。构造主义心理学以探索化学元素的方式探讨意识的构造；机能心理学从实用主义的角度出发，探讨意识的功用；行为主义则以极端的环境决定论为观点，认为行为完全是后天环境的产物；精神分析站在本能论的立场上，扩展了意识研究的范围和层次；人本主义心理学试图发掘人的潜能，促进意识的提升和人格的整合。而进化心理学则与以往的心理学流派有所不同，它另辟蹊径，利用进化生物学的知识，研究人类种族进化进程中留下的心理痕迹，探讨嫉妒、伴侣选择、攻击、社会交换、语言等各种社会行为的种族遗传基础。虽然在信奉进化论这一点上它同机能主义具有相似点，但是它更多地利用了进化生物学的知识，超越了机能心理学的工具主义意识观。因此，进化心理学为心理学研究开辟了一个新的视角，促进了心理学家更为全面地认识心理和行为。

2. 进化心理学促进了人们全面理解心理和行为的根本原因

自心理学诞生后的一百多年，大部分心理学家所探求的都是行为的近因和直接原因。而进化心理学则突破了这一研究局限，着力于探讨心理和行为的根本原因。根据进化心理学的基本观点，自然选择的进化是行为的根本原因。行为的决定因素并不局限于个体生活史，更重要的决定因素是种族进化过程。换言之，现代人的行为是我们狩猎和采集时代的祖先适应环境的遗留物，带有我们的原始祖先为生存和生殖而奋斗的深刻烙印。进化心理学的这一主张是有着积极意义的。尽管我们并不认为所有的行为都是种族进化的遗留物，也不认为所有的社会行为的根本目标是生存和生殖，但是，探究行为的终极原因是必须的，是全面理解行为必须迈出的一步。如果不了解行为的种族进化原因，对行为的理解就是片面的和不完整的。因此，从这种意义上来说，进化心理学的主张对于人们全面深入地理解心理和行为的原因具有积极的意义。

3. 进化心理学促进了心理学相关学科的发展

进化心理学对心理学相关学科的影响首先表现在认知科学领域。尽管进化心理学受到认知心理学的诸多指责，但其“达尔文模块”假设对认知科学家研究语义知识在头脑中的组织结构很有启发意义，有助于细化对于概念知识组织的研究。实际上，有关大脑功能是特异性还是非特异性的争论由来已久，而且双方都有一定的实验证据支持。尽管目前心理学界对于领域特异性假说仍然存在很大争议，但这正可以说明大脑功能领域特异性的观点已经带给了认知科学巨大的影响。其次，进化心理学有关适应性的观点有助于人们理解发展的过程和内容，对发展心理学产生了一定影响。再次，进化心理学也促进了社会及人格心理学研究，如探讨性别角色行为、性别人格特征的差异及其形成的适应性动力等，都有助于我们重新审视和反思心理学的这些传统研究领域可能存在的问题，以及寻求可能的创新思路。

（二）局限

1. 进化心理学在方法论方面存在着严重的缺陷

进化心理学的研究方法是一种进化史的研究，是一系列的循环论证：进化心理学首先假定人类祖先可能面临种种进化的压力，由压力推知选择与适应问题，从适应问题推知适应器的功能，再从适应器的功能进一步推知人类认知能力的塑造。根据科学哲学家波普的理论，一切知识命题，只有能被经验证伪，才是科学的命题。换言之，科学与非科学的划界标准是可证伪性。如果从经验上讲，一个命题不具备被证伪的可能性，那么这个命题就不是科学的命题。以这个标准看待进化心理学的理论观点，由于进化心理学只是对人类原始祖先的行为进行推测，无从加以验证，因而是无法证伪的。此外，已有的科学事实证明，基因对心理特征的影响并未有进化心理学所认为的那样强烈。例如，抑郁、少年犯罪、养育技能等心理和行为的可遗传性不过在20%到40%之间，而且，即便一些明显受到遗传影响的生理特征如身高、初潮等，也会受到环境因素的影响。因此，过度地强调生物遗传因素，把现代人的心理特征看做是人类原始祖先的在适应环境中形成，并通过遗传留给现代人的观点明显带有遗传决定论的色彩，因而是不可取的。

2. 进化心理学自然选择的机制不能解释现代文化的新颖性和多样性

进化心理学家把达尔文模块的功能限定在我们祖先在其生存环境中所面临的适应问题上，但现代文化的新颖性和多样性显然与我们祖先所面临的适应问题有关。换言之，即使承认心理机制的进化假设，进化心理学单纯强调源于生存和繁衍在适应和进化中的作用而忽视文化之于心理机制及其进化的影响，将无法很好地解释文化差异以及现代文化高速演进的事实。何况心理机制如何仅靠间接的、效率低下的自然选择而获得进化将是难以想象的。

3. 进化心理学家忽视了“文化”能加速进化的重大意义

进化心理学家过于强调自然选择的作用，因而会简单地把自然选择的机制推广到人类的社会发展史的各个领域，而忽视了自然进化与文化变异之间的本质区别。事实上，文化蕴含巨大的潜力，如在人类发展史上，我们只用了一万年的时间就完成了从最原始的农业向现代信息社会的转变。可见，文化变异的速度大大超越了达尔文自然进化的最高速度。达尔文式的进化，靠的是自然选择过程中间接而效率不高的机制，而文化变异则是直接并且是高效率的机制。例如，人类某一时代获得的文化知识，可以直接以“教育”的方式传给下一代。这种独一无二的人类文化传承模式，使我们的科学技术史有了方向性与累积性的特质。然而，文化在进化中的巨大的能动性作用恰恰被进化心理学家忽视了，这必然会导致进化心理学理论的科学性受到严重质疑。

后现代心理学、积极心理学和进化心理学都从不同的角度批评了主流心理学，对主流心理学构成了冲击和挑战。首先，在心理的本体论层面，社会建构心理学反对主流心理学的实在论假设，认为心理是特定文化下的建构，有关心理的认识也是人们协商出来的一致意见。多元文化心理学认为人的心理和行为是根植于特异文化环境中的，是与特定文化相适应的。

在方法论层面，后现代心理学和进化心理学对实证方法的霸权地位进行解构。多元文化论认为，所谓客观的研究方法同样包含着文化倾向。实证的方法并非唯一正确的心理学研究方法，多元化的方法能够帮助研究者更全面地了解和认识人类的心理世界。积极心理学采用了实证的方法和积极的价值取向，去探索和发现积极的心理品质。

在研究对象和内容方面，后现代心理学主张把心理存在的文化因素纳入到心理学的研究范围，分析心理在特定文化背景下的形成和发展过程。积极心理学遵循积极的研究价值取向，关注积极情绪及其与健康的关系、积极人格特征的领域，开辟了当代心理学研究的新取向。进化心理学舍弃以物理学、机械论为指导的发展道路，从生命科学的角度，将心理视为人类进化的结果，提出了新的研究思路和思考问题的视角。

后现代心理学、积极心理学和进化心理学为认识现代心理学提供了一种视角和思路，为心理学研究注入了新鲜血液，引起了研究者的广泛兴趣和关注。但无论怎样，传统的、现代的主流心理学研究取得了辉煌的成果，这些成果就实实在在地在那里，谁也否定不了，逃避不了。这三种研究取向虽然很具有吸引力，但它们毕竟不是主流，其自身的发展还面临很多局限。因此，认为新的研究取向会取代传统心理学的想法是天真的、不切实际的。它们本身很难走向统一和融合。

【建议参考资料】

1. 叶浩生. 心理学史［M］. 北京：高等教育出版社，2005.

2. 叶浩生. 心理学通史［M］. 北京：北京师范大学出版社，2006.

3. 巴斯. 进化心理学：心理的新科学［M］. 熊哲宏，张勇，晏倩，译. 2 版. 上海：华东师范大学出版社，2007.

4. 高峰强. 理性的消解：后现代心理学［M］. 济南：山东教育出版社，2009.

5. BUSS D. Evolutionary psychology：the new science of the mind［M］. Boston：Allyn & Bacon，2007.

6. BAUMGARDNER S，CROTHER S. Positive psychology［M］. Upper Saddle River，NJ：Prentice Hall，2009.

【问题与思考】

1. 简述社会建构心理学的主要观点。
2. 概括多元文化心理学对心理学研究方法的认识。
3. 简述女性心理学发展的阶段与各阶段的观点。
4. 比较积极心理学与传统心理学对人性的认识。
5. 进化心理学是如何看待心理机制的。
6. 如何运用进化心理学解释现代人的择偶观。

图书在版编目(CIP)数据

西方心理学史／叶浩生主编. －北京：开明出版社，2012.10
(新世纪心理与心理健康教育文库)
ISBN 978－7－5131－0213－1
Ⅰ.①西… Ⅱ.①叶… Ⅲ.①心理学史－西方国家 Ⅳ.①B84－095

中国版本图书馆CIP数据核字(2011)第119678号

责任编辑：范英　王桢　沈伟　王拓

书　名：西方心理学史
出品人：焦向英
出　版：开明出版社
(北京海淀区西三环北路25号 邮编100089)
经　销：全国新华书店
印　刷：保定市中画美凯印刷有限公司
开　本：700×1000 1/16
印　张：17
字　数：265千字
版　次：2012年10月 北京第1版
印　次：2012年10月 北京第1次印刷
定　价：43.00元

印刷、装订质量问题，出版社负责调换货　联系电话：(010)88817647